„Nehmen wir an, die Kuh ist eine Kugel…"
Nur keine Angst vor Physik

Lawrence M. Krauss

„Nehmen wir an,
die Kuh ist eine Kugel..."

Nur keine Angst vor Physik

**Aus dem Amerikanischen
übertragen von Wolfram Knapp**

Deutsche Verlags-Anstalt Stuttgart

Die Originalausgabe erschien 1993 unter dem Titel
„Fear of Physics: A Guide for the Perplexed".
© 1993 by BasicBooks,
A Division of HarperCollins Publishers, Inc.,
NewYork

Die Deutsche Bibliothek – CIP-Einheitsaufnahme

Krauss, Lawrence M.:
„Nehmen wir an, die Kuh ist eine Kugel…":
nur keine Angst vor Physik / Lawrence M. Krauss.
Aus dem Amerikanischen übertragen von Wolfram Knapp. –
Stuttgart : Deutsche Verlags-Anstalt, 1996
    Einheitssacht.: Fear of Physics <dt.>
    ISBN 3-421-02772-2

© 1996 der deutschen Ausgabe
Deutsche Verlags-Anstalt GmbH, Stuttgart
Alle Rechte vorbehalten
Lektorat: Margot Adrion
Typographische Gestaltung: Brigitte Müller
Satz: Fotosatz Sauter, Donzdorf
Druck und Bindearbeit: Friedrich Pustet, Regensburg
Printed in Germany

ISBN 3-421-2772-2

Inhalt

*Das Mysterium, das den Start zu einer
jeden Reise umhüllt, ist:
Wie kam der Reisende zunächst einmal
an den Startpunkt?*

Louise Boga: Journey Around My Room

Vorwort

Es ist immer wieder dasselbe: Wir sind auf einer Party, und irgend jemand hört, daß ich Physiker bin. Prompt wechselt sie oder er das Gesprächsthema und fragt nach dem Urknall, nach fremden Universen, nach Quarks ... oder schneidet ein Thema aus dem „Super-Dreigestirn" der modernen Forschung an: die Supraleitung, die Superstrings oder den Superbeschleuniger. Manche geben offen zu, daß sie sich in der Schule vor der Physik gedrückt und sich auch später nie mehr darum gekümmert haben, doch heute sind sie fasziniert von den geheimnisvollen Phänomenen, die von der modernen Forschung aufgedeckt werden.

Die Physik befaßt sich eben auch mit vielen kosmischen Rätseln, über die jeder schon mal nachgedacht hat. Die Probleme erscheinen jedoch meist als viel zu schwierig und unverständlich – in erster Linie wohl deshalb, weil diese Forschungen heute weitab von dem liegen, was einem tagtäglich begegnet.

Aber es gibt noch ein viel tiefer liegendes Hindernis, das den Zugang zu den Fragen der modernen Physik versperrt: Die Art, wie Physiker an Probleme herangehen, und die Sprache, mit der sie von diesen Problemen reden, ist für die meisten weit von ihrer verständlichen Alltagssprache entfernt. Ohne einen kundigen Führer durch die Menagerie dieser Phänomene in der modernen Forschungswelt bleiben sie verschlossen und abweisend. So entsteht Abneigung gegen Physik.

Um diese Barriere zu durchbrechen und für jedermann einen Weg zur Physik von heute zu bahnen, halte ich es für sinnvoll, nicht gleich die komplizierten Spezialprobleme aufzurollen, sondern einen Blick auf das Handwerkszeug zu werfen, mit dem die Physiker täglich arbeiten. Will man eine Würdigung der Forschungen in der Physik erreichen, und zwar sowohl für die geistige Arbeit, die dahinter steckt, als auch für das Resultat dieser Forschungen, unser modernes Weltbild, ist es viel leichter und weniger abschreckend, zuerst einmal zu überlegen, was das eigentlich ist: Physik treiben.

Was ich hier mit diesem Buch vorhabe, ist weniger, ein Bergführer zu sein durch die Steilwände der modernen Physik, als vielmehr ein Wanderführer: Welche Ausrüstung brauchen wir, wie vermeiden wir Dornendickichte und Stolpersteine, welche Wege sind die abwechslungsreichsten und die mit der schönsten Aussicht, und wie kommen wir wieder heil nach Hause.

Die Physiker selbst können die modernen Entwicklungen nur verstehen, weil sie die gleichen Grundprinzipien beherrschen, die sie auch erfolgreich zur Erklärung alltäglicher Geschehnisse anwenden. Die theoretische Physik heute befaßt sich mit Phänomenen, die Räume und Zeiten umfassen, die über sechzig Größenordnungen reichen. Das heißt, das Größte ist 10000 ... (hier müßte eine 1 mit 60 Nullen stehen)-mal größer als das Kleinste. Auch wenn die Spannweite der Experimente um einiges enger ist: Wo auch immer man aus diesem schier unübersehbaren Feld ein Phänomen herauspickt, das von einem Physiker beschrieben wird, es ist in aller Regel für jeden anderen verständlich – dank einem guten Dutzend Grundvorstellungen, auf die schließlich alle Phänomene zurückgehen. Kein anderes Reich des menschlichen Wissens ist so uferlos groß und zugleich so überschaubar klein.

Das ist mit ein Grund dafür, daß dieses Buch in einem bescheidenen Rahmen geblieben ist. Es sind nur wenige grundlegende Sätze, die die Physik tragen. Zugegeben: Es erfordert schon profundes Können, sie tatsächlich zu beherrschen, doch man braucht keinen dicken Wälzer, um sie zu erläutern. Wenn Sie also durch jedes der sechs Kapitel hindurchwandern, werden Sie immer wieder Erörterungen von Schlüssel-Ideen oder von Schlüssel-Themen finden, die die Physiker bei ihrer Forschung leiteten.

Um diese Gedanken klarzumachen, habe ich Beispiele ausgewählt, die sich durch die gesamte Physik ziehen, von den altehrwürdigen Grundlagen bis zu jenen geheimnisvollen Teilchen, die hin und wieder durch die Wissenschaftsseiten der Tageszeitungen geistern.

Die Auswahl mag zuweilen wenig phantasievoll erscheinen. Sie ist dadurch bedingt, daß ich zunächst in den Mittelpunkt stelle, was die Physiker bis heute geführt hat, und gegen Ende konzentriere ich mich auf die Zukunftsperspektiven der Physik.

Deshalb hatte ich mir vorgenommen, mit Begriffen zu operieren, die für die Darstellung dieses Themas durchaus zeitgemäß sind. Manche Leser mögen das als angenehme Erleichterung gegenüber dem empfinden, was sie an physikalischen Ausdrücken und Begriffen bisher gewöhnt sind. Anderen dagegen erscheinen sie auf den ersten Blick als schwierig. Einige der Ideen in diesem Buch wurden, obwohl sie so grundlegend sind, vorher nie in der populären Literatur vorgestellt. Keine Angst, ich will sie nicht an Ihnen ausprobieren. Meine Absicht ist vielmehr, Ihnen die Physik schmackhaft zu machen, und nicht, sie von Grund auf und in allen Details vor Ihnen auszurollen. Es geht mir hier mehr um das Verstehen als um anwendbares Wissen. Dieses letztere mag äußerst nützlich sein, und es wird ja auch von Nichtwissenschaftlern im täglichen Leben gebraucht, doch mit diesem Buch möchte ich weniger auf dieses Äußerliche, sondern mehr darauf zielen, was dahinter steckt.

Was wir an der Oberfläche sehen, sind Phänomene, die ich mit dem üppigen barocken Zierwerk in einer Kirche vergleichen möchte. Wichtiger als diese äußere Schönheit ist das Unsichtbare dahinter: ein zartes, wunderbares Netzwerk, das die sichtbaren Verzierungen zusammenhält und miteinander verknüpft. Genauso sind es Verbindungen unter der Oberfläche, die das Gebäude der Physik ausmachen. Für die theoretischen Physiker ist es ein Vergnügen, sie zu entdecken, und für den Experimentalphysiker, ihre „Wahrheit" zu testen. Letzten Endes liefern sie den Zugang zur Physik. Wenn Sie darüber hinaus das Bedürfnis nach vertiefenden Studien haben sollten, gibt es dafür eine Menge weiterer Nachschlagewerke.

Schließlich möchte ich betonen, daß Physik eine menschliche, kreative Geistestätigkeit ist, ebenso wie Kunst und Musik. Physik hat unser kulturelles Erbe ganz wesentlich geprägt. Ich bin nicht sicher, was den größten Einfluß auf dieses Erbe hatte, das wir übernommen haben und weitergeben, aber ich bin sicher, daß es ein schwerwiegender Fehler wäre, den kulturellen Aspekt unserer wissenschaftlichen Tradition zu ignorieren. Denn schließlich ist das, was die Wissenschaft tut, meist nur ein Verlassen eingefahrener Gleise, ein neues Nachdenken über die Welt und unseren Platz in ihr. Wissenschaftlich unwissend zu sein ist gleichbedeutend damit, in hohem Maße kulturlos zu bleiben.

Die Haupttugend kultureller Betätigung, sei es in der Kunst, der Musik, der Literatur oder der Wissenschaft, ist die Art, wie sie unser Leben bereichert. Durch sie erfahren wir Freude, Anregungen, Schönes, Geheimnisvolles, Abenteuerliches. Das einzige, was meiner Meinung nach die Wissenschaft tatsächlich von den anderen in dieser Aufzählung unterscheidet, ist, daß die Schwelle zu ihr ein bißchen höher ist, bevor sich der Erfolg einstellt. Zugegeben: Die größte Rechtfertigung für vieles, was wir Physiker tun, ist das persönliche Vergnügen, das wir an unserer Beschäftigung mit der Physik haben. Es ist eine überwältigende Freude, neue Zusammenhänge zu entdecken. Es liegen aufregende Erkenntnisse und erhabene Schönheit in beidem, in der Vielfalt der physikalischen Erscheinungen und in der Einfachheit der grundlegenden Prinzipien. Und so widme ich dieses Buch der Frage: Ist es für einen Durchschnittsmenschen möglich, alle Vorbehalte aufzugeben und zu lernen, diese tiefe, reine Freude an der Physik zu empfinden? Ich hoffe es.

1   Suchen, wo es hell ist

Wenn du als Werkzeug nichts weiter hast
als einen Hammer, gerätst du leicht in Versuchung,
alles für einen Nagel zu halten.

Ein Ingenieur, ein Physiker und ein Psychologe waren als Berater zu einer Milchfarm eingeladen, deren Produktion weit unter dem Durchschnitt lag. Jedem wurde genügend Zeit gelassen, um den Fall im einzelnen zu untersuchen, die Ursachen herauszufinden, Vorschläge zu machen und darüber einen Bericht zu schreiben.

Der erste, der seine Empfehlungen ablieferte, war der Ingenieur. Er stellte fest: „Die Größe der Kuhställe sollte verkleinert werden. Die Effizienz könnte gesteigert werden, wenn die Kühe näher zusammenständen, jeder Kuh sollte man einen Raum von 2,8 m mal 1 m zuteilen. Auch sollte der Durchmesser der Melkschläuche um 4 Prozent erweitert werden, um eine größere Durchflußrate bei der Milchproduktion zu gewährleisten."

Der zweite Bericht kam vom Psychologen. Er schlug vor, man sollte den Stall innen grün streichen, denn dieser Farbton strahle mehr Ruhe aus als braun und könnte dazu beitragen, den Milchfluß zu verstärken. Auch sollten mehr Bäume auf den Weiden gepflanzt werden, um die Szenerie für die Kühe abwechslungsreicher zu gestalten, damit es ihnen beim Grasen nicht langweilig wird.

Schließlich ist der Physiker an der Reihe. Er geht zur Wandtafel, malt einen Kreis darauf, dreht sich zu der gespannt wartenden Jury um und beginnt: „Nehmen wir an, die Kuh ist eine Kugel..."

Ein alter Witz, ich weiß. Und wenn er auch nicht sehr lustig ist, so zeigt er doch – wenigstens metaphorisch –, wie Physiker die Welt sehen.

Das Arsenal an Werkzeugen, das die Physiker haben, die Natur zu beschreiben, ist begrenzt. Die meisten der modernen Theorien, wie sie heute in den Büchern und Fachzeitschriften zu lesen sind, begannen einmal als einfache Modelle. Physiker hatten sie aufgestellt, als sie nicht wußten, wie sie ein bestimmtes Problem überhaupt anpacken sollten, um es zu lösen. Diese einfachen Modelle basieren gewöhnlich wiederum auf noch einfacheren Modellen und so weiter. Die Anzahl der Fragen, von denen wir tatsächlich wissen, wie wir sie beantworten sollen, können wir an den Fingern einer, vielleicht auch beider Hände abzählen. Meistens folgen Physiker den gleichen Regeln, mit denen die Hollywood-Filmproduzenten reich geworden sind: *Wenn sich etwas bewährt hat, mache es beim nächsten Mal genauso.*

Ich liebe die Geschichte mit der Kuh, weil sie geradezu ein Sinnbild dafür ist, wie einfach man die Welt auch sehen kann, und weil ich mit ihrer Hilfe genau zu dem Punkt kommen kann, der in der Literatur bisher etwas stiefmütterlich behandelt wurde, aber ganz wichtig ist für das tagtägliche Denken in der Wissenschaft: *Bevor du irgend etwas tust, abstrahiere von allen irrelevanten Details!*

Zwei wichtige Begriffe sind hier aufgetaucht: abstrahieren und irrelevant. Die Befreiung von irrelevanten Details ist der erste Schritt, wenn man irgendein Weltmodell bauen will, und das tun wir unbewußt schon von dem Moment an, wenn wir geboren werden. Es aber bewußt zu tun, ist eine ganz andere Sache. Den natürlichen Drang zu überwinden, unnütze Information *nicht* über Bord zu werfen, ist vielleicht das Schwierigste und zugleich Wichtigste, wenn man Physik lernen will. Dazu kommt: Was in einer bestimmten Situation irrelevant scheinen mag, ist keine allgemeingültige Entscheidung, sie hängt meistens davon ab, für welchen Gesichtspunkt man sich gerade interessiert. Das führt direkt zu dem zweiten wichtigen Begriff: Abstraktion. Bei all dem abstrakten Denken, das man in der Physik braucht, liegt wahrscheinlich die größte Herausforderung in der Wahl, auf welchem Weg man an ein Problem herangehen soll. Die bloße Beschreibung einer Bewegung entlang einer

Geraden – eines der grundlegenden Prinzipien in der gesamten Physik – erforderte so viel Abstraktion, daß es für lange Zeit auch den einsichtsreichsten Geistern verborgen blieb, bis Galilei kam. Doch davon später. Zunächst wollen wir zu unserem Physiker mit seiner Kuh zurückkehren, als Beispiel dafür, wie auch eine extrem übertrieben erscheinende Abstraktion sinnvoll sein kann.

Sehen wir uns doch einmal dieses Bild einer Kuh an:

Die Kuh als Kugel

Nun betrachten wir eine „Superkuh" – an sich eine ganz normal aussehende Kuh, nur alle Abmessungen sind um den Faktor 2 vergrößert:

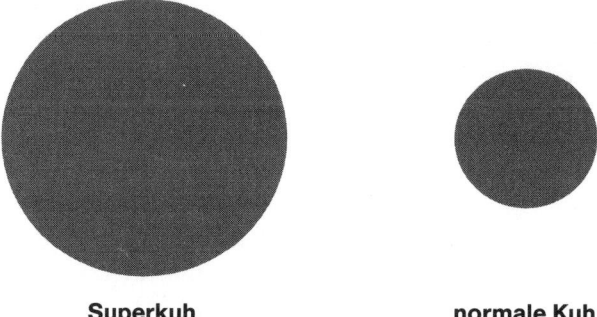

Superkuh   **normale Kuh**

Was ist nun der Unterschied zwischen den beiden Kühen? Wenn wir sagen, die eine sei doppelt so groß wie die andere, was meinen wir wirklich damit? Die Superkuh ist zweimal so „groß", im Sinne von Schulterblatthöhe. Ist sie aber auch doppelt so „füllig"? Was bringt sie denn wohl auf die Waage? Angenommen, beide Kühe bestehen aus dem gleichen Material, dann ist einleuchtend, daß das Gewicht von der Gesamtmenge dieses Materials abhängt. Diese wiederum hängt vom Volumen der

Kuh ab. Für eine komplizierte äußere Gestalt scheint es schwierig, das Volumen zu bestimmen, für eine Kugel jedoch ist das kein Kunststück. Man braucht sich ja nur ein wenig an die Schule zu erinnern: Bei gegebenem Radius r ist das Volumen $4/3 \, \pi \, r^3$. Aber wir brauchen das exakte Volumen der beiden Kühe überhaupt nicht, sondern nur das Verhältnis der beiden zueinander. Das läßt sich leicht erraten, wenn wir uns erinnern, daß Volumen in Kubikmillimetern, Kubikzentimetern oder Kubikmetern gemessen werden. Wichtig ist hier das „Kubik". Wenn ich also die geradlinigen Dimensionen strecke, zum Beispiel auf das Doppelte, dann wächst das Volumen um das „Kubik" von 2, und das ist $2 \cdot 2 \cdot 2$, also 8. Deswegen ist die Superkuh tatsächlich achtmal so schwer wie die Normalkuh.

Aber was ist nun, wenn ich aus dem Leder der Kühe Jacken und Schuhe machen will? Wieviel mehr Leder liefert mir die Superkuh gegenüber der normal großen? Wir wissen: Das Fell der Kuh ist so groß wie ihre geometrische Oberfläche. Wenn wir die geradlinigen Dimensionen um den Faktor 2 strecken, vergrößert sich die Oberfläche – gemessen in Quadratmillimetern, -zentimetern oder -metern – um das „Quadrat" von 2, also um das Vierfache. So wiegt also eine Kuh, die doppelt so „groß" ist wie eine andere, achtmal so viel, und sie hat eine viermal so große Haut, von der sie zusammengehalten wird.

Wenn man weiter darüber nachdenkt, kommt man zu einer wichtigen Schlußfolgerung: Der Druck, mit dem das Gewicht der Superkuh die Haut spannt, zum Beispiel an der Bauchdecke, ist doppelt so groß ist wie bei der normalen Kuh. Wenn ich die Größe einer Kuh ständig weiter steigere, wird ab einem bestimmten Punkt die Haut (oder die Organe nahe unter der Haut) nicht mehr genug Kraft haben, um dem Zusatzdruck standzuhalten, die Kuh wird zerreißen. Deshalb gibt es eine Grenze, über die hinaus auch der cleverste Landwirt seine Kühe nicht mästen kann – nicht aus biologischen Gesichtspunkten, sondern wegen der Skalierungsgesetze der Natur.

Diese Skalierungsgesetze sind völlig unabhängig von der tatsächlichen Form der Kuh. Deshalb macht es überhaupt nichts aus, wenn wir annehmen, daß es sich um eine möglichst einfache Form handelt – eben eine Kugel, die besonders leicht zu berechnen ist. Hätte ich versucht, das Volumen der schrecklich kompliziert geformten wirklichen Kuh zu bestimmen, um herauszufinden, wie es sich vergrößert, wenn ich alle Dimensionen des Tieres verdopple, wäre ich exakt zu dem gleichen Ergebnis gekommen, aber der Weg dahin wäre weitaus beschwerlicher gewesen. Also bleiben wir dabei: Für unsere Zwecke ist die Kuh eine Kugel.

Trotzdem gehen wir noch einmal einen Schritt zurück zur realistischen Form der Kuh, und dann entdecken wir neue Skalierungsbeziehungen. Dazu zeichnen wir die Kuh eine Spur wirklichkeitsnäher, zum Beispiel so:

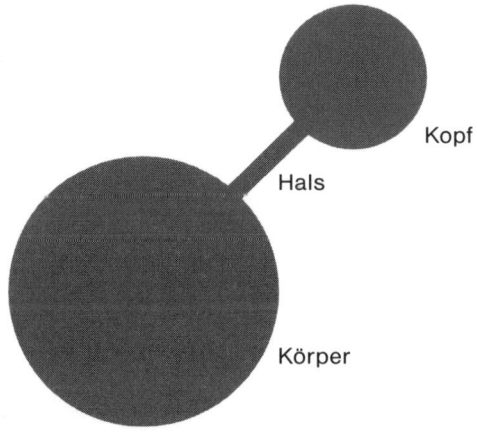

Kopf

Hals

Körper

Kuh als zwei Kugeln, verbunden mit einer Stange

Unsere Überlegungen zur Skalierung stimmen nicht nur für die Kuh aus einem Stück, sondern auch für die beiden Teile, die wir jetzt haben. Also würde nun die Superkuh einen achtmal schwereren Kopf haben als die Normalkuh. Jetzt betrachten wir uns den Hals, der Kopf und Körper miteinander verbindet, hier durch eine Stange dargestellt. Die Tragfähigkeit der Stange ist proportional zu ihrem Querschnitt: Eine dickere Stange ist höher belastbar als eine dünnere aus gleichem Material. Eine doppelt so dicke Stange hat einen vierfach größeren Querschnitt, der Hals der Superkuh kann das vierfache Gewicht tragen. Nun ist aber ihr Kopf achtmal so schwer. Gemessen an der Normalkuh ist der Hals also um die Hälfte zu schwach, um den schweren Kopf zu halten. Wenn wir die Abmessungen der Superkuh noch weiter vergrößern wollten, würden die Halswirbel sehr rasch unter der Last des Kopfes brechen.

Mit dieser Überlegung läßt sich leicht erklären, warum die Köpfe der Dinosaurier im Verhältnis zu den riesigen Körpern so klein waren und warum die Tiere mit den größten Köpfen (entsprechend ihren großen Körpern), zum Beispiel Delphine oder Wale, im Wasser leben: Weil sie im Wasser durch den Auftrieb leichter sind, brauchen sie viel weniger Kraft, um den Kopf hochzuhalten.

Jetzt verstehen wir auch, warum der Physiker in der Anekdote nicht etwa vorschlug, größere Kühe zu züchten, um das Milchproduktionsproblem zu lösen. Aber was noch viel wichtiger ist: Gerade durch seine naive Abstraktion sind wir einigen ganz allgemein gültigen Prinzipien der Skalierung in der Natur auf die Spur gekommen. Da alle Skalierungsgesetze in der Regel unabhängig von der tatsächlichen Form sind, können wir die möglichst einfachsten Formen wählen, um sie zu verstehen.

Eine ganze Menge kann man mit diesem einfachen Beispiel erklären, ich werde später noch ein paarmal darauf zurückkommen. Zunächst aber möchte ich mich wieder Galilei zuwenden. Neben seinen sonstigen großen Verdiensten hat er vor 400 Jahren Bahnbrechendes für das Weglassen von allem unwesentlichen Beiwerk geleistet. Genau dadurch hat er, als er die Bewegungsgesetze aufstellte, den Grundstein für die moderne Wissenschaft gelegt.

Etwas ist für unsere Welt ganz typisch: Keine Bewegung ist wie irgendeine andere. Das macht eine allgemeingültige Beschreibung unmöglich, die auf jede individuelle Bewegung passen würde. Eine Feder, die ein hochfliegender Vogel verliert, schaukelt gemächlich zur Erde herab, Taubendreck aber fällt geradewegs wie ein Stein gegen Ihre Windschutzscheibe. Ein Golfball scheint zuweilen auf dem Rasen hin und her zu rollen, fast so, als ob er sich überlegte, wo es langgehen soll.

Der Rasenmäher dagegen bewegt sich nicht einen Zentimeter aus eigenem Willen heraus.

Schon Galilei wies darauf hin, daß diese unendliche Vielfalt – alle Bewegungen in der Welt sind voneinander verschieden – zwar eine charakteristische, aber zugleich die nebensächlichste Eigenschaft aller Dinge ist, zumindest wenn man verstehen will, was Bewegung ist. Philosophen weit vor Galilei und auch nach ihm waren der Meinung, daß das umgebende Medium der Körper – zum Beispiel die Luft, in der sie fallen – eine wesentliche Voraussetzung dafür sei, daß Bewegung überhaupt möglich ist. Galilei dagegen behauptete, daß das Medium für die Bewegung nur hinderlich sei. Er wies überzeugend nach, daß das Wesen von Bewegung nur recht verstanden werden kann, wenn man sie von allem Störenden befreit, von den besonderen Umständen, die auf einzelne, sich bewegende Objekte einwirken: „Habt Ihr noch nie beobachtet", fragt Galilei in seinem „Dialog betreffend zwei neue Wissenschaften", „wie zwei Körper im Wasser nach unten sinken? Wie einer hundertmal schneller absinkt als ein anderer? Und daß eben diese selben beiden in Luft fast gleichschnell fallen, daß hier der eine den anderen kaum um ein Hundertstel an Schnelle übertrifft? So wird also zum Beispiel ein Ei, aus Marmor gefertigt, in Wasser hundertmal rascher hinabsinken als eines, von einem Huhn gelegt. Laßt Ihr sie jedoch von einem zwanzig Ellen (etwa 10 m) hohen Turme fallen, wird das eine mit einem kaum vier Finger breiten Vorsprung vor dem anderen unten aufprallen."

Gestützt auf diese Argumente verkündete er, daß alle Objekte, wenn wir die Wirkung des Mediums vernachlässigen, in dem sie sich bewegen, gleich schnell nach unten fallen. Darüber hinaus kam er einem kritischen Angriff seiner Gegner zuvor, die dieser Abstraktion und Unterscheidung von Wesentlichem und störendem Beiwerk nicht folgen würden: „Ich vertraue darauf, daß ihr nicht dem Beispiel vieler anderen folgen werdet, die ihr Augenmerk an der Hauptsache vorbeirichten, daß ihr statt dessen meinen Sätzen folgt, denen vielleicht nur eine Haaresbreite zur Wahrheit fehlt, während zwischen den Behauptungen der anderen und der Wahrheit ein Schiffstau Platz hat."

Das ist genau das Argument, mit dem er Aristoteles vorwarf, er habe nicht auf das Gemeinsame in der Bewegung der Objekte geschaut, sondern nur auf die Verschiedenartigkeit, die aber nur auf die Wirkung des Mediums zurückzuführen sei. In diesem Sinne würde eine „ideale" Welt, in der es kein hinderliches Medium gäbe, nur „um Haaresbreite" verschieden sein von der real existierenden.

Nachdem er diese grundlegende Abstraktion einmal vollzogen hatte, ergab sich der Rest fast von selbst: Galilei bewies, daß alle Objekte, auf die keinerlei äußere Kräfte einwirken, sich „geradlinig und gleichförmig" – entlang einer Geraden und mit konstanter Geschwindigkeit – bewegen, gleichgültig wie sie sich zuvor bewegten.

Galilei kam zu diesem Ergebnis, indem er Beispiele wählte, in denen das Medium kaum eine Wirkung zeigt, zum Beispiel spiegelblankes Glatteis. So konnte er demonstrieren, daß es der Natur aller Objekte entsprach, eine konstante Geschwindigkeit beizubehalten – nicht etwa langsamer oder schneller zu werden oder gar in Kurven zu laufen. Was Aristoteles als natürliche Eigenschaft bewegter Dinge angesehen hatte – den Zustand der Ruhe anzustreben –, erscheint nun lediglich als eine Verkomplizierung der Sache, verursacht durch ein äußeres Medium.

Warum war diese Beobachtung so bedeutungsvoll? Sie beseitigte die Unterscheidung zwischen Körpern, die sich mit konstanter Geschwindigkeit bewegen, und solchen, die in Ruhe sind. Beides ist miteinander identisch, weil beide Körper diesen Zustand, in dem sie gerade sind, beibehalten, solange nichts von außen auf sie einwirkt. Der einzige Unterschied zwischen einer bestimmten konstanten Geschwindigkeit und der Ruhe ist die Größe der Geschwindigkeit – der Geschwindigkeitswert Null für die Ruhe ist dabei nichts Besonderes, nur eine von unendlich vielen Möglichkeiten.

Diese Beobachtung ermöglichte es Galilei, das zu vergessen, was bis dahin im Mittelpunkt beim Studium der Bewegung stand – nämlich der Ort der Objekte. Nun konnte er etwas anderes in den Mittelpunkt stellen: *Wie* sich der Ort ändert, das heißt, relativ wozu die Geschwindigkeit konstant ist oder nicht. Hat man einmal erkannt, daß sich ein Körper, frei von allen äußeren Einwirkungen, mit konstanter Geschwindigkeit bewegt, dann ist es nur noch ein kleiner Schritt zu der Erkenntnis – auch wenn dazu ein Genie wie Isaac Newton nötig war –, daß es nicht der Ort, sondern die Geschwindigkeit ist, die sich unter der Einwirkung einer äußeren Kraft ändert: $K = m \cdot b$.

Und jetzt geht es einfach logisch weiter: Ändert sich auch die wirkende Kraft, so spiegelt sich das wiederum in einer Änderung der Geschwindigkeitsänderung wider. Das ist das Gesetz von Newton. Was auch immer sich unter der Sonne bewegt, mit diesem Gesetz läßt es sich beschreiben und verstehen – nicht nur die Bewegungen, auch alle Kräfte in der Natur, die ja als Ursache hinter dem Wechsel, hinter jeder Veränderung im Universum stecken. Dies ist das Fundament der gesamten modernen Physik. Und nichts von diesem tiefen Verständnis wäre erreicht worden, hätte Galilei nicht allen überflüssigen Ballast über Bord geworfen um zu erkennen, daß es nur die Geschwindigkeit ist, die zählt, und ob sie konstant ist oder nicht.

Ist es nicht häufig so: Wenn wir etwas ganz genau verstehen wollen, schauen wir am Wesentlichen vorbei und konzentrieren uns auf Nebensächliches, verrennen uns in Sackgassen. Falls es Ihnen so scheint, als schwebten Galilei und Aristoteles in höheren Sphären, gebe ich Ihnen ein Beispiel, das aus dem Alltag gegriffen ist: Ein Verwandter von mir und einige seiner Freunde – alles College-erfahrene Wissenschaftler, einer von ihnen sogar Hochschulprofessor – investierten über eine Million Dollar in die Entwicklung einer neuen Maschine, deren einzige Energiequelle das irdische Gravitationsfeld sein sollte. Sie träumten schon davon, alle Energieprobleme der Welt zu lösen, sie wollten die Abhängigkeit von fremdem Öl überwinden, sahen einen Weg zu märchenhaftem Reichtum vor sich und waren sogar davon überzeugt, daß der Bau dieser Maschine nur wenig Geld kosten würde.

Die Leute waren durchaus nicht so naiv zu glauben, daß man Etwas für Nichts bekäme, sie waren beileibe nicht der Meinung, es handele sich etwa um ein „Perpetuum mobile". Sie gingen davon aus, daß sie irgendwie Energie aus dem Gravitationsfeld

der Erde abzapfen und nutzbar machen könnten. Die Maschine
hatte schließlich so viele Getriebe, Rollen und Hebel, daß die
Erfinder weder erkennen konnten, welche Kräfte dieses Räderwerk gerade treiben, noch in der Lage waren, eine detaillierte
Analyse der Konstruktionsmerkmale zu geben. Es kam tatsächlich zu einer Vorführung. Die Maschine wurde in Gang gesetzt,
das große Schwungrad begann sich zu drehen, wurde schneller
und schneller. Man wähnte sich schon auf dem richtigen Weg,
doch dann blieb das Räderwerk stehen.

Trotz des Detailreichtums der Maschine wird ihre Unmöglich-
keit offenkundig, wenn man eben von diesen Details abstrahiert.
Betrachten wir die Prinzipskizze dieses Prototyps, die ich hier
gezeichnet habe, und zwar einmal zu Beginn und einmal am
Ende eines vollständigen Bewegungszyklus:

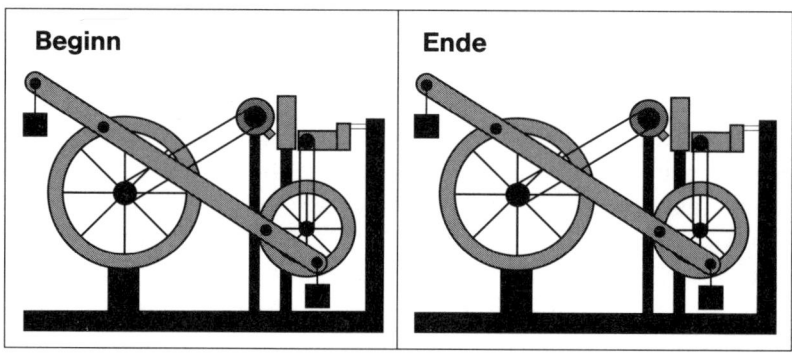

Jede Scheibe, jede Rolle, jede Schraube, jeder Bolzen, alles ist im
Bild rechts wieder exakt in der Ausgangsposition angelangt.
Nichts ist verschoben, nichts ist „gefallen", nichts ist verdampft.
Wenn das große Schwungrad anfangs stillstand, warum sollte es
jetzt laufen?

Die Schwierigkeit, eine ingenieursmäßige Funktionsanalyse
der Maschine zu machen, besteht darin, daß es so viele Einzelteile sind und deshalb so schwer zu erkennen ist, welche Kräfte
wann genau an den einzelnen Komponenten wirken. Eine „Phy-
siker-Analyse" dagegen konzentriert sich auf das Wesentliche,
das Prinzipielle, anstatt auf Details. Wir setzen das ganze Ding

in eine schwarze Kiste – oder eine schwarze Kugel, wenn Ihnen diese eingedenk der Kuh lieber ist –, also in eine *black box* und halten nur die einfache Forderung fest: Soll irgend etwas herauskommen, in diesem Fall Energie, muß sie im Innern produziert worden sein. Wenn sich aber im Innern nichts geändert hat, kann auch nichts herauskommen. Beziehen Sie statt dieser einfachen Tatsache alles mögliche „Sonstige" mit ein, laufen Sie Gefahr, vor lauter Bäumen den Wald nicht mehr zu sehen.

Wie kann man denn nun verläßlich erkennen, was das Wesentliche ist und was man getrost fallenlassen kann? Oft gar nicht. Der einzige Weg, um das herauszufinden, ist, so gut es geht, an ein Problem heranzugehen und zu schauen, ob das Ergebnis sinnvoll ist. Richard Feynman drückte dieses unbeirrte Vorwärtsdenken so aus: „Was scheren mich die Torpedos – volle Kraft voraus!" (Manche schreiben diesen Ausspruch Admiral Dewey zu, aber der U-Boot-Kapitän im Zweiten Weltkrieg meinte damit sicherlich etwas anderes als Feynman.)

Nehmen wir als Beispiel die Sonne und versuchen zu verstehen, wie sie „funktioniert". Um die Energie zu produzieren, die sie ständig von der Oberfläche abstrahlt, muß sie in ihrem unvorstellbar heißen und dichten Kern in jeder Sekunde die Gewalt von 100 Milliarden Wasserstoffbomben freisetzen! Und ihre Oberfläche? Man kann sich kaum etwas Turbulenteres und Komplizierteres vorstellen. Auf der anderen Seite war der Sonnenofen, zum Glück für uns Menschen, über die letzten paar Milliarden Jahre erstaunlich gleichförmig stabil. So müssen wir wohl annehmen, daß es bei den Abläufen im Sonneninneren nicht etwa drunter und drüber geht.

Die einfachste Erklärung für diesen erstaunlichen Tatbestand und, was noch wichtiger ist, vielleicht die einzige, die sich als Weg zu einer analytischen Behandlung anbietet, ist die Annahme, daß sich das Sonneninnere in einem „hydrostatischen Gleichgewicht" befindet. Das heißt: Die Kernreaktionen, die im Innern der Sonne ablaufen, heizen das Zentrum so weit auf, daß der dabei entstehende Druck die äußeren Bereiche auf Abstand hält, die andernfalls aufgrund der Schwerkraft nach innen stürzen würden. Wenn die Außenbereiche trotzdem einmal nach innen stürzten, würden dadurch Druck und Temperatur im Innern anwachsen, die Kernreaktionen würden schneller ablaufen, das wiederum würde den Druck steigern und die Außenbereiche wieder wegdrücken. Ganz ähnlich der umgekehrte Fall: Würde die Sonne expandieren, bedeutete das eine Abkühlung des Inneren, die Kernreaktionen würden verlangsamt, der Druck geringer, die Außenbereiche würden nach innen sinken. Ein automatischer Temperatur-, Druck- und Größenausgleich also, der das Sonnenfeuer über lange Zeiträume gleichmäßig brennen ließ und weiterhin brennen läßt.

So einfach ist das. Doch wäre diese Erklärung außerordentlich schwierig, wollten wir sie mathematisch nachvollziehen, ohne gewisse weitere Vereinfachungen. Als erste Vereinfachung nehmen wir an, die Sonne sei eine Kugel – schon wieder ein Rückgriff auf den Physiker mit seiner Kuh. Diese Annahme soll auch bedeuten, daß die Dichte der Sonne im gleichen Maß zunimmt, wie wir vom Zentrum aus in beliebigen Richtungen nach außen fortschreiten. Dichte, Temperatur und Druck sollen also überall auf der Oberfläche gleich groß sein, ebenfalls in jeder beliebigen Kugelschale im Sonneninneren. Als nächstes nehmen wir an, daß all die Störenfriede, die die Dynamik der Sonne drastisch ändern könnten, etwa starke Magnetfelder, ausgeschaltet sind.

Anders als das hydrostatische Gleichgewicht stützen sich diese Annahmen nicht primär auf eine physikalische Überlegung. Wir wissen jedoch aus der Beobachtung, daß die Sonne sich dreht, und so können wir alle Seiten der Sonne besichtigen, als ob wir um sie herumwanderten. Ganz ähnlich erzählen uns die Sonnenflecken, daß die Verhältnisse an der Sonnenoberfläche veränderlich sind – ihre Aktivität hat eine regelmäßige Periode von elf Jahren. Diese beiden Komplikationen berücksichtigen wir jedoch nicht. Sie in unsere Überlegungen einzubeziehen, wäre ungeheuer schwierig, und außerdem können wir getrost davon ausgehen, daß weder die Sonnenrotation noch die Wechselwirkungen zwischen den Vorgängen an der Sonnenoberfläche und denen im Sonnenzentrum nennenswerte Auswirkungen auf unsere Überlegungen haben.

24

Wir können getrost bei unserer vereinfachenden Betrachtungsweise bleiben.

Wie gut ist nun dieses Modell, das wir uns von der Sonne gemacht haben? Besser, als wir vielleicht erwarten konnten. Die Größe, die Oberflächentemperatur, die Helligkeit und das Alter der Sonne können wir damit sehr genau bestimmen. Und noch überzeugender ist vielleicht: So wie ein Weinglas mit einem bestimmten Ton klingt, wenn man mit einem angefeuchteten Finger über den Rand des Glases streicht, so wie auch die Erde in Schwingungen bestimmter Frequenz gerät, wenn sie von einem Erdbeben dazu angeregt wird, so schwingt auch die Sonne in charakteristischen Frequenzen, angeregt durch die Vorgänge in ihrem Innern. Diese Schwingungen verursachen Bewegungen an ihrer Oberfläche, die wir von der Erde aus beobachten können. Die Frequenzen dieser Bewegungen können uns eine Menge über das Sonneninnere verraten, genau so, wie seismische Wellen dazu benutzt werden, das Innere der Erde zu erkunden – zum Beispiel bei der Suche nach Erdöl-Lagerstätten. Was heute als Standardmodell der Sonne bekannt ist, dieses Modell, das all die vereinfachenden Annahmen enthält, die ich oben beschrieben habe, sagt ziemlich exakt das Spektrum der Schwingungen an der Sonnenoberfläche voraus, gerade so, wie wir sie beobachten.

So scheint die Sonne nicht nur als Annahme, sondern auch tatsächlich eine Kugel zu sein. Unser vereinfachtes Bild kommt der Wirklichkeit offenbar sehr nah. Aber da gibt es noch ein Problem: Außer den unvorstellbaren Mengen an Wärme und Licht produzieren die Kernreaktionen im Sonneninnern auch noch seltsame Elementarteilchen, die mit den bekannten Teilchen Elektronen und Quarks verwandt sind, den kleinsten Bestandteilen der Atome. Man nennt sie Neutrinos. In einem Punkt unterscheiden sie sich ganz wesentlich von den Teilchen unserer normalen Umgebung: Diese normale Materie interessiert die Neutrinos nicht im geringsten. Fachmännisch ausgedrückt: Ihre Wechselwirkung mit normaler Materie ist extrem schwach. Die meisten Neutrinos durchfliegen den gesamten Erdball, als ob er überhaupt nicht da wäre. In der gleichen Zeit, die Sie brauchen, um diesen Satz zu lesen, haben etwa tausend Milliarden Neutrinos, die aus dem Höllenfeuer der Sonne kommen, Ihren Körper durchströmt. Das gilt übrigens nicht nur tagsüber, wenn die Sonne am Himmel steht, sondern auch nachts. Dann kommen die Sonnenneutrinos durch den Erdball geflogen und durchdringen Sie von unten.

1930 wurde von dem deutschen Physiker Wolfgang Pauli zum erstenmal die Vermutung geäußert, daß es diese Teilchen gibt. Sie haben seitdem beim Verständnis der Welt in ihren kleinsten Dimensionen eine wesentliche Rolle gespielt. Und doch haben die Neutrinos aus der Sonne bisher nichts als Verwirrung unter den Physikern gestiftet.

Die gleichen Rechnungen mit dem Sonnenmodell, die uns all diese sichtbaren Phänomene auf der Sonne voraussagen ließen, sollten uns auch bei einer Prognose über die Anzahl der Neutrinos helfen, die mit einer bestimmten Energie in einer bestimmten Zeit auf der Erdoberfläche ankommen. Man kann sich kaum vorstellen, wie schwer diese geisterhaften Gebilde zu fassen sind. Deswegen haben die Physiker mit viel Erfindungsgeist, Geduld und HighTech Experimente erdacht und gebaut, um die Neutrinos dingfest zu machen. Das erste Experiment, in einer tiefen Mine in South Dacota, war ein Tank mit fast 400 000 Litern einer Reinigungsflüssigkeit. Pro Tag sollte ein Chlor-Atom darin in ein Argon-Atom umgewandelt werden, weil es von einem Neutrino aus der Sonne getroffen wird. Jetzt, nach 25 Jahren, liegen von zwei Experimenten dieser Art, die für Sonnen-Neutrinos hoher Energie empfindlich sind, Ergebnisse vor. Beide fanden weniger Neutrinos als erwartet, zwischen der Hälfte und einem Viertel der vorausgesagten Anzahl.

Ihre erste Reaktion ist vielleicht: Viel Lärm um nichts. Voraussagen, die doch so nahe an der Wirklichkeit liegen, könnte man auch als großen Erfolg verbuchen, schließlich beruhen diese Voraussagen ja auf gewissen Annahmen über die Sonne und das Feuer in ihrem Innern, wie ich es zuvor beschrieben habe. Manche Physiker halten die Abweichung jedoch für einen Hinweis darauf, daß mindestens eine der Annahmen nicht stimmt. Andere wiederum – bemerkenswerterweise solche, die an der

Entwicklung des Standardmodells der Sonne beteiligt waren –
sagen, daß dies extrem unwahrscheinlich sei, wenn man all die
hervorragenden Übereinstimmungen bei den anderen Beobach-
tungstatsachen bedenkt.

Natürlich gibt es nur einen Weg, die Debatte zu beenden:
Experimente, mit denen man jene Aspekte des Modells testen
kann, die von den vielen Annahmen zum Sonnenmodell unbe-
rührt bleiben. Zwei solche Experimente laufen gerade. Solange
die Kernreaktionen, die für die Kraft der Sonne verantwortlich
sind, ablaufen – und wir wissen, daß sie ablaufen, denn wir sehen
ja, daß die Sonne scheint – so lange werden auch niederenergeti-
sche Neutrinos in gewisser Anzahl produziert. Die neuen Experimente sind empfindlich für diese Neutrinos, die alten waren es
nicht. Falls diese neuen Experimente ein Defizit an den nieder-
energetischen Neutrinos bestätigen sollten, würde das bedeuten,
daß irgend etwas mit diesen Neutrinos auf ihrem Weg zur Erde
passiert sein muß. Das läßt umgekehrt vermuten, daß die
Lösung des solaren Neutrinoproblems nichts mit irgendwelchen Unstimmigkeiten im Modell zu tun hat, das wir uns vom
Innern der Sonne gemacht haben. Es hat etwas mit den Eigenschaften der Neutrinos selbst zu tun. Diese Eigenschaften geben
uns vielleicht wichtige neue Einblicke in den Bereich der Physik,
der sich mit solchen Elementarteilchen befaßt. Leider sind die
Ergebnisse bisher noch recht unbefriedigend. Anscheinend
müssen wir auf eine neue Generation von Detektoren warten,
größere und empfindlichere, bevor dieses seit langem akute
Problem der Physik gelöst wird.

Wir können unsere Näherungsannahme, die Sonne sei eine
Kugel, noch erheblich ausweiten, um vieles im Universum damit
zu erkunden. Wir können versuchen, andere Sterne damit zu
verstehen, größere und kleinere, jüngere und ältere als die
Sonne. Besonders das einfache Bild des hydrostatischen Gleichgewichts wird uns einen groben Überblick über das allgemeine
Verhalten von Sternen während ihrer gesamten Lebensdauer liefern. Beginnen wir gleich bei ihrer Geburt, wenn im Innern eines
zusammenfallenden Gasballs die ersten Kernreaktionen zünden und das Gas heißer und heißer wird. Wenn der Stern sehr

klein ist, kann die Hitze des Gases auch ohne Kernreaktionen genügend Druck aufbringen, um seine äußeren Massen auf Abstand zu halten. In diesem Fall wird der Stern jedoch nicht „aufleuchten", für eine Zündung von Kernreaktionen reicht es eben nicht. Jupiter zum Beispiel ist solch ein Himmelsobjekt. Größere Gaswolken jedoch kollabieren so lange weiter, bis die Kernreaktionen zünden. Die dabei erzeugte Hitze sorgt für kräftigen zusätzlichen Druck, der den weiteren Kollaps stoppt, das System ist nun stabil.

Wenn der Brennstoff für die Kernreaktionen, der Wasserstoff, zur Neige geht, beginnt der Stern erneut zu kollabieren, bis sein Kern heiß genug ist, die Asche seiner ersten Kernreaktion zu verbrennen, das Helium. Viele Sterne treiben dieses Spiel immer weiter, sie nehmen jeweils das Produkt einer Kernfusion als Brennstoff für die nächste, so lange, bis der Stern im wesentlichen aus Eisen besteht. Nun nennen wir ihn einen roten oder blauen Riesen, weil er sich weit aufgebläht hat und seine Oberfläche rot oder blau gefärbt erscheint, während sein Inneres immer heißer und dichter wird. Spätestens hier endet das Spiel der Kernreaktionen, weil Eisen kein Brennstoff für erneute Kernreaktionen ist. Die Bestandteile, Protonen und Neutronen, des Eisen-Atomkerns sind so fest aneinandergekettet, daß sie keinerlei Bindungsenergie abgeben, wenn sie Partner in einem größeren Atomverbund würden.

Was passiert nun mit einem Stern, wenn er an diesem Punkt angekommen ist? Es gibt zwei Möglichkeiten: Entweder er stirbt langsam vor sich hin, indem er abkühlt – wie ein Streichholz erlischt und erkaltet, wenn die Flamme sein Ende erreicht hat. Oder – und das gilt für die massereicheren Sterne – es kommt zu einem der gewaltigsten Ereignisse im Universum: Der Stern explodiert.

Ein explodierender Stern, eine „Supernova", erzeugt während ihres kurzen himmlischen Feuerwerks so viel Licht wie eine ganze Milchstraße, über hundert Milliarden Mal so viel wie ein normal leuchtender Stern.

Welche Gewalten bei einem solchen Ereignis entfesselt werden, geht weit über unseren Verstand. Nur wenige Sekunden, bevor das Inferno losbricht, verbrennt der Stern noch ruhig die letzten Brennstoffreste, bis der Druck, den der Stern mit seinem letzten Atemzug erzeugt, schwindet. Der unglaublich dichte Eisenkern, so schwer wie unsere Sonne, aber zusammengepreßt auf die Größe der Erde, auf ein Millionstel von dem, was er als Eisenklumpen eigentlich beanspruchte, gerät aus dem Gleichgewicht. In weniger als einer Sekunde kollabiert diese gesamte Masse ins Zentrum und setzt dabei eine unfaßliche Energie frei. Der Kollaps währt so lange, bis der gesamte Eisenkern zu einem Ball von zwanzig Kilometer Durchmesser zusammengequetscht ist, etwa die Größe von Hamburg. Nun ist die Materie so dicht, daß ein Fingerhut davon viele tausend Tonnen wöge. Wichtiger aber ist, daß die dichtgedrängten Atomkerne des Eisens sich nun gegenseitig berühren. Zuvor lagen gewaltige Räume zwischen ihnen, in denen die Elektronen herumschwirrten.

An diesem Punkt wird der Kollaps schlagartig gestoppt. Eine neue Druckquelle tut sich auf, die auf dem Zusammenwirken dieser dicht gepackten Atomkerne beruht. Das abrupte Ende des Kollaps wirkt wie ein Rückschlag: Eine Stoßwelle schießt nach außen, Tausende von Kilometern weit bis zu den äußeren leichten Schichten des Sterns, die regelrecht weggeblasen werden. Das ist es, was wir als Aufleuchten der Supernova am Himmel sehen.

Dieses Bild von einem explodierenden Stern, dessen Kern in sich zusammenfällt, entstand im Lauf von Jahrzehnten. Ganze Teams von Forschern haben die Vorgänge sorgfältig analysiert und durchgerechnet, nachdem der indische Physiker Subrahmanyan Chandrasekhar 1939 erstmals die Idee geäußert hatte, daß solch ein unglaubliches Ereignis tatsächlich passieren könne. Die Idee ist nichts weiter als eine Folgerung aus den einfachen Vorstellungen des hydrostatischen Gleichgewichts, das, wie wir annehmen, auch in der Sonne herrscht. Rund 50 Jahre lang blieb es reine Spekulation, daß dieser Prozeß auch den Kollaps eines Sterns regierte. Jahrhunderte sind vergangen, seit eine Supernova in unserer eigenen Milchstraße beobachtet wurde. Und auch in einem solchen Fall wäre es nur das äußere Feuerwerk, das wir sehen könnten, weit weg von dem wirklichen Geschehen tief im Innern des Sterns.

Doch am 23. Februar 1987 begann eine neue Ära in der Supernova-Forschung. An jenem Tag leuchtete ein „neuer Stern" in der Großen Magellanschen Wolke auf, einem kleinen Nachbarsystem am äußeren Rand unserer Milchstraße, etwa 170 000 Lichtjahre entfernt. Das war die uns nächste Supernova, die in den letzten 400 Jahren beobachtet worden war. Es stellte sich heraus, daß das sichtbare Feuerwerk eines explodierenden Sterns nur die Spitze des Eisbergs ist: Mehr als tausendmal soviel Energie wird dabei frei, nicht als Licht, sondern – Sie haben es vielleicht schon erraten – als fast unsichtbare Neutrinos. Ich sage *fast* unsichtbar, denn obwohl so gut wie jedes Neutrino aus einer Supernova ungehindert und unbemerkt die Erde durchfliegt, passiert es doch – wenn auch höchst selten – aufgrund der Gesetze der Wahrscheinlichkeit, daß auch in einem viel kleineren Detektor als die dicke Erde ein Neutrino in Wechselwirkung mit einem Atom tritt und sich dadurch zu erkennen gibt.

Man kann abschätzen, daß in dem Moment, wo der „Neutrino-Schauer" von der fernen Supernova die Erde durchdringt, einer von etwa einer Million Menschen, der gerade zufällig in diesem Moment die Augen geschlossen hat, einen winzigen Blitz sieht, der dadurch zustande kommt, daß ein Neutrino ein Atom in seinem Auge traf.

Doch wir sind, Gott sei Dank, nicht auf solche Augenzeugen dieses bemerkenswerten Phänomens angewiesen. Zwei große Detektoren, jeder mit über 1000 Tonnen Wasser, tief unter der Oberfläche auf entgegengesetzten Seiten der Erde, waren wesentlich empfindlichere Augen als unsere. In jedem Detektortank lagen Tausende von lichtempfindlichen Röhren im Dunkeln auf der Lauer. Und am 23. Februar 1987 geschah es: Im Abstand von zehn Sekunden wurden in beiden Detektoren gleichzeitig 19 einzelne Neutrino-Ereignisse beobachtet. So wenig? mögen Sie fragen. Aber das ist fast genau die Anzahl, die man von einer Supernova auf der anderen Seite unserer Milchstraße bei uns erwartet. Mehr noch: Auch die zeitliche Abfolge und die Energie der Neutrinos stimmten gut mit den Voraussagen überein.

Immer wieder bin ich überwältigt und fasziniert, wenn ich darüber nachdenke: Die Neutrinos sind direkt aus dem dichten, kollabierenden Kern gekommen, nicht etwa von der Oberfläche des Sterns. Sie bringen uns direkte Botschaft von diesen entscheidenden Sekunden beim katastrophalen Zusammenbruch des Kerns. Und sie bestätigen uns, daß die Theorie des Sternkollaps vernünftig ist: Sie wurde ohne direkte empirische Beobachtung über mehr als dreißig Jahre lang erarbeitet. Sie basiert auf der Physik des hydrostatischen Gleichgewichts, die wir für die Struktur der Sonne entwickelten. Auf dem Papier dehnten wir sie weit über diese Grenzen hinaus aus, bis zur Sternexplosion. Die Theorie steht völlig in Einklang mit den Daten, die wir jetzt von der Supernova erhielten. Das Vertrauen in ein simples Modell führte uns zum Verständnis eines der grandiosesten Schauspiele, die die Natur zu bieten hat.

Aber die Vereinfachungen zur Beschreibung der Sonne sind nichts als bloße Annahmen – mögen Sie wieder einwenden. Vielleicht haben Sie recht. Vielleicht liegt das Problem der Sonnenneutrinos auch nur darin, die Neutrinos besser zu verstehen und nicht die Sonne. Es bleiben eine Menge Rätsel.

Wenn wir die Theorie über die Struktur der Sterne benutzen, um vorauszusagen, wie Sterne altern, dann können wir auch versuchen, nicht nur das Alter unserer Sonne zu bestimmen – sie ist rund fünf Milliarden Jahre alt –, sondern auch das der ältesten Sterne unserer Milchstraße. Nehmen wir dazu Sterne in einigen separaten Systemen an den Rändern der Milchstraße, in den sogenannten Kugelsternhaufen, unter die Lupe: Vergleichen wir ihre Farbe, Helligkeit und andere Eigenschaften, die wir an ihnen beobachten, mit den Daten, die für ein bestimmtes Alter eines Sterns aus dem Modell berechnet wurden, dann finden wir, daß die ältesten dieser kugeligen Systeme zwischen 13 und 20 Milliarden Jahre alt sind.

Nun können wir das Alter des Kosmos als Ganzem auch auf einem anderen Wege bestimmen, indem wir die Tatsache benutzen, daß das beobachtbare Universum expandiert und daß diese

Expansion allmählich langsamer wird. Je kleiner die Expansionsrate ist, die wir heute messen, um so älter ist das Universum. Seit sechzig Jahren bemühen wir uns um diese Messung der Expansionsrate, und wir haben es bis auf einen Unsicherheitsfaktor von nur 2 geschafft. Aber auch im optimistischen Fall scheint die obere Grenze für die bisherige Lebensdauer des Universums kaum größer als 14 Milliarden Jahre zu sein.

Das bringt uns nun in eine ganz ungemütliche Situation: Unsere Milchstraße scheint älter zu sein als das Universum, von dem sie doch ein Teil ist! Ganz klar: Mit einer von unseren vereinfachenden Annahmen lagen wir wohl daneben. Aber mit welcher? War es eine von denen zur Theorie der Sternstruktur? Waren unsere Voraussetzungen für die Urknall-Kosmologie zu einfach? Oder stimmen die Beobachtungen nicht, auf die sich die Abschätzungen zum Alter der Sterne stützen? Wo wir korrigieren müssen, bleibt abzuwarten.

Ohne irgendwelche Vereinfachungen kämen wir jedoch überhaupt nicht weiter. Mit ihnen können wir immerhin Voraussagen machen, die überprüfbar sind. Wenn sich diese als falsch herausstellen, nun gut, dann können wir die verschiedenen Aspekte unserer Annahmen aufs Korn nehmen und sie testen, und dabei haben wir inzwischen eine ganze Menge über das Universum gelernt. Um es mit den Worten von James Clark Maxwell zu sagen, dem berühmtesten und erfolgreichsten theoretischen Physiker des 19. Jahrhunderts: „Das wichtigste Verdienst einer Theorie ist, daß sie zu Experimenten anregt, ohne dem Durchbruch der wahren Theorie den Weg zu verbauen."

Physiker simplifizieren die Welt einfach aufgrund vernünftiger Intuition, oft ist das überhaupt der einzige Weg, auf dem man weiterkommt. Da gibt es, als Allegorie dafür, eine hübsche kleine Geschichte unter den Physikern: Wenn du nachts durch eine spärlich beleuchtete Straße gehst und plötzlich feststellst, daß du den Autoschlüssel verloren hast, wo suchst du zuerst? Natürlich unter der nächsten Straßenlaterne. Warum? Nicht etwa deshalb, weil du den Schlüssel nur da verloren haben könntest, sondern weil das der einzige Platz ist, wo du ihn auch entdecken könntest. Aus dem gleichen Grund ziehen es die Physiker vor, dort zu suchen, wo es hell ist.

Die Natur war in dieser Beziehung häufig sehr entgegenkommend zu uns, so daß wir diese Gunst beinahe schon als selbstverständlich hinnehmen. Neue Probleme gehen wir normalerweise mit den alterprobten Methoden an, egal, ob sie geeignet sind oder nicht, denn das ist alles, was wir zunächst tun können. Wenn wir Glück haben, gelingt es uns, auch mit sehr groben Näherungen einige Grundzüge des physikalischen Geschehens zu erfassen. Die Physik ist voll von Beispielen dafür, daß wir allein durch unser Suchen dort, wo es hell ist, weit mehr fanden, als wir eigentlich hätten erwarten können.

Einer von diesen Glücksfällen ereignete sich kurz nach dem Ende des Zweiten Weltkriegs. Hochdramatische Ereignisse ließen eine neue Ära der Physik heraufdämmern. Das Endergebnis war eine ganz neue Sichtweise über die kosmische Spannweite: vom atomaren Bereich der Elementarteilchen bis zu den größten Strukturen des Universums. Die physikalischen Theorien stehen im engen Zusammenhang damit, ob wir die Welt in immer kleineren oder in immer größeren Skalen untersuchen. Diese neue Sichtweise habe ich sonst nirgends in der populären Literatur gefunden. Sie ist charakteristisch für die moderne Physik.

Der Krieg war gerade vorbei, und die Physiker versuchten wieder einmal, nach Jahren der kriegsbedingten Einschränkungen, grundlegende Fragen anzugehen. Nun wurden die großen Errungenschaften der zwanziger Jahre – die Relativitätstheorie und die Quantenmechanik – vollendet. Ein neues Problem ergab sich, als die Physiker versuchten, diese beiden Theorien miteinander in Einklang zu bringen. Von beiden will ich später in diesem Buch noch Näheres erläutern. Die Quantenmechanik basiert darauf, daß in kleinen Dimensionen und kleinen Zeiten nicht alle Größen über das Verhalten der Materie gleichzeitig gemessen werden können. So können Sie zum Beispiel die Geschwindigkeit eines Teilchens und seinen Ort nicht gleichzeitig exakt bestimmen, auch wenn Sie noch so perfekte Meßgeräte hätten. Ähnlich ist es mit der Energie des Teilchens: Man kann sie nicht exakt bestimmen, wenn nur eine begrenzte Meßzeit zur Verfügung steht.

Die Relativität andererseits verlangt, daß Messungen des Ortes, der Geschwindigkeit, der Zeit und der Energie fundamental miteinander verknüpft sind durch neue Beziehungen, die besonders offenkundig werden, wenn man nahe an die Lichtgeschwindigkeit herangeht. Tief im Innern der Atome bewegen sich die Teilchen schnell genug, daß die Effekte der Relativität zutage treten, und gleichzeitig spielt sich alles in so kleinen Skalen ab, daß die Gesetze der Quantenmechanik herrschen. Die bedeutsamste Konsequenz aus der Hochzeit zwischen diesen beiden Enden der Welt ist die Vorhersage, daß es unmöglich ist, die Gesamtenergie in einem bestimmten kleinen Volumen zu messen, und ebenso unmöglich ist, herauszufinden, wie viele Teilchen in diesem Volumen herumschwirren.

Betrachten wir als Beispiel die Bewegung eines Elektrons vom hinteren Ende Ihrer Fernsehröhre bis vorn zum Bildschirm. Elektronen sind winzige geladene Teilchen, die gemeinsam mit Protonen und Neutronen alle Atome der normalen Materie bilden. In Metallen bewegen sich Elektronen unter der Wirkung von elektrischen Kräften und produzieren den Stromfluß. In der Fernsehröhre kommen die Elektronen aus einer aufgeheizten Metallspitze am hinteren Ende der Röhre, prallen vorn auf den Bildschirm und erzeugen dabei Lichtblitze, aus denen sich das sichtbare Fernsehbild zusammensetzt. Die Gesetze der Quantenmechanik sagen nun aus, daß es in einem bestimmten kleinen Zeitintervall unmöglich ist, anzugeben, welchen Weg genau das Elektron geflogen ist, wenn wir gleichzeitig seine Geschwindigkeit messen wollen.

Beziehen wir die Relativität in unsere Überlegungen mit ein, dann können wir nicht einmal mit Sicherheit sagen, daß in diesem kurzen Moment wirklich nur ein einzelnes Elektron zum Bildschirm flog. Möglicherweise entstanden daneben spontan ein weiteres Elektron und sein Antiteilchen mit entgegengesetzter elektrischer Ladung, Positron genannt. Sie können aus dem leeren Raum heraus plötzlich auftauchen, ein Stück Weges gemeinsam mit dem ersten Elektron fliegen und sich dann gegenseitig vernichten. Sie verschwinden restlos, einsam zurück bleibt das ursprüngliche Elektron. Müßig zu fragen, wo diese Sonderenergie herkommt, die für die Erzeugung dieser beiden Teilchen aus dem Nichts und für ihr kurzes Leben benötigt wird. Sie steckt einfach in der Unbestimmbarkeit der Energie des Ursprungselektrons mit drin. Denn in ihrer kurzen Lebenszeit kann man ihren genauen Wert nach den Gesetzen der Quantenmechanik nicht messen.

Solche Aussagen empfinden Sie vielleicht wie einen Verrat an den „exakten Naturwissenschaften", und Sie könnten meinen, solche Überlegungen seien genauso suspekt wie die klassische Frage einiger alter Philosophen, wie viele Engel auf einer Nadelspitze Platz hätten. Aber da gibt es einen wichtigen Unterschied. Das Elektron-Positron-Paar verschwindet nämlich nicht völlig spurlos. Wenn es auch nur ganz kurz auf der Bühne der Welt auftauchte, so kann das Teilchen-Paar doch die Eigenschaften, die wir dem Elektron zuschreiben und von dem wir annehmen, daß es während des ganzen Vorgangs allein fliegt, ein wenig ändern.

Es war im Jahr 1930, als man sich bewußt wurde, daß es solche Phänomene wie die wirkliche Existenz von Antiteilchen, etwa des Positrons, geben muß, einfach als Konsequenz aus der Verbindung von Quantenmechanik und Relativitätstheorie. Das Problem jedoch, wie man solcher neuen Möglichkeiten mit der Berechnung physikalischer Größen habhaft werden könne, blieb ungelöst. Es bestand darin, daß diese Erscheinung immer wieder erneut auftrat, wenn man in immer kleinere Dimensionen vorstieß. Betrachten wir zum Beispiel die Bewegung des ursprünglichen Elektrons innerhalb einer kürzeren Zeitspanne, wobei die Bestimmung seiner Energie um einen bestimmten Betrag unsicherer geworden ist, so wird es für diesen Augenblick nicht nur für ein einziges Elektron-Positron-Paar, sondern für zwei Paare möglich, daß sie beisammen bleiben. Und so geht das Spiel weiter: Es werden immer mehr Paare, wenn man immer kürzere Zeitintervalle betrachtet. Versuchten wir, all diese Objekte zu erfassen, würde jede Abschätzung ein unendliches Ergebnis für die physikalischen Größen geben, zum Beispiel für die gemessene elektrische Ladung eines Elektrons. Das ist natürlich eine höchst unbefriedigende Situation.

Vor diesem Hintergrund trafen sich im April 1947 einige Physiker in einem Lokal in Shelter Island, einem abgelegenen Ort an der Ostspitze von Long Island, N.Y. Eingeladen hatte eine kleine, aber recht aktive Gruppe von theoretischen und experimentellen Physikern, die sich mit den grundlegenden Problemen der Struktur der Materie befaßten. Unter ihnen waren verdiente „alte Hasen" ebenso wie Neulinge. Die meisten von ihnen hatten während des Krieges an der Entwicklung der Atombombe mitgearbeitet. Für einige von ihnen war es nicht leicht, nach Jahren der Entwicklungsarbeit an Kriegswaffen zur reinen Grundlagenforschung zurückzufinden. Das war wohl mit ein Grund, die Shelter-Island-Konferenz einzuberufen, um die brennendsten Probleme in Angriff zu nehmen, mit denen sich die Physik damals konfrontiert sah.

Schon der Beginn war ungewöhnlich. Der Bus, in dem viele der Teilnehmer saßen, fuhr gerade durch Nassau County im Westen von Long Island, als er von einer Polizeistreife auf Motorrädern angehalten wurde. Zum Erstaunen aller eskortierten die Polizisten den Bus mit Martinshorn und Blaulicht während der Fahrt zum Tagungsort. Später erfuhren die Physiker, daß diese Überraschung von einigen Freunden bestellt worden war, die im Pazifik-Krieg gedient hatten. Sie wollten auf diese Weise den Physikern ihren Dank dafür abstatten, daß sie den Krieg deshalb überlebt hatten, weil die Atombombe den Krieg mit Japan beendet hatte.

Die Aufregungen vor der Konferenz fanden ihre Fortsetzung durch sensationelle Präsentationen am Eröffnungstag. Der Atomphysiker Willis Lamb hatte die zu Kriegszwecken entwickelte Mikrowellen-Technik für Radar-Forschungen an der Columbia University benutzt und berichtete von einem bedeutenden Ergebnis. Einer der ersten Erfolge der Quantenmechanik war die Berechnung der charakteristischen Energien von Elektronen gewesen, die außen um Atome herumkreisen. Lambs Ergebnis jedoch bedeutete, daß die Energieniveaus der Elektronen in Atomen leicht verschoben waren gegenüber den mit der

Quantentheorie berechneten, die zu der Zeit damals ohne Einbezug der Relativität entwickelt worden war. Dieser Befund wurde unter dem Namen „Lambsche Verschiebung" bekannt.

Es folgte ein Bericht von dem bedeutenden Experimentalphysiker Isidor Isaac Rabi über seine Arbeiten, ebenso von Polykarp Kusch, die beide ähnliche Abweichungen bei Beobachtungen von Wasserstoff- und anderen Atomen gegenüber den Voraussagen der Quantenmechanik gefunden hatten. Alle drei amerikanischen Experimentalphysiker – Lamb, Rabi und Kusch – sollten später (Rabi 1944, Lamb und Kusch 1955) den Nobelpreis für ihre Entdeckungen bekommen.

Die Herausforderung war damit vorgegeben: Wie könnte man diese Verschiebung erklären, und wie könnte man Berechnungen anstellen, um die zeitweilige Existenz einer möglicherweise unendlichen Anzahl von virtuellen – wie man sie von jetzt ab nannte – Elektron-Positron-Paaren zu erfassen? Der Gedanke, daß die Verschmelzung von Relativität und Quantenmechanik, die ja das Problem erst aufgeworfen hatte, auch zu seiner Lösung führen könnte, war zu dieser Zeit noch reine Spekulation. Die Gesetze der Relativität verkomplizierten die Rechnungen so sehr, daß damals noch niemand einen gangbaren Weg gefunden hatte. Die kommenden Stars am Himmel der theoretischen Physik, Richard Feynman und Julian Schwinger, waren beide auf der Konferenz. Jeder von ihnen, auch der japanische Physiker Sin-itiro Tomonaga, arbeitete unabhängig daran, ein Rechenschema zur Vereinigung von Quantenmechanik und Relativität zu entwickeln, das unter dem Namen „Quanten-Feldtheorie" bekannt wurde. Sie hofften – und ihre Hoffnungen erwiesen sich später als zutreffend –, daß es dieses Rechenschema erlauben würde, die Effekte der virtuellen Elektron-Positron-Paare, die Quälgeister der Theoretiker, zuverlässig zu isolieren, vielleicht sogar völlig zu beseitigen. Sie fanden Ergebnisse, die mit der Relativitätstheorie in Einklang waren.

Rechtzeitig zur Konferenz hatten sie ihre Arbeiten abgeschlossen. Sie hatten einen neuen Weg gefunden, elementare Prozesse zu veranschaulichen, und sie zeigten, daß die Theorie des Elektromagnetismus widerspruchsfrei mit der Quantenmechanik und der Relativität verbunden werden konnte. So entstand das erfolgreichste theoretische Gebäude der gesamten Physik – eine Leistung, für die diese drei Männer fast zwanzig Jahre später verdientermaßen den Nobelpreis erhielten.

Aber zur Zeit der Konferenz gab es ein solches Schema noch nicht. Wie sollte man die Wechselwirkungen der Elektronen in den Atomen mit den Myriaden von „virtuellen" Elektron-Positron-Paaren in den Griff bekommen, die spontan aus dem Nichts heraussprudelten, als Reaktion auf die Felder und Kräfte, die durch die Elektronen selbst geschaffen wurden?

Auch Hans Bethe war unter den Konferenz-Teilnehmern, damals schon ein bekannter Theoretiker und einer der führenden Köpfe des Atombomben-Projekts. Bethe sollte später (1967) den Nobelpreis für eine Arbeit bekommen, in der er zeigte, daß es tatsächlich Kernreaktionen sind, die der Sonne und den ihr ähnlichen Sternen die Energie liefern. Er war begeistert von dem, was er gehört hatte, sowohl von den Theoretikern wie von den Experimentalphysikern. Zurück in der Cornell-Universität begann er sogleich, den von Lamb beobachteten Effekt zu berechnen. Fünf Tage nach dem Ende der Konferenz hatte er einen Bericht erarbeitet mit einem Rechenergebnis, das – wie er betonte – hervorragend mit dem beobachteten Wert der Lambschen Verschiebung übereinstimmte.

Bethe war für seine Fähigkeit bekannt, komplexe Berechnungen von Hand an der Tafel oder auf losen Blättern fehlerfrei zu Ende zu führen. Seine bemerkenswerte Berechnung der Lambschen Verschiebung jedoch war keineswegs in sich stimmig, sie schien nicht auf den bewährten Grundprinzipien der Quantenmechanik und der Relativität gegründet. Bethe war lediglich daran interessiert herauszufinden, ob die gängigen Ideen auf der richtigen Spur waren. Er hatte auch nicht den kompletten Werkzeugsatz zur Hand, den man für die Quantentheorie einschließlich der Relativität braucht. So benutzte er einfach das Werkzeug, das er hatte.

Er überlegte: Wenn man die relativistische Bewegung eines Elektrons nicht vollständig und konsistent erfassen kann, könnte man doch eine „Hybrid"-Rechnung anstellen. Er berück-

38

sichtigte dabei ausdrücklich die neuen physikalischen Phänomene, die durch die Relativität ermöglicht wurden – etwa die virtuellen Elektron-Positron-Paare –, andererseits benutzte er dazu Gleichungen für die Bewegung der Elektronen, die aus der Standard-Quantenmechanik der zwanziger und dreißiger Jahre stammen und die noch nicht die mathematische Komplexität der Relativität enthalten.

Er fand jedoch, daß er damit den Wirkungen der virtuellen Elektron-Positron-Paare nicht beikommen konnte. Wie wurde er mit diesem Problem fertig? Er entsann sich dunkel einer Anregung, die jemand bei der Konferenz geäußert hatte. So machte er eine doppelte Rechnung: einmal für die Bewegung des Elektrons innerhalb des Wasserstoff-Atoms und einmal für ein freies Elektron, ohne das Atom, zu dem es gehört. In jedem der beiden Fälle erhielt er ein mathematisch unbefriedigendes Ergebnis (Schuld daran war das Auftauchen der virtuellen Teilchenpaare), doch nun zog er das eine Ergebnis vom anderen ab. Die Differenz zwischen beiden, so hoffte er, würde ein vernünftiges Resultat sein: Sie sollte die Verschiebung der Energie eines Elektrons in einem Atom gegenüber der eines freien Elektrons außerhalb des Atoms repräsentieren – also genau jenen Effekt, den Lamb beobachtet hatte. Doch Bethe hatte kein Glück, die Rechnung stimmte nicht. Die Antwort auf seine Frage – so überlegte er – war falsch, weil sie unphysikalisch war. Also war es das Vernünftigste, was er tun konnte, die Sache in gewissem Sinne zu vereinfachen, physikalische Phantasie walten zu lassen. Die Relativität erlaubte exotische neue Prozesse, etwa beim Auftreten der virtuellen Elektron-Positron-Paare, und davon war der Zustand des Elektrons innerhalb des Atoms beeinflußt. Dann könnten die Wirkungen der Relativität – überlegte Bethe weiter – auf diese Prozesse nicht sehr groß sein, auch wenn viele virtuelle Elektron-Positron-Paare beteiligt sind, deren Gesamtenergie viel größer ist als die Energie, die der Ruhemasse des Elektrons selbst entspricht.

Ich möchte Sie erinnern: Nach der Quantenmechanik ist es möglich, daß urplötzlich viele virtuelle Teilchen auftauchen, allerdings nur während sehr kurzer Zeitspannen, denn nur in diesen winzigen Augenblicken kann die Unbestimmtheit in der gemessenen Gesamtenergie des Systems groß werden. Bethe forderte: Wenn die Theorie einschließlich der Relativität vernünftig sein sollte, dann müßte es möglich sein, die Effekte solcher exotischer Prozesse in sehr kleinen Zeitintervallen einfach zu vergessen. So schlug er vor, das tatsächlich auch zu tun.

Seine abschließende Rechnung für die Lambsche Verschiebung, in der er nur solche Prozesse mit virtuellen Paaren berücksichtigte, deren Gesamtenergie kleiner war als die restliche Massenenergie des Elektrons, war mathematisch in Ordnung. Damals gab es noch keine Bestätigung für seine Annahmen, außer daß sie ihm erlaubte, die Rechnung zu einem befriedigenden Ende zu führen, und sie lieferte ihm das, was er von einer vernünftigen Theorie erwartete, die auch die Relativität enthielt.

Die späteren Arbeiten von Feynman, Schwinger und Tomonaga räumten noch ein paar Unzulänglichkeiten in Bethes Näherungsrechnungen aus. Ihre Ergebnisse zeigten, wie in der vollständigen Theorie, in der sowohl die Quantenmechanik als auch die Relativität bei jedem Schritt voll enthalten sind, die Effekte von energetischen virtuellen Teilchen-Antiteilchen-Paaren bei meßbaren Größen in den Atomen verschwindend klein sein können. So war nun der Weg frei, auch diese letzten Effekte der virtuellen Teilchen durch die Theorie zu erfassen. Das durch Rechnungen ermittelte Ergebnis stimmt heute hervorragend mit der gemessenen Lambschen Verschiebung überein. Es ist eine der besten Übereinstimmungen zwischen Rechnung und Beobachtung in der gesamten Physik!

Aber Bethes frühe Hybrid-Rechnungen hatten bestätigt, was jeder schon über ihn wußte: Er war und ist *der* Physiker unter den Physikern. Er fand mit traumwandlerischer Sicherheit heraus, wie man das vorhandene Werkzeug einsetzen kann, um das Ziel zu erreichen. Im Sinne der kugeligen Kuh hatte er die Kühnheit, unwesentliche Details beiseite zu schieben, die bei den Prozessen mit den virtuellen Teilchen in der Quantenmechanik auftauchten. Und das führte uns bis an die Schwelle zur modernen Physik. Bethes Methode wurde zum Vorbild, wenn Physiker Probleme der Elementarteilchen-Physik anpacken.

Ich werde im letzten Kapitel dieses Buches noch einmal darauf zurückkommen.

Wir haben weite Wanderungen gemacht, von der Kuh des Physikers zu den solaren Neutrinos, von explodierenden Sternen bis nach Shelter Island. Das gemeinsame Band, das all dies umschlingt, ist das Band, das Physiker aller Sparten verbindet.

Die Welt ist ein komplizierter Ort – oberflächlich gesehen. Schaut man jedoch tiefer, scheinen bestimmte einfache Regeln am Werk. Es ist eines der Ziele der Physik, diese Regeln aufzudecken. Wir können aber nur hoffen, dies auch zu schaffen, wenn wir zu Ungewöhnlichem bereit sind: Kühe als Kugeln zu sehen, komplizierte Maschinen in einer *black box* verschwinden zu lassen, oder, wenn es nötig sein sollte, eine unendliche Zahl von virtuellen Teilchen einfach wegzuwerfen. Wenn wir alles auf einmal verstehen wollen, verstehen wir gar nichts. Wir können nur entweder abwarten und auf einen klugen Einfall hoffen, oder wir können uns schrittweise daranmachen, die Probleme zu lösen, die wir auch lösen können. Und so erhalten wir die gewünschten Einblicke in die Physik.

2   Zahlenkünste

*Physik verhält sich zur Mathematik
wie eine Liebesnacht zur Selbstbefriedigung.*

Richard Feynman

Die Sprache, eine Erfindung des Menschen, ist ein Spiegel für
die Seele. Wenn uns eine gute Geschichte, ein Schauspiel oder
ein Gedicht etwas über unsere eigene Menschlichkeit erzählt,
uns einen Spiegel für unser Tun und Lassen vorhält, dann geht
das nur mit Hilfe der Sprache. Mathematik auf der anderen Seite
ist die Sprache der Natur, und sie übernimmt die Rolle des Spie-
gels für die physikalische Welt. Sie ist präzise, sauber, umfassend
und grundsolide. Aufgrund dieser wichtigen Eigenschaften ist
sie hervorragend dazu geeignet zu beschreiben, wie die Natur
wirkt, andererseits völlig ungeeignet dazu, den Facettenreich-
tum menschlicher Empfindungen darzustellen. Das ist wohl
der Grund dafür, warum es das zentrale Problem der „zwei Kul-
turen" gibt.

Ob man nun ein Freund der Zahlen ist oder nicht – Zahlen stehen im Mittelpunkt jeder Physik. Alles, was wir in diesem
Bereich tun, einschließlich der Art und Weise, wie wir über die
physikalische Welt nachdenken, hängt von unserem Verhältnis
zu Zahlen ab und davon, wie diese Größen in der physikalischen Welt auftauchen. Deshalb denken Physiker über Zahlen
auch völlig anders als Mathematiker. Physiker benutzen Zahlen,
um ihre physikalischen Ideen auszuarbeiten, weit entfernt
davon, ihnen etwa auszuweichen oder sie zu umgehen. Mathematiker befassen sich mit ideellen Strukturen, und sie kümmern
sich nicht im geringsten darum, ob diese tatsächlich in der Natur
vorkommen oder nicht. Für sie hat eine bloße Zahl ihre eigene
Realität. Für einen Physiker hat solch eine nackte Zahl gewöhnlich überhaupt keine Bedeutung.

In der Physik sind Zahlen gewöhnlich „Lastenträger": Sie sind das Ergebnis einer Messung von physikalischen Größen. Die Zahl 3,8 kann also zum Beispiel mit dem Zusatz „Meter" oder „Kilowatt" beladen sein. Doch ein Gepäck oder eine Last – das weiß jeder Reisende – hat eine gute Seite wie auch eine schlechte. Es mag umständlich und beschwerlich sein, das schwere Gepäck mit sich zu schleppen, aber es hält auch Angenehmes für uns parat und macht das Leben ganz schön leichter, wenn wir an unserem Ziel angekommen sind. Die Last mag uns einschränken, doch sie verschafft uns auch Freiheiten. So schränken uns Zahlen und die mathematischen Beziehungen zwischen ihnen ein, indem sie uns Grenzen setzen, wie wir das Bild der Welt zeichnen. Aber die Last, die den Zahlen in der Physik anhängt, trägt auch wesentlich dazu bei, das Bild zu vereinfachen. Die Physik befreit uns, indem sie exakt zeigt, was wir aus dem Zahlenwust getrost vergessen können und was nicht.

Solche Bemerkungen stehen natürlich in direktem Widerspruch mit dem weit verbreiteten Bild, Zahlen und mathematische Gleichungen würden die Dinge nur kompliziert machen, man solle sie unter allen Umständen vermeiden, besonders in populärwissenschaftlichen Büchern. Stephen Hawking vermutet sogar in seiner „Kurzen Geschichte der Zeit", daß jede Gleichung in einem populären Buch den Verkauf auf die Hälfte herunterdrücke. Wenn man die Wahl hat, einen quantitativen Zusammenhang auch mit Worten zu erläutern, würden viele Leute diese Möglichkeit vorziehen. Ich glaube, daß der Hauptgrund für diese allgemeine Abneigung gegen die Mathematik soziologischer Natur ist. Mathematisches Unvermögen gilt gewöhnlich als ehrenvoll – wenn jemand zum Beispiel mit seinem Scheckbuch nicht richtig umgehen kann, gilt dieser Fehler als durchaus menschlich. Die tiefere Wurzel aber ist, so denke ich, daß diese Leute schon früh angehalten wurden, überhaupt nicht darüber nachzudenken, welche Bedeutung die Zahlen haben, während ihnen jedoch klar war, welche Bedeutung die Wörter haben.

Vor einigen Jahren hielt ich in Yale in einer Schule, die mehr für die Künste mit Wörtern als für die mit Zahlen berühmt ist, einen Physikkurs für Nichtnaturwissenschaftler ab. Verblüfft stellte ich fest, daß 35 Prozent der Studenten – viele von ihnen hatten in Geschichte oder Amerikanistik promoviert – nicht einmal die Bevölkerungszahl der Vereinigten Staaten innerhalb eines Fehlers vom Faktor 10 kannten! Einige schätzten, die Bevölkerung liege zwischen 1 und 10 Millionen – das ist weniger als die Einwohnerzahl von New York, das kaum 150 Kilometer von der Schule entfernt ist.

Zunächst hielt ich das für einen Hinweis darauf, daß es in den Lehrplänen des Volkwirtschaftsstudiums für unsere Hochschulen erhebliche Lücken gab. Auf jeden Fall würde, ungeachtet der Nähe von New York, dieses Land ein ganz anderes sein, wenn seine Bevölkerung nur eine Million betrüge. Später wurde mir klar, daß für die meisten dieser Studenten Begriffe wie 1 Million oder 100 Millionen keine objektive Bedeutung haben. Sie hatten nie gelernt, sich irgend etwas vorzustellen, was eine Million Dinge umfaßte. Sie konnten zum Beispiel nicht eine mittelgroße amerikanische Stadt mit der Zahl von einer Million Einwohner verbinden. So konnten mir viele der Studenten auch nicht annähernd sagen, wie weit es von einem Ende der Vereinigten Staaten bis zum anderen ist, wie viele Kilometer das sein könnten. Das Land scheint viel zu groß zu sein, um es mit einer konkreten Zahl zu verbinden. Doch man braucht nur eine sehr einfache rationale Überlegung dazu: Man schätzt einerseits die Strecke, die man bequem mit dem Fernreisezug an einem Tag machen kann (das sind etwa 800 Kilometer), und dann schätzt man, wie viele Tage man braucht, um von der West- zur Ostküste zu reisen (das sind ungefähr fünf bis sechs Tage). Mit diesen beiden Schätzungen komme ich also auf eine Distanz von 4000 bis 5000 Kilometer, auf keinen Fall aber auf 15 000 Kilometer.

Wenn man Zahlen mit den Begriffen belegt, die sie ja repräsentieren, dann verlieren sie viel von dem Heiligenschein, mit dem sie oft umgeben werden. Und diese Betrachtung der Zahlen ist eine Spezialität der Physiker. Ich will durchaus nicht schulmeisterlich dozieren, mathematisches Denken sei etwas, das jedem Vergnügen bereitet, ich will auch nicht behaupten, es gäbe irgendein magisches Beruhigungsmittel gegen die Angst vor

Mathematik. Aber im Ernst: Der Umgang mit Zahlen ist wirklich gar nicht so schwer – oft macht er sogar Spaß, und schließlich ist es ganz wichtig zu verstehen, in welcher Weise Physiker denken. Ich halte es für wichtig, sich klarzumachen, was die Zahlen repräsentieren, und es ist durchaus keine Tortur, im Geist ein wenig mit ihnen zu spielen. Mindestens sollte man akzeptieren, daß Zahlen unglaublich nützlich sind, auch wenn man nicht unbedingt die Fähigkeit erlernen muß, selbst komplizierte Rechnungen anzustellen. In diesem Kapitel möchte ich zeigen – im Gegensatz zur Vermutung von Stephen Hawking bezüglich des Verkaufs von Büchern hoffe ich natürlich, daß viele dieses Buch kaufen und damit beweisen, daß er sich irrte –, wie Physiker mit Zahlen umgehen und mengenmäßig denken. Ich will es so zeigen, daß klar wird, warum wir Zahlen brauchen und welche Vorteile wir aus dieser Denkweise ziehen. Der erste „Lehrsatz" dazu läßt sich ganz einfach ausdrücken: Wir brauchen Zahlen, um die Dinge niemals schwieriger zu machen, als sie sein müssen.

Zunächst einmal haben es die Physiker mit einer umfassenden Palette der Größenverhältnisse zu tun: Auch bei einfachsten Problemen können sehr große und gleichzeitig sehr kleine Zahlen auftauchen. Die größte Schwierigkeit bei der Beschäftigung mit solchen Größen ist, jede einzelne Ziffer richtig zu berechnen – das mag jeder schon einmal gemerkt haben, wenn er versuchte, zwei achtstellige Zahlen miteinander zu multiplizieren. Eine schwierige Sache, doch komischerweise ist diese Zahlenakrobatik auch das Unbedeutendste daran, weil allein die Anzahl der Stellen die grobe Größe der Zahl bestimmt. Wenn sie 40 mit 40 multiplizieren, welches ist dann die bessere Antwort: 100 oder 2000? Keine von beiden ist richtig, aber die letztere liegt viel näher an der exakten Antwort 1600. Wenn es sich bei dieser Zahl um den Lohn handelte, den Sie für eine 40stündige Arbeitszeit erhielten, dann wäre das Bewußtsein, wenigstens die Ziffernfolge 16 richtig berechnet zu haben, ein schwacher Trost dafür, daß man vielleicht 1440 Mark verloren hat, nur weil man sich in der Größenordnung vertan hatte.

Um solche Fehler zu vermeiden, haben sich die Physiker einen geschickten Weg ausgedacht: Sie zerlegen die Zahl in zwei Teile. Einer sagt einem sofort die ungefähre Größe des Ergebnisses – ist es eine große oder eine kleine Zahl? – der Unsicherheitsfaktor beträgt 10. Der andere Teil der Zahl gibt an, wie genau der Wert innerhalb dieser Spanne ist. Außerdem ist es leichter, die endgültige Zahl anzugeben, ohne alle Ziffern exakt hinzuschreiben, mit anderen Worten, ohne eine Menge Nullen zu malen, die zum Beispiel nötig sind, wenn man die Größe des sichtbaren Universums in Zentimetern angibt: ungefähr 1 000 000 000 000 000 000 000 000 000. Das einzige, was wir bei dieser Schreibweise auf Anhieb erkennen: Es ist eine sehr große Zahl!

Beide Ziele – ein direktes Erfassen der Größe und eine genügend exakte Ziffernfolge – erreichen wir dadurch, daß wir Zahlen in der „*wissenschaftlichen Schreibweise*" notieren (man sollte sie eigentlich „vernünftige Schreibweise" nennen). Wenn wir 10^n schreiben, bedeutet das eine 1, der n Nullen angehängt sind. So können wir 100 als 10^2 schreiben, 10^6 stellt eine 1 mit sechs Nullen dar, also eine Million, und so weiter. Der Schlüssel, um die Größe einer solchen Zahl abzuschätzen, liegt einfach darin, zu beachten, daß eine Zahl wie 10^6 eine Null mehr hat als 10^5. Sie ist also nicht etwa nur „ein bißchen größer", sondern zehnmal so groß. Sehr kleine Zahlen, zum Beispiel für die Größe eines Atoms in Zentimetern, ungefähr 0,000 000 001, können wir entsprechend als 10^{-n} schreiben, das bedeutet eine 1 geteilt durch 10^n, oder anders ausgedrückt: eine 1 an der n-ten Stelle hinter dem Dezimal-Komma. So können wir also ein Zehntel als 10^{-1} schreiben, oder ein Milliardstel als 10^{-9}, das ist die Größe eines Atoms in Zentimetern.

Damit vermeiden wir nicht nur die vielen Nullen, sondern wir können viel leichter alle möglichen Größen hinschreiben, weil jede beliebig große Zahl einfach als eine Zahl zwischen 1 und 10 geschrieben wird, multipliziert mit einer Zahl, die aus einer 1 mit n Nullen besteht. Die Zahl 100 ist 10^2, während die Zahl 135 zum Beispiel $1,35 \cdot 10^2$ ist. Die Schönheit dieser Schreibweise ist, daß der zweite Teil einer Zahl, in dieser Weise geschrieben – die

Hochzahl bei der 10 wird auch Exponent genannt – sofort etwas über die Anzahl der Stellen dieser Zahl sagt, oder die „Größenordnung" der Zahl angibt. So sind 100 und 135 von der gleichen Größenordnung. Der erste Teil dagegen sagt uns den genauen Wert innerhalb dieses Bereichs, ob es sich also um 100 oder 135 handelt.

Weil das wichtigste einer Zahl seine Größenordnung ist, macht es doch viel mehr Sinn bei großen Zahlen – ganz abgesehen davon, daß sie so auch viel handlicher werden –, sie zum Beispiel in der Form $1{,}45962 \cdot 10^{13}$ zu schreiben anstatt 14 596 200 000 000, oder gar Vierzehnbillionenfünfhundertsechsundneunzigmilliardenzweihundertmillionen. Was aber noch viel überraschender ist, was ich auch in meinen Vorträgen oft betone: Diese Schreibweise erhebt den Anspruch, daß Zahlen, die in der physikalischen Welt eine Rolle spielen, *nur* in der wissenschaftlichen Schreibweise sinnvoll geschrieben werden können.

Zunächst einmal bringt es einen unmittelbaren Vorteil, die wissenschaftliche Schreibweise zu benutzen. Sie macht den Umgang mit den Zahlen viel leichter. Wenn man zum Beispiel die Stellen richtig überträgt, dann findet man, daß 100 mal 100 10 000 ist. Schreibt man statt dessen aber $10^2 \cdot 10^2 = 10^{(2+2)} = 10^4$, wird die Multiplikation zu einer Addition. Ganz ähnlich kann man statt $1000 : 10 = 100$ auch schreiben $10^3 : 10^1 = 10^{(3-1)} = 10^2$, und so wird aus der Division eine einfache Subtraktion.

Benutzt man diese Regeln für die Hochzahlen von 10, wird das, was einem vorher viel Kopfschmerzen machte, nämlich die gesamte Größenordnung bei der Rechnung, kinderleicht. Die einzige Stelle, wo man vielleicht einen Rechner braucht, ist die Multiplikation oder die Division des ersten Teils der Zahlen in der wissenschaftlichen Schreibweise, die den genauen Wert zwischen 1 und 10 angibt. Hier jedoch liegt die Sache viel einfacher, weil der Umgang mit dem Kleinen Einmaleins bis $10 \cdot 10$ doch zum Alltag gehört, und so ist es ein Kinderspiel, das richtige Resultat zu erhalten.

Worum es mir bei all dem geht, ist nicht etwa, Sie zu einem Experten im Zahlenrechnen zu machen. Viel wichtiger ist mir folgendes: Wenn die Vereinfachung der Welt bedeutet, Näherungen zu benutzen, dann hat man mit der wissenschaftlichen Schreibweise eines der wichtigsten Werkzeuge der gesamten Physik in der Hand: die Schätzung der Größenordnung. Zahlen in der wissenschaftlichen Schreibweise zu behandeln, eröffnet Ihnen die Möglichkeit, ganz schnell die Antwort auf eine Frage zu erhalten, die sich sonst weitgehend der Beantwortung entziehen würde. Wenn man prüfen will, ob man bei irgendeiner Berechnung auf dem richtigen Weg ist, erst recht, wenn man sich in unerforschtem Gebiet bewegt, dann ist es ungeheuer nützlich und eine entscheidende Hilfe, die richtige Antwort zu irgendeinem physikalischen Problem abschätzen zu können. Daß es einen auch vor Blamagen schützen kann, zeigt folgende, allerdings unbestätigte Geschichte von Studenten, die ihre Diplomarbeit mit komplizierten Formeln spickten, mit denen sie das Universum beschreiben wollten. Bei der mündlichen Prüfung zu ihrer Arbeit stellte sich heraus, wie weit sie mit ihren Berechnungen daneben lagen, weil sie sich an konkrete Zahlen in ihren Formeln klammerten.

Die Schätzung der Größenordnung eröffnet uns die Welt unter unseren Füßen – so hätte es Enrico Fermi ausgedrückt. Fermi (1901–1954) war einer der letzten großen Physiker dieses Jahrhunderts, gleichermaßen begabt als Experimentator und als theoretischer Physiker. Er war maßgeblich am Manhatten-Projekt beteiligt, dem geheimen amerikanischen Unternehmen während des Krieges. Fermi sollte einen Kernreaktor entwickeln, um mit dessen Hilfe die Machbarkeit der kontrollierten Kernspaltung zu demonstrieren – des Zerspaltens von atomaren Kernen – eine der Voraussetzungen für den Bau einer Atombombe. Er war auch der erste Physiker, der eine richtige Theorie für die Beschreibung der Wechselwirkungen vorschlug, die solche Prozesse erst möglich machen. Dafür bekam er später den Nobelpreis. Er starb – viel zu früh – an Krebs, vermutlich verursacht durch die jahrelange Arbeit mit radioaktiver Strahlung in einer Zeit, als man noch nicht wußte, wie gefährlich dies ist.

Wer von Ihnen schon einmal auf dem Logan-Flughafen landete und in den schrecklichen Verkehrsstau vor dem Tunnel geriet, durch den man nach Boston fährt, wird mit Erstaunen eine unscheinbare Fermi-Gedenktafel entdeckt haben, die am Fundament einer kleinen Fußgänger-Überführung unmittelbar neben einer Telefonzelle am Eingang des Tunnels angebracht ist. Wir benennen Städte nach Präsidenten, Stadien nach Sport-Stars. Das Schild sagt uns, daß Fermi als Namensgeber für einen Fußgänger-Überweg neben einer Telefonzelle geehrt wurde.

Fermi war der Leiter einer Physiker-Gruppe im Manhattan-Projekt, die im Kellerlabor unter dem Fußballstadion der Universität von Chikago arbeitete. Um die Arbeitsfreude seiner Mitarbeiter zu steigern, stellte er seiner Gruppe zuweilen einige Denksport-Aufgaben. Das waren nicht unbedingt nur physikalische Probleme. Fermi betonte, daß ein guter Physiker für jedes Problem, das ihm gestellt wird, eine Antwort finden müsse – wobei es nicht darum ging, unbedingt die exakte Antwort zu haben, aber eine Methode zu finden, mit der man die richtige Größenordnung traf. Dazu kann man sich auf den Vergleich mit bereits Bekanntem stützen oder auf irgendwelche verläßlich abschätzbare Fakten. Eine Frage stellte er oft an seine Physikstudenten: Wie viele Klavierstimmer leben zur Zeit in Chikago?

Ich möchte Ihnen hier einmal kurz vorführen, welche Art von Gedankengang Fermi vielleicht von den Studenten erwartet haben könnte. Das wichtigste, an dem Sie wahrscheinlich vorrangig interessiert sind, ist, eine vernünftige Größenordnung dafür zu finden, und das ist gar nicht so schwer. Zunächst einmal schätzen wir die Bevölkerungszahl von Chikago: Das mögen 5 Millionen sein. Wie viele Menschen leben in einem durchschnittlichen Haushalt? Rund 4. Somit haben wir ungefähr eine Million (10^6) Haushalte in Chikago. In wie vielen Haushalten steht ein Klavier? Vielleicht in einem von zehn. Somit haben wir etwa 100 000 Klaviere in Chikago. Jetzt können wir fragen: Wie viele Klaviere stimmt ein Klavierstimmer in einem Jahr? Wenn er nichts anderes tut und davon leben muß, stimmt er mindestens zwei pro Tag. Mit fünf Arbeitstagen pro Woche macht das zehn Klaviere pro Woche. 50 Arbeitswochen im Jahr ergibt 500 Klaviere. Wenn jedes Klavier im Durchschnitt einmal pro Jahr gestimmt wird, dann erfordert das 100 000 Stimmungen pro Jahr in Chikago, und wenn jeder Stimmer 500 macht, dann ist die Anzahl der Klavierstimmer $100\,000 : 500 = 200$ (oder ausführlich: $100\,000 : 500 = 1/5 \cdot 10^5/10^2 = 1/5 \cdot 10^3 = 0{,}2 \cdot 10^3 = 2 \cdot 10^2$).

Es geht hier nicht darum, daß es genau 200 Klavierstimmer in Chikago gibt, sondern daß diese Abschätzung, zu der wir einfach und schnell gelangt sind, eine vernünftige Aussage ist. Nach diesem Ergebnis würden wir überrascht sein, wenn wir erführen, es wären weniger als 100 oder mehr als 1000 Klavierstimmer. (Ich meine gehört zu haben, daß es tatsächlich etwa 600 sind. Klavierstimmen scheint doch ein einträglicheres Geschäft zu sein, als ich bisher dachte.) Wenn Sie darüber nachdenken, daß Sie vor dieser Überlegung überhaupt keine Ahnung hatten, wo denn auch nur ungefähr die richtige Antwort liegen könnte, werden Sie einsehen, wie wichtig und aussagekräftig diese Methode einer groben Schätzung sein kann.

Das Schätzen von Größenordnungen kann Ihnen neue Einsichten über Dinge geben, von denen Sie vorher nicht im mindesten erwartet hätten, daß man Sie abschätzen und das Richtige so genau treffen könnte. Gibt es mehr Sandkörner an der Küste, als es Sterne am Himmel gibt? Wie viele Menschen auf der Erde schneuzen sich gerade in dieser Sekunde? Wie lange werden wohl Wind und Wasser brauchen, um durch Erosion den Mount Everest einzuebnen? Wie viele Menschen in der Welt sind jetzt in diesem Moment, wo Sie diese Zeilen lesen, ... (vervollständigen Sie die Frage nach Ihrem Belieben).

Vielleicht ebenso bedeutend wie das Ergebnis mit Hilfe dieser Methode ist, daß Schätzungen von Größenordnungen Ihnen neue Einsichten über Dinge geben, die man unbedingt verstehen sollte. Wir können die Anzahl von Dingen unmittelbar erkennen, wenn es sechs, vielleicht sogar zwölf sind. Wenn Sie zum Beispiel einen Würfel werfen und Sie sehen die sechs Augen auf der oberen Seite liegen, müssen Sie sie nicht jedesmal erneut zählen, um zu wissen, daß es wirklich sechs sind. Sie erkennen das „Ganze" als durchaus etwas anderes als die „Summe der Teile". Wenn ich Ihnen einen Würfel mit 20 Seiten gäbe, wäre es höchst unwahrscheinlich, daß Sie zum Beispiel die 20 Punkte auf der oberen Seite anschauen und sofort dies als die Punktezahl 20 erkennen würden. Wenn die Punkte jedoch in einem regelmäßigen Muster angeordnet wären, dann könnten Sie vielleicht die einzelnen Gruppen von Punkten in Ihrem Kopf sortieren, sagen wir etwa in vier Gruppen à fünf, und dann könnten Sie schnell die Gesamtsumme erschließen. Das heißt nicht, daß wir nicht auch spontan erkennen könnten, wenn irgend etwas die Zahl 20 repräsentiert. Schließlich gibt es eine ganze Menge, was mit dieser Zahl gekoppelt ist: die Gesamtzahl unserer Finger und Zehen zum Beispiel, oder vielleicht die Zahl in Sekunden, die wir brauchen, um aus dem Haus zu gehen und uns ins Auto zu setzen.

Bei wirklich sehr großen und sehr kleinen Zahlen gibt es jedoch keinen unabhängigen Weg zu ihrem Verständnis, ohne daß wir zweckmäßige Schätzungen machen, die wir diesen Zahlen zuordnen, um eine Vorstellung mit ihnen zu verknüpfen. Eine Million, das mag die Bevölkerung der Stadt sein, in der Sie wohnen. Es ist auch die Anzahl der Sekunden von zwölf Tagen. Eine Milliarde ist etwa die Bevölkerungszahl aller Menschen in China. Es ist auch die Anzahl der Sekunden von 32 Jahren. Je mehr man das Schätzen von Größen übt, um so vertrauter wird man damit. Das kann sogar durchaus Spaß machen. Schätzen Sie doch einmal Dinge, die Sie komisch finden, oder Dinge, über die Sie sich freuen: Wie oft werden Sie wohl im Laufe Ihres Lebens beim Namen genannt? Wieviel Kilogramm Nahrungsmittel essen Sie in zehn Jahren? Das Vergnügen, das man dabei hat, ein Problem schrittweise zu entschleiern, das vorher völlig unlösbar schien, kann direkt süchtig machen. Ich könnte mir gut denken, daß diese Art von Rausch mit ein Grund dafür ist, warum Physiker so gern Physik treiben.

Der Vorzug der wissenschaftlichen Schreibweise und des Abschätzens von Größenordnungen bedeutet für die Physiker sogar noch mehr: Sie rechtfertigen erst die grundsätzlichen Vereinfachungen, die ich im vorigen Kapitel erwähnt hatte. Wenn wir die richtige Größenordnung finden, haben wir oft schon sehr viel von dem gefunden, was wir suchen. Das soll aber nicht bedeuten, daß es unwichtig wäre, alle Faktoren von 2 und alle Stellen hinter dem Komma von π genau zu kennen. Aber es liefert uns die Feuerprobe dafür, ob wir mit dem Ergebnis etwa richtig liegen. Mit dieser Methode wissen wir, in welchen Größenordnungen wir uns überhaupt bewegen, und dann können wir Voraussagen und Beobachtungen miteinander vergleichen, und zwar mit immer höherer Präzision, um unsere Vorstellungen zu testen.

An dieser Stelle möchte ich auf meine eigenartige Behauptung zurückkommen, daß Zahlen, die etwas mit der Welt zu tun haben, nur dann sinnvoll sind, wenn sie in der wissenschaftlichen Notation geschrieben sind. Das liegt nämlich daran, daß sich Zahlen in der Physik im allgemeinen auf Dinge beziehen, die man messen kann. Wenn ich die Entfernung zwischen Erde und Sonne messe, könnte ich die Distanz hinschreiben als 14 960 000 000 000 oder $1,4960 \cdot 10^{13}$ Zentimeter (cm). Welche von beiden Schreibweisen man wählt, mag auf den ersten Blick als eine mathematisch müßige Frage aussehen, über die sich mathematische Semantiker streiten mögen. Es ist ja in der Tat so, daß für Mathematiker diese zwei Angaben zwar verschiedene, aber äquivalente Darstellungen derselben Zahl sind. Für einen Physiker aber bedeutet die erste Zahl nicht nur eine etwas andere Schreibweise als die zweite, sondern für ihn besteht zwischen beiden ein entscheidender Unterschied. Es ist leicht einzusehen, daß die erste Zahl sofort andeutet, daß die Entfernung zwischen Erde und Sonne genau 14 960 000 000 000 cm beträgt und nicht etwa 14 959 790 562 739 cm oder 14 960 000 000 001 cm. Sie suggeriert, daß wir die Entfernung zwischen Erde und Sonne bis auf einen Zentimeter genau kennen würden!

Das ist absurd, weil unter anderem die Entfernung mittags zwischen Garmisch-Partenkirchen und der Sonne um rund 2 km kleiner ist als die zwischen der Zugspitze und der Sonne. Eine Differenz nicht um einzelne, sondern um 200 000 Zentimeter – allein aufgrund des Höhenunterschiedes dieser beiden Stellen auf der Erde! Deshalb müßten wir festlegen, wo auf der Erde wir die Messung vornehmen, damit die Angabe sinnvoll wird. Zweitens: Selbst wenn wir entscheiden, daß die Entfernung vom Zentrum der Erde zum Zentrum der Sonne (das wäre eine sinnvolle Wahl) gemeint ist, dann schließt das ein, daß wir die Größe der Erde und der Sonne auf einen Zentimeter genau messen könnten, ganz abgesehen von der riesigen Entfernung zwischen den beiden Himmelskörpern und davon, daß die Entfernung aufgrund der Ellipsenbahn der Erde um die Sonne schwankt. Bei der Suche nach einem vernünftigen physikalischen Weg zur Messung der Entfernung zwischen Erde und Sonne kommt man sehr schnell zu der Überzeugung, daß eine Messung mit dieser Genauigkeit extrem schwierig, wenn nicht gar unmöglich ist.

Nein, es ist klar, statt zu schreiben 14 960 000 000 000 cm müssen wir die Entfernung in einer „ehrlichen" Zahl angeben. Aber mit welcher Genauigkeit kennen wir denn die Entfernung? Den hohen Zentimeter-Anspruch erheben wir gar nicht erst, wenn wir schreiben $1,4960 \cdot 10^{13}$ cm. Diese Zahl sagt uns sogar unmittelbar, auf welche Genauigkeit wir die Distanz kennen. Wir können sofort sehen, daß der tatsächliche Wert irgendwo zwischen $1,49595 \cdot 10^{13}$ cm und $1,49605 \cdot 10^{13}$ cm liegt. Wüßten wir die Entfernung mit einer zehnfach höheren Genauigkeit, könnten wir statt dessen $1,49600 \cdot 10^{13}$ cm schreiben.

Sie sehen, es liegen Welten zwischen den beiden Schreibweisen $1,4960 \cdot 10^{13}$ cm und 14 960 000 000 000 cm. Welten, das kann man sogar wörtlich nehmen, wenn Sie sich überlegen, daß die Unsicherheit in der ersten Zahl $0,0001 \cdot 10^{13}$, also eine Milliarde cm ist. Das ist weit mehr als der Radius der Erde!

Das führt uns zu einer sehr interessanten Frage: Ist die Zahl „richtig"? Denn eine Unsicherheit von einer Milliarde Zentimetern scheint doch ein schwerwiegendes Manko zu sein, ein saftiger Fehler. Doch verglichen mit dem Abstand Erde–Sonne ist er klein, kleiner als ein Zehntausendstel der Gesamtstrecke. Das bedeutet aber auch, daß wir die Entfernung Erde–Sonne besser kennen als auf ein Zehntausendstel genau. Relativ gesehen ist das eine hohe Genauigkeit – die Sie sicherlich nicht erreichen, wenn Sie ihre eigene Größe messen, denn das müßten Sie dann mit einer Genauigkeit von einem Zehntelmillimeter schaffen.

Die Eleganz, eine Zahl in der Form $1,4960 \cdot 10^{13}$ cm zu schreiben, liegt darin, daß die 10^{13} einerseits die Größenordnung der Zahl angibt, und am ersten Teil der Zahl können Sie unmittelbar ablesen, wie genau die Angabe ist: Je mehr Dezimalstellen man beim Schreiben angibt, um so höher ist die Genauigkeit. Bedenkt man es genau, dann sagen einem die in wissenschaftlicher Schreibweise notierten Zahlen sogar das, was man getrost vergessen kann. In dem Moment, wo Sie die Zahl 10^{13} cm sehen, wissen Sie schon, daß physikalische Effekte, die das Ergebnis um Zentimeter beeinflussen könnten, wahrscheinlich irrelevant sind, selbst wenn der Einfluß Millionen oder gar Milliarden Zentimeter betrüge. Und wie ich schon im vorigen Kapitel betonte: Zu wissen, was man gar nicht erst zu beachten braucht, ist gewöhnlich das wichtigste bei solchen Überlegungen.

Und jetzt komme ich zu einem ganz wichtigen Punkt, den ich bisher kaum berührt habe: $1,4960 \cdot 10^{13}$ cm ist keine mathematische, sondern eine physikalische Größe. Das liegt an dem „cm", das an ihrem Ende angehängt ist. Ohne dieses Anhängsel hätten wir keine Ahnung, was diese Zahl bedeuten soll. Dieses „cm" sagt uns, daß es sich hier um die Messung einer Länge handelt. Diese Angabe nennen wir die Dimension einer Größe, und sie ist es, die die bloßen Zahlen in der realen, physikalischen Welt der Erscheinungen einordnet. Zentimeter, Kilometer, Lichtjahre – das sind Einheiten von Strecken, sie betreffen die Dimension der Länge.

Nun sind wir bei unserem Vorhaben, physikalische Probleme einfacher darzustellen, an einem ganz wichtigen Punkt angelangt, der zugleich eine faszinierende Eigenschaft der Natur offenbart: Alles läßt sich mit nur drei Arten von dimensionalen Größen beschreiben – mit Länge, Zeit und Masse. (Man ist versucht, auch die elektrische Ladung in diese Aufzählung aufzunehmen. Doch das ist nicht nötig, denn sie läßt sich durch die drei anderen Größen ausdrücken.) *Alle physikalischen Größen* können durch Kombination dieser drei fundamentalen Einheiten erfaßt werden. Übrigens ist es völlig gleichgültig, welche Maßeinheiten man verwendet: Meter pro Stunde, Millimeter pro Sekunde oder Kilometer pro Woche – das sind beliebige Möglichkeiten für ein und dasselbe: für die Geschwindigkeit, die allgemein als Länge pro Zeit gemessen wird.

Das hat eine bemerkenswerte Konsequenz. Weil es nur drei Arten von dimensionalen Größen gibt und nicht mehr, gibt es auch eine begrenzte Anzahl voneinander unabhängiger Kombinationen dieser Größen. Das heißt, jede physikalische Größe steht auf einfache Weise in Bezug zu jeder anderen physikalischen Größe, und das schränkt die Zahl der verschiedenen mathematischen Gleichungen, die in der Physik möglich wären, stark ein. Wenn Physiker ihre Beobachtungsdaten charakterisieren wollen, gibt es wahrscheinlich kein wichtigeres Werkzeug dazu als diese Anwendung der Dimensionen. Das macht es nicht nur überflüssig, Gleichungen auswendig zu lernen, sondern hilft uns dabei, ein physikalisches Weltbild zu entwerfen. Ich behaupte, daß Sie durch die dimensionale Betrachtungsweise ein tiefes Verständnis für die Welt erlangen, daß Sie eine tragfähige Basis finden, um die Informationen zu verstehen, die Sie durch Beobachtung oder andere Messungen erhalten. Hier liegt die äußerste „Vereinfachung": Wenn wir Dinge zeichnen, zeichnen wir ihre Dimensionen.

Als wir uns anfangs mit den Skalierungsgesetzen bei Kugel-Kühen befaßten, arbeiteten wir eigentlich schon mit den Wechselbeziehungen der Dimensionen Länge und Masse bei den Kühen. Da war doch zum Beispiel der Zusammenhang von Größe und Volumen so wichtig, besonders wie das Volumen der Objekte zunimmt, wenn man sie vergrößert. Wenn wir uns nun mit den Dimensionen befassen, können wir noch weiter gehen und überlegen, wie wir das Volumen eines Objekts direkt schätzen können.

Das Volumen von einem Gegenstand kann man in verschiedenen Einheiten angeben: in Kubikmillimetern etwa, in Kubikmetern oder in Kubiklichtjahren. Das wichtige dabei ist immer dieses „Kubik". Alle diese Angaben beschreiben dasselbe: Länge mal Länge mal Länge = Länge hoch drei. Deshalb ist es ein guter Trick, das Volumen von einem beliebigen Ding dadurch abzuschätzen, daß man eine charakteristische Länge wählt, d genannt, und sie hoch drei zu nehmen, also d^3. Das funktioniert gut innerhalb einer Größenordnung. So kann man zum Beispiel das Volumen einer Kugel, wie ich es vorher schon beschrieben habe, als $\pi/6\ d^3$ schreiben, das ist ungefähr $1/2\ d^3$, wobei d der Durchmesser ist.

Und noch ein Beispiel. Was ist richtig: Eine Strecke ist gleich Geschwindigkeit mal Zeit, oder: eine Strecke ist gleich Geschwindigkeit durch Zeit? Obwohl man mit den einfachsten Kenntnissen des Rechnens mit Dimensionen unmittelbar die richtige Antwort geben kann, haben Generationen von Physikstudenten immer wieder versucht, so etwas durch Auswendiglernen von Formeln zu packen – und dabei tappten sie immer wieder daneben. Alle Dimensionen von Geschwindigkeit sind Länge durch Zeit. Die Dimension von Entfernungen ist die Länge. Also, wenn auf der linken Seite der Gleichung die Dimension der Länge steht, und die Geschwindigkeit hat Dimensionen nach dem Muster Länge durch Zeit, dann ist doch klar, daß man die Geschwindigkeit mit der Zeit multiplizieren muß, um auf der rechten Seite der Gleichung Dimensionen der Länge zu haben.

Diese Art von Analysis kann Ihnen niemals die komplette richtige Antwort liefern, aber sie gibt Ihnen ein Warnsignal, wenn Sie auf dem falschen Weg sind. Auch wenn es keine Garantie dafür gibt, daß Sie bei der Lösung von unbekannten Problemen richtig gerechnet haben, so ist es doch zweckmäßig, Argumente der Dimensionen zu benutzen um weiterzukommen. Sie geben Ihnen einen passenden Rahmen, in den Sie das Unbekannte einpassen können – in das, was Sie bereits wissen.

Das Sprichwort sagt, das Glück sei mit den Tüchtigen. Das läßt sich überall in der Geschichte der Physik zeigen. Dimensionale Analysis ist hervorragend dafür geeignet, sich mit etwas Unbekanntem zu ertüchtigen. In dieser Hinsicht sind die Endergebnisse von einfacher dimensionaler Analysis oft so durchschlagend, daß sie fast wie Zauberei wirken. Um das anschaulich zu zeigen, möchte ich ein Beispiel aus der modernen Physik anführen, bei dem sich das Bekannte und das Unbekannte miteinander vermischen. Hier halfen dimensionale Argumente zu einem Verständnis von einer der vier bekannten Naturkräfte: der „starken" Wechselwirkung. Sie hält die Quarks zusammen, um Protonen und Neutronen zu bilden, aus denen wiederum die Kerne aller Atome aufgebaut sind. Die Argumente scheinen auf den ersten Blick wie an den Haaren herbeigezogen, aber das sollte Sie nicht stören. Ich führe sie hier an, weil sie Ihnen eindrücklich vor Augen führen, wie erfolgreich und mächtig dimensionale Argumente sein können, wenn wir uns bei unserer physikalischen Intuition von ihnen leiten lassen. Der Reiz der Argumente überzeugt Sie vielleicht viel besser, als irgendeines der Ergebnisse.

Die Physiker, die sich mit der Elementarteilchenphysik befassen – ein Gebiet der Physik, das die letzten Bausteine der Materie und die Natur der Kräfte behandelt, die zwischen ihnen wirken –, haben ein Einheitensystem aufgestellt, das die dimensionale Analyse so weit ausnutzt, wie man es sich überhaupt nur vorstellen kann. Im Prinzip sind alle drei dimensionalen Größen – Länge, Zeit und Masse – unabhängig voneinander, aber in der Praxis zeigt uns die Natur, wie grundlegende Beziehungen zwischen ihnen wirken. Wenn es zum Beispiel irgendeine Naturkonstante gäbe, die Zeit und Länge miteinander verknüpfte, dann könnte ich jede Länge durch eine Zeitangabe ausdrücken, indem ich sie mit dieser Konstante multipliziere. Und tatsächlich war die Natur so freundlich und hat uns eine solche Konstante beschert, wie Einstein als erster zeigte. Das Fundament seiner Relativitätstheorie, auf die ich später nochmals zurückkommen will, ist das Prinzip, daß die Geschwindigkeit des Lichtes, mit dem Buchstaben c bezeichnet, eine universelle Konstante ist. Wann und wo auch immer jemand die Lichtgeschwindigkeit mißt, kommt er zum gleichen Ergebnis. Da die Geschwindigkeit immer in Länge durch Zeit gemessen wird, kann ich irgendeine beliebige Zeit mit c multiplizieren, und ich komme zu einer Größe mit der Dimension einer Länge – nämlich der Entfernung, die das Licht in dieser Zeit zurücklegt. So ist es möglich, alle Längen unzweideutig mit den Strecken auszudrücken, die das Licht brauchen würde, um von einem Punkt zu einem anderen zu kommen. So könnten Sie zum Beispiel die Entfernung Ihrer Schulter vom Ellbogen angeben durch den Ausdruck 10^{-9} Sekunden, denn das ist ungefähr die Zeit, die das Licht braucht, um diese Strecke zu durchlaufen. Jeder Beobachter, der irgendwo mißt, wie weit das Licht während dieser Zeit läuft, würde die gleiche Strecke, die Entfernung Ihrer Schulter vom Ellbogen, herausbekommen.

Die Existenz der universellen Konstante c, der Lichtgeschwindigkeit, liefert eine 1:1-Entsprechung zwischen beliebigen Längen und Zeiten. Somit können wir eine der beiden dimensionalen Größen zugunsten der anderen fallenlassen. Wir können wählen, ob wir alle Längen durch entsprechende Zeiten ausdrücken wollen oder umgekehrt. Wenn wir das also tun, ist es am einfachsten, ein System von Größen zu wählen, bei dem die Lichtgeschwindigkeit der „Einheit" entspricht. Diese Einheit etwa könnte die Lichtsekunde sein – anstelle von Zentimeter, Kilometer oder einer der sonst üblichen Einheiten. In diesem Fall wird die Lichtgeschwindigkeit zu einer Lichtsekunde pro Sekunde. Nun sind alle Längen und ihre entsprechenden Zeiten numerisch gleich!

Wir können noch einen Schritt weitergehen. Wenn die numerischen Größen von Lichtlängen und Lichtzeiten in diesem System von Einheiten gleich sind, warum sollten dann Länge und Zeit als unterschiedliche dimensionale Größen betrachtet werden? Wir können statt dessen die Dimensionen von Länge und Zeit gleichsetzen. In diesem Fall würden alle Geschwindigkeiten, die früher die Dimension von Länge durch Zeit hatten, dimensionslos werden, da sich die Dimensionen von Länge und Zeit im Zähler und im Nenner wegkürzen würden. Physikalisch bedeutet das, daß wir alle Geschwindigkeiten als einen (dimensionslosen) Bruchteil der Lichtgeschwindigkeit angeben. Wenn ich also sage, daß irgend etwas die Geschwindigkeit 1/2 hat, dann würde das die halbe Lichtgeschwindigkeit bedeuten. Natürlich setzt solch ein System voraus, daß die Lichtgeschwindigkeit für alle Beobachter eine universelle Konstante ist, so daß wir sie als Bezugsgröße auch benutzen können.

Jetzt haben wir nur noch zwei unabhängige dimensionale Größen, Zeit und Masse, oder, was dasselbe ist, Länge und Masse. Eine der Konsequenzen dieses ungewöhnlichen Systems ist, daß wir in gleicher Weise andere dimensionale Größen, nicht nur Länge und Zeit, gleichsetzen können. Zum Beispiel setzt Einsteins berühmte Formel $E = m \cdot c^2$ die Masse eines Objektes mit einem entsprechenden Betrag an Energie gleich. In unserem neuen Einheitensystem ist c jedoch ($= 1$) dimensionslos, so daß wir finden, die „Dimensionen" von Energie und Masse sind jetzt gleich. Das ist eine praktische Anwendung von Einsteins theoretischer Formel: Sie liefert eine 1:1–Relation zwischen Masse und Energie. Da Masse in Energie verwandelt werden kann, können wir entsprechend Einsteins Formel die Masse von irgend etwas entweder in Einheiten ausdrücken, die dem Zustand entsprechen, bevor die Masse in Energie verwandelt wurde, oder in Einheiten der äquivalenten Energiemenge, in die die Masse verwandelt wurde. Wir brauchen nun nicht länger von der Masse eines Objekts in Kilogramm reden, in Tonnen oder Pond, sondern wir können Masse in den äquivalenten Energieeinheiten angeben, zum Beispiel in Volt oder Kalorien.

Das ist ja genau das, was die Elementarteilchenphysiker tun, wenn sie die Masse eines Elektrons zum Beispiel mit 0,5 Millionen Elektronenvolt angeben (ein Elektronenvolt ist die Energie eines Elektrons in einem Draht, die es bei Anlegen einer 1-Volt-Batterie erlangt). Diese 0,5 Millionen Elektronenvolt entsprechen 10^{-31} Gramm. Da bei Experimenten in der Elementarteilchenphysik normalerweise Prozesse behandelt werden, bei denen die Ruhemasse der Teilchen in Energie verwandelt wird, ist es ja durchaus sinnvoll, Energieeinheiten zu benutzen, um die Größe von Massen auszudrücken. Eine der goldenen Regeln ist: Immer die Einheiten benutzen, die physikalisch am sinnvollsten sind. So fliegen Teilchen in großen Beschleunigern sehr nah an der Lichtgeschwindigkeit, und hier ist es sinnvoll, die Lichtgeschwindigkeit $c = 1$ zu setzen. Das wäre allerdings höchst unpraktisch, wenn man Bewegungen auf einer alltäglichen Skala beschreiben will, denn dann müßten wir für Geschwindigkeiten winzig kleine Zahlen benutzen. Zum Beispiel wäre die Geschwindigkeit selbst eines Düsenjets in diesen Einheiten etwa nur 0,000001 oder 10^{-6}.

Doch gehen wir jetzt noch einen Schritt weiter. Es gibt eine weitere wichtige Universalkonstante in der Natur. Sie ist mit dem Buchstaben h versehen und wird nach dem deutschen Physiker Max Planck, einem der Väter der Quantenmechanik, Plancksche Konstante genannt. Sie verknüpft die Größen der Dimensionen der Masse oder Energie mit solchen der Länge oder der Zeit. Wenn wir nun genauso wie vorher verfahren, können wir ein Einheitensystem einführen, bei dem nicht nur $c = 1$ ist, sondern auch $h = 1$. In diesem Fall ist die Beziehung zwischen den Dimensionen kaum komplizierter. Man findet, daß die Dimension der Masse oder der Energie äquivalent wird zu 1/Länge oder 1/Zeit. Insbesondere wird die Größe der Energie, ein Elektronenvolt, äquivalent der Zeit $1/6 \cdot 10^{-16}$ Sekunden. Das Endergebnis von all dem ist, daß wir die drei a priori unabhängigen dimensionalen Größen in der Natur – Länge, Masse und Zeit – auf eine einzige Größe reduzieren können. Wir können dann alle Messungen in der physikalischen Welt mit nur einer eindimensionalen Größe angeben, und wir können dabei ganz nach Belieben wählen, ob das Länge, Masse oder Zeit sein soll. Um eine dieser Größen in eine andere umzuwandeln, brauchen wir nur von den Umwandlungsfaktoren Gebrauch zu machen und kommen dann von dem normalen System der Einheiten – in dem zum Beispiel die Lichtgeschwindigkeit $c = 3 \cdot 10^8$ m/s ist – zu dem System, in dem $c = 1$ ist. So hat das Volumen mit der Dimension Länge · Länge · Länge = Länge^3 unseres normalen Einheitensystems nun die Dimension 1/Masse^3 (oder 1/Energie^3) im neuen System. Aus der Volumeneinheit ein Kubikmeter (1 m^3) wird die neue Einheit $1/(10^{-20}$ Elektronenvolt$^3)$.

Dies ist eine ungewöhnliche und ganz neue Art zu denken. Ihre Schönheit liegt darin, daß wir nur einen einzigen fundamentalen unabhängigen Dimensions-Parameter brauchen. Mit nur einer einzigen Größe kommen wir zu Ergebnissen von normalerweise sehr kompliziert erscheinenden Phänomenen. Dieses Vorgehen mag manchmal wie Zauberei erscheinen. Nehmen wir an, es wird ein neues Elementarteilchen entdeckt, das die dreifache Masse eines Protons hat, oder in Energieeinheiten ungefähr drei Milliarden Elektronenvolt – kurz gesagt 3 GeV, Gigaelektronenvolt. Falls das Teilchen nicht stabil ist: Wie groß mag wohl seine Lebensdauer sein, bis es zerfällt? Es scheint unmöglich, dies abzuschätzen ohne irgend etwas über die physikalischen Prozesse zu wissen, die damit verbunden sind. Wir können jedoch die Dimensional-Analyse benutzen, um zu einer Abschätzung zu kommen. Die einzige dimensionale Größe bei dem Problem ist die Ruhemasse oder die äquivalente Ruheenergie des Teilchens. Da die Dimension der Zeit äquivalent ist der Dimension 1/Masse in unserem System, gibt es eine vernünftige Abschätzung der Lebensdauer: k/3 GeV. Dabei ist k eine dimensionslose Zahl. Wenn wir nichts weiter wissen, können wir nur hoffen, daß diese Zahl nicht allzu verschieden von 1 ist. Nun kehren wir zu unseren gewöhnlichen Einheiten zurück, etwa zu Sekunden, indem wir die Umwandlungsformel $1/1eV = 6 \cdot 10^{-16}$ Sekunden anwenden. So können wir die Lebensdauer unseres neuen Teilchens abschätzen: etwa $k \cdot 10^{-25}$ Sekunden.

Im Ernst, es ist keine Zauberei dabei, wir haben nichts aus einem leeren Hut hervorgeholt. Was uns die Dimensional-Analysis geschenkt hat, ist die Skala des Problems. Sie hat uns gelehrt, daß die „natürliche Lebensdauer" von instabilen Teilchen dieser Art ungefähr $k \cdot 10^{-25}$ Sekunden ist, ganz ähnlich wie die „natürliche Lebensdauer" von Menschen von der Größenordnung $k \cdot 75$ Jahre. Die gesamte reale Physik (oder, in diesem letzten Fall, die Biologie) ist in dieser unbekannten Größe k enthalten. Wenn sie sehr klein ist oder sehr groß, dann kann sich dahinter etwas sehr Interessantes verbergen, und wir möchten gern wissen, was und warum.

In der Dimensional-Analysis steckt, als Ergebnis davon, etwas sehr Wichtiges: Wenn die Größe k sich sehr stark von 1 unterscheidet, dann wissen wir gleich, daß die Prozesse, die damit zusammenhängen, entweder sehr stark oder sehr schwach sein müssen. Sie bewirken, daß die Lebensdauer eines solchen Teilchens von der natürlichen Größe abweicht, die durch die dimensionalen Argumente gegeben ist. Hier, weitab vom Normalen, wird es spannend in der Physik. Das wäre zum Beispiel der Fall, wenn eine Superkuh, die zehnmal so groß ist wie eine normale, nur zehn Gramm wiegen würde. Einfache Skalierungsüberlegungen würden uns in diesem Fall davon überzeugen, daß eine solche Kuh aus einem sehr exotischen Material bestünde. Und tatsächlich ist es so, daß viele der interessantesten Ergebnisse in der Physik diejenigen sind, bei denen einfache dimensionale Skalierungsüberlegungen zusammenbrechen. Es ist wichtig, sich einmal zu überlegen, daß wir ohne diese Skalierungsüberlegungen keine Ahnung von den interessanten Dingen hätten, die am Anfang der modernen Physik stehen!

1974 geschah etwas Bemerkenswertes und Dramatisches in diesem Bereich der Physik. In den fünfziger und sechziger Jahren war eine ganz neue Technik entwickelt worden, um hochenergetische Teilchen zu beschleunigen und zum Zusammenstoß zu bringen, zunächst mit feststehenden Materialien als Zielscheibe, sogenannten Targets, dann mit anderen, entgegenkommenden Teilchen noch höherer Energie. Dabei entdeckte man eine große Zahl neuer Elementarteilchen. Man fand Hunderte von neuen Partikeln, und es schien hoffnungslos, in diesem System irgendeine Ordnung zu entdecken – bis das Quarkmodell in den frühen sechziger Jahren entwickelt wurde, besonders von Murray Gell-Man am Caltech. Er brachte wieder Ordnung in das Chaos.

Alle die neuen Teilchen, die man beobachtet hatte, konnte man sich relativ einfach durch Kombinationen von fundamentalen Objekten zusammengesetzt denken, die Gell-Man Quarks nannte. Die Teilchen, die in den Beschleunigern entstanden, konnten einfach dadurch in Klassen zusammengefaßt werden, daß sie entweder aus drei Quarks zusammengesetzt waren oder aus einem einzelnen Quark und seinem Antiteilchen. Neue Kombinationen von dem gleichen Satz Quarks, die das Proton und das Neutron formen, wurden als instabile Teilchen vorausgesagt, die eine ähnliche Masse haben sollten wie das Proton. Sie wurden tatsächlich auch beobachtet – und siehe da: Ihre Lebensdauer lag recht nah an unserer dimensionalen Schätzung (also bei annähernd 10^{-25} Sekunden).

Im allgemeinen liegt die Lebensdauer dieser Teilchen in der Nachbarschaft von 10^{-24} Sekunden, so daß die Konstante k in einer dimensionalen Schätzung ungefähr 10 ist, nicht allzu fern von der Einheit 1. Die Wechselwirkungen zwischen den Quarks jedoch, die verantwortlich sind für den Zerfall der Teilchen, scheinen sie gleichzeitig innerhalb der Partikel so fest zusammenzuhalten, zum Beispiel im Proton und Neutron, daß noch niemals ein einzelnes freies Quark beobachtet wurde. Die Wechselwirkungen scheinen so stark zu sein, daß sie alle Versuche zunichte machen, die Teilchen mit Hilfe eines Berechnungsschemas genau zu erfassen.

1973 jedoch schien sich eine bedeutende theoretische Entdeckung anzubahnen. David Gross und Frank Wilczek in Princeton und – unabhängig von ihnen – David Politzer in Harvard arbeiteten an einer Theorie, die mit dem Elektromagnetismus sowie der schwachen Wechselwirkung nah verwandt ist. Dabei entdeckten sie, daß eine aussichtsreiche Erklärung der starken Wechselwirkung zwischen Quarks möglich sei – mit einer einzigartigen, ungewöhnlichen Eigenschaft. In dieser Theorie kann jedes Quark in jeder von drei verschiedenen Erscheinungsformen auftreten, denen die Entdecker, einer Laune folgend, die Namen von Farben gaben. Und so entstand die Bezeichnung Quantenchromodynamik, abgekürzt QCD. Was Gross, Wilczek und Politzer gefunden hatten, war folgendes: Wenn Quarks sich immer mehr gegenseitig annähern, werden die Wechselwirkungen zwischen ihnen, die sich auf ihre Farben gründen, immer schwächer und schwächer! Es war ihnen auch klar, daß eine solche Eigenschaft einzigartig war – nichts sonst in der Natur benahm sich so. Schließlich hofften sie, mit Hilfe von Rechnungen die Voraussagen dieser Theorie mit Beobachtungen in Einklang zu bringen. Man müßte zunächst eine Situation finden – so überlegten sie –, bei der die Wechselwirkungen genügend schwach sind. Dann könnte man einfach aufeinanderfolgende Näherungsrechnungen machen, ihnen schrittweise immer weitere Wechselwirkungen zuschreiben und ihr Verhalten dabei untersuchen.

Die theoretischen Physiker einerseits kümmerten sich um die Fragen, die sich aus dieser bemerkenswerten Eigenschaft ergaben, „asymptotische Freiheit" genannt. Die Experimentalisten auf der anderen Seite stürzten sich mit zwei neuen Beschleunigern in den Vereinigten Staaten – einer in New York und einer in Kalifornien – mit Feuereifer auf immer höhere Energien bei der Kollision zwischen den Elementarteilchen. Im November 1974 entdeckten zwei Gruppen innerhalb weniger Wochen ein neues Teilchen, das eine dreimal so große Masse hatte, wie nach dieser Theorie zu erwarten wäre. Aber was viel bemerkenswerter an diesem Teilchen war: Es hatte eine Lebensdauer, die hundertmal

64

größer war als bei Teilchen mit geringerer Masse. Einer der Physiker, der an der Entdeckung beteiligt war, meinte dazu: „Es war, als ob wir durch einen Dschungel gingen und zufällig auf einen Volksstamm stießen, bei dem die Menschen 10 000 Jahre alt werden."

Es stellte sich bald heraus, daß dieses neue schwere Teilchen eine neue Art von schweren Quarks war: gebunden an sein Antiteilchen. Es bekam den Namen Charm-Quark. Seine Existenz war tatsächlich schon einige Jahre vorher vorausgesagt worden, allerdings aus ganz anderen Gründen. Die Tatsache, daß dieser gebundene Zustand der Quarks viel länger lebte als es ihnen rechtmäßig zukam, konnte als eine direkte Konsequenz aus der asymptotischen Freiheit in der QCD erklärt werden. Falls das schwere Quark und sein Antiquark in enger Gemeinschaft miteinander in diesem gebundenen Zustand existierten, dann wären ihre Wechselwirkungen schwächer als die entsprechenden Wechselwirkungen leichter Quarks innerhalb der Teilchen, wie zum Beispiel dem Proton. Die Schwäche dieser Wechselwirkungen würde bedeuten, daß ein Quark und sein Antiquark viel längere Zeit brauchten, um sich zu finden und sich gegenseitig zu vernichten. Grobe Abschätzungen der dafür benötigten Zeit gründen sich darauf, die Stärke der Wechselwirkung in der QCD von der Größe eines Protons bis zu der geschätzten Größe dieses neuen Teilchens auszuweiten, und das führte zu einer vernünftigen Übereinstimmung mit den Beobachtungen. Die QCD hatte damit ihre erste direkte Bestätigung gefunden.

In den Jahren nach der Entdeckung wurden viele Experimente auch bei noch höheren Energien gemacht. Dabei stellte sich heraus, daß die Näherungen, die man berechnete, immer verläßlicher wurden. Das hat schließlich sehr schön und auch reproduzierbar die Voraussagen der QCD sowie der asymptotischen Freiheit bekräftigt. Auch wenn es bisher niemand geschafft hat, das Reich der QCD streng durch Berechnungen zu erfassen, ist die experimentelle Bestätigung bei höheren Energien so überzeugend, daß niemand mehr daran zweifelt, daß wir hier eine richtige Theorie der Wechselwirkungen zwischen Quarks haben. Ohne die dimensionale Anleitung für unser

Denken hätten die Schlüsselentdeckungen überhaupt nicht stattfinden können, mit denen die Theorie auf eine gesicherte empirische Basis gestellt werden konnte. Dies gilt ganz allgemein, nicht nur für die Geschichte der Entdeckung der QCD. Dimensionale Analysis liefert uns den Rahmen, in dem wir unser Bild von der Wirklichkeit testen können.

Unsere Umschau in der Welt begann mit den Zahlen, mit denen wir gewöhnlich die Natur beschreiben. Aber sie hört hier nicht auf. Die Physiker benutzen die mathematischen Beziehungen zwischen den einzelnen Größen auch dazu, physikalische Prozesse zu beschreiben – und spätestens hier könnten Sie fragen, warum sie dazu eigentlich nicht eine verständlichere Sprache benutzen. Aber wir haben überhaupt keine Wahl. Selbst Galilei beschrieb diese ausweglose Situation bereits vor 400 Jahren: „Die Philosophie ist in dem großen Buch des Universums aufgeschrieben, das unserem staunenden Blick beständig offensteht. Aber das Buch kann nicht verstanden werden, ohne daß wir zuvor seine Sprache lernen und die Worte, in denen es geschrieben ist. Es ist geschrieben in der Sprache der Mathematik, seine Buchstaben sind Dreiecke, Kreise oder andere geometrische Figuren, ohne die es dem menschlichen Geist unmöglich ist, auch nur ein einziges Wort davon zu verstehen – ohne diese Kenntnisse irrt man wie in einem dunklen Labyrinth umher."

Wenn man nun behaupten wollte, die Mathematik wäre die „Sprache der Physik", dann wäre das ebenso einfältig wie die Behauptung, Französisch sei die „Sprache der Liebe". Das erklärt noch nicht, warum wir die Mathematik nicht ebenso einfach übersetzen können, wie wir die Gedichte von Baudelaire übersetzen. Was die Liebe angeht: Manche, deren Muttersprache nicht das Französische ist, mögen das als Nachteil empfinden, aber den meisten von uns ist das, wenn es darauf ankommt, gleichgültig. Nein, da steckt mehr dahinter als nur die Sprache. Ich will versuchen, das zu erläutern, indem ich ein Argument von Richard Feynman heranziehe.

Er war nicht nur eine charismatische Persönlichkeit, Feynman gehörte auch zu den größten theoretischen Physikern dieses Jahrhunderts. Er hatte eine ganz außergewöhnliche Gabe, etwas verständlich zu machen. Ich glaube, das lag hauptsächlich daran, daß er die Dinge auf seine eigene Art sah und fast alle Ergebnisse der Physik selbst entwickelte. Wenn Feynman erklärte, wie notwendig doch die Mathematik sei, berief er sich als Kronzeugen auf keinen geringeren als Isaac Newton. Newtons bedeutendste Entdeckung war ohne jeden Zweifel das universell gültige Gesetz der Gravitation. Er zeigte, daß die Kraft, die uns auf diese Kugel bindet, die wir Erde nennen, die gleiche Kraft ist, die alle Bewegungen der Objekte am Himmel regiert. Damit machte Newton die Physik zu einer universellen Wissenschaft. Er zeigte, daß wir die Fähigkeit haben, nicht nur die Mechanik unserer irdischen Umwelt und an unserem Ort im Universum, also im Sonnensystem, zu verstehen, sondern das Universum selbst. Für uns scheint das zuweilen selbstverständlich, aber es ist doch eine der erstaunlichsten Tatsachen im Universum, daß jeweils die gleiche Kraft am Werke ist, wenn der Fußball nach einem Torabschlag wieder auf den Platz zurückfällt und wenn unsere Erde auf einem eleganten Kreis um die Sonne läuft. Diese wiederum kreist gemeinsam mit ihren Nachbarn um das Zentrum der Milchstraße, und schließlich hält die Gravitationskraft den gesamten Strauß der Himmelskörper in ständigem Kreisen, während sich das Universum um sich selbst bewegt. Das ist beileibe nicht selbstverständlich, das Universum könnte auch völlig anders aufgebaut sein – vielleicht auch nicht, diese Frage ist noch offen.

Nun kann man Newtons Gesetz auch folgendermaßen ausdrücken: Die anziehende Kraft, die die Gravitation zwischen zwei Objekten ausübt, ist nach der Linie ausgerichtet, die die beiden Körper miteinander verbindet, ihre Stärke wächst mit dem Produkt ihrer Massen und sinkt mit dem Quadrat der Entfernung zwischen beiden. Diese Erklärung mit Worten ist schon ein bißchen umständlich, aber das macht ja nichts. Wenn man sie mit Newtons anderem Gesetz verbindet – daß die Körper auf Kräfte reagieren, indem sie ihre Geschwindigkeit ändern, und zwar in Richtung auf die wirkende Kraft hin, und die Größe der Änderung soll der Kraft proportional sein und umgekehrt proportional den Massen – dann haben Sie alles beisammen: Alles, was die Gravitation bewirkt, folgt aus diesen beiden Aussagen. Doch wie folgt es daraus? Ich könnte diese Beschreibung dem berühmtesten Linguisten geben und ihn bitten, er möchte doch versuchen, daraus das Alter des Universums durch semantische Überlegungen abzuleiten. Wahrscheinlich müßte ich länger auf eine Antwort warten, als das Universum alt ist.

Der Punkt ist, daß die Mathematik auch ein System von Zusammenhängen ist, die aus dem Werkzeug-Arsenal der Logik entspringen. Um mit einem weiteren berühmten Beispiel fortzufahren: Johannes Kepler ging durch eine Entdeckung im frühen 17. Jahrhundert in die Geschichte ein. Sein Leben lang hatte er in mühseligen Berechnungen herausgefunden, daß die Planeten auf eine ganz besondere Art um die Sonne laufen. Wenn man zwischen Planet und Sonne eine Linie zeichnet, dann ist die von dieser Linie überstrichene Fläche beim Lauf des Planeten um die Sonne in gleichen Zeitintervallen immer gleich groß. Das ist äquivalent (wenn man die Mathematik benutzt) mit der Aussage: Wenn der Planet näher an der Sonne ist, läuft er schneller in seiner Bahn, wenn er weiter entfernt ist, läuft er langsamer. Newton zeigte nun, daß dieses Ergebnis auch mathematisch identisch ist mit der Behauptung, daß es eine Kraft geben muß, die auf dieser Verbindungslinie zwischen Sonne und Planet wirkt. Das war die Geburtsstunde des Gravitationsgesetzes.

Sie können es ruhig versuchen, doch Sie werden es nie schaffen, allein mit linguistischen Gedankengängen zu beweisen, daß diese beiden Aussagen miteinander identisch sind. Mit der Mathematik jedoch, in diesem Fall mit ein wenig Geometrie, können Sie das auf einem recht einfachen Weg. Sie können sich die Sache noch leichter machen, indem Sie in Newtons „Principia" nachlesen, wie es gemacht wird – oder noch leichter: Lesen Sie Feynman.

Der springende Punkt bei all diesen Überlegungen ist nicht etwa der, daß Newton vielleicht nie in der Lage gewesen wäre, sein Gravitationsgesetz abzuleiten, wenn er nicht die mathematischen Beziehungen zwischen Keplers Beobachtungen und der Tatsache gefunden hätte, daß die Sonne eine Kraft auf die Planeten ausübt. Allein dies war übrigens für den Fortgang der Wissenschaft von unglaublicher Bedeutung. Es geht auch nicht darum, daß man ohne die mathematische Basis der Physik keine wichtigen Verbindungen knüpfen kann. Nein, der zentrale Punkt ist, daß die Verbindungen, die von der Mathematik geknüpft werden, die vollständige und solide Grundlage bilden, um unser Bild von der realen Welt zu entwerfen.

Lassen Sie mich ein persönliches Beispiel dafür anführen, wie unterschiedlich Dinge sein können, je nachdem, aus welchem Blickpunkt man sie sieht. Meiner Frau verdanke ich unendlich viel. Mit das Wichtigste, was ich von ihr lernte, ist, wie verschieden man seine Umwelt sehen kann. Wir beide kommen aus sehr unterschiedlichen Verhältnissen. Sie stammt aus einem kleinen Dorf, ich aus einer großen Stadt. Die Umgebung, in der jeder aufwächst, prägt auch das Bild, das man sich von seinen Mitmenschen macht. Die meisten Leute, die man täglich in der Großstadt sieht, erscheinen „eindimensional": Der Metzger ist halt der Metzger und weiter nichts, der Milchmann ist ein Milchmann und der Arzt ein Arzt. In einer Kleinstadt aber ist es ganz natürlich, daß man den Leuten nicht nur in dieser Maske begegnet. Sie sind ja Ihre Nachbarn. Der Doktor hat vielleicht Alkoholprobleme, und dieser weichliche Typ von gegenüber ist zugleich ein begnadeter Englischlehrer am Gymnasium. Ich habe inzwischen gelernt, daß man seine Mitmenschen nicht einfach aufgrund einer einzelnen Tätigkeit in Charakter-Schubladen stecken soll. Nur wenn man sich dessen bewußt ist, kann man die Menschen und ihr Leben besser verstehen.

So hat auch jeder physikalische Prozeß im Universum mehrere Sichtweisen, er ist mehrdimensional. Mit dieser Erkenntnis können wir jeden Prozeß in den vielen äquivalenten, aber scheinbar unterschiedlichen Wegen verstehen, auf denen wir tief in die Geheimnisse des Universums eindringen. Wir können nicht erwarten, die Natur zu verstehen, wenn wir nur eine Seite von ihr sehen. Ob einem das paßt oder nicht: Tatsache ist, daß wir nur mit Hilfe mathematischer Beziehungen das Ganze durch seine Teile erkennen können. Es ist die Mathematik, mit der wir feststellen, daß die Welt als „kugelige Kuh" verstanden werden kann.

Die Mathematik stellt also einerseits die Welt wesentlich umfassender dar, indem sie uns verschiedene Gesichter der Wirklichkeit zeigt. Andererseits macht sie gerade dadurch unser Verstehen auch viel einfacher. Wir müssen jedoch nicht immer gleichzeitig sämtliche Gesichter der Welt parat haben. Die Mathematik verhilft uns dazu, von einem Gesicht zum anderen überzuwechseln, gerade wie wir wollen. Und wie die vielen gegenseitigen Verknüpfungen innerhalb der Physik die Welt für uns letzten Endes zugänglich machen, so bahnt uns die Mathematik den Weg zur Physik.

Außerdem beschert uns die Tatsache, daß wir mit der Mathematik das gleiche Problem in vielen verschiedenen Varianten ausdrücken können, beständig neue Entdeckungen. Es sind immer wieder neue Visionen derselben Sache möglich. Mit jedem neuen Aspekt der Wirklichkeit gewinnen wir neues Verständnis, weit über das Phänomen selbst hinaus, und so weitet sich der Blick zu immer neuen Gefilden in der Welt. Es wäre eine Unterlassungssünde, wenn ich an dieser Stelle nicht eines der bekanntesten Beispiele dafür anführen würde, das ich immer noch absolut faszinierend finde, auch wenn es bereits 25 Jahre zurückliegt, als ich es zum ersten Mal von Richard Feynman hörte.

Es geht um ein durchaus bekanntes, aber schwieriges Phänomen: eine Fata morgana. Wenn jemand an einem heißen Sommertag stundenlang eine Autobahn entlangfährt, hat er sicherlich schon oft gesehen, wie in der Ferne die Straße blau und luftig erscheint, als ob sie naß wäre und den Himmel darüber reflektierte. Dies ist die etwas weniger exotische Version von dem, was manchen armen Schluckern passiert, die durch die Wüste wandern und schier am Verdursten sind. Während sie auf dieses Trugbild am Horizont zueilen, verschwindet die Vision ihrer Rettung.

Es gibt eine einfache Schulbuch-Erklärung für eine Fata morgana, die sich auf die bekannte Tatsache stützt, daß das Licht gebeugt wird, wenn es die Grenze zwischen zwei verschiedenen Medien durchläuft. Sie können das auch selbst beobachten, wenn Sie bis zur Hüfte im Wasser stehen: Ihr Unterleib sieht dann kürzer aus, als er tatsächlich ist. Das Licht, das von Ihren Füßen kommt, scheint durch die Beugung von einem höheren Punkt zu kommen, Ihre Füße scheinen also auf einem höheren Boden zu stehen.

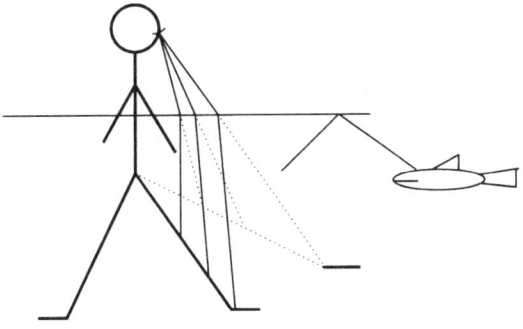

Wenn Licht von einem dichten Medium in ein weniger dichtes überwechselt (im oberen Bild kommt es von Ihrem Fuß unter Wasser zu Ihren Augen in der Luft), wird es immer nach „außen" abgebeugt. Und zwar um so stärker, je flacher es von unten gegen die Oberfläche stößt. Von einem bestimmten Winkel an kommt es gar nicht mehr aus dem Wasser heraus, sondern wird zurückgespiegelt. So passiert es, daß man den angreifenden Hai oft erst viel zu spät entdecken kann.

An einem ruhigen, schwülen Tag wird die Luft kurz oberhalb der Straße sehr heiß – viel heißer als die allgemeine Lufttemperatur. Dann bildet die Luft Schichten aus, wobei die heißeste und damit die am wenigsten dichte am Boden aufliegt, und nach oben werden die Schichten immer kühler und weniger dicht. Wenn das Licht schräg vom Himmel zur Straße hin fällt, wird es beim Übertritt von jeder Schicht in die nächste gebeugt, und wenn es hier genügend Schichten gibt, wird es schließlich nach oben zurückgelenkt. Wenn Sie also schräg zur Straße hinabschauen, empfangen Sie Licht schräg von oben, die Straße scheint den blauen Himmel zu spiegeln. Achten Sie einmal darauf, wenn Sie das nächste Mal über eine heiße Sommerstraße fahren: Sie werden entdecken, daß die blaue Schicht direkt über der Straße ein Spiegelbild des Himmels darüber ist.

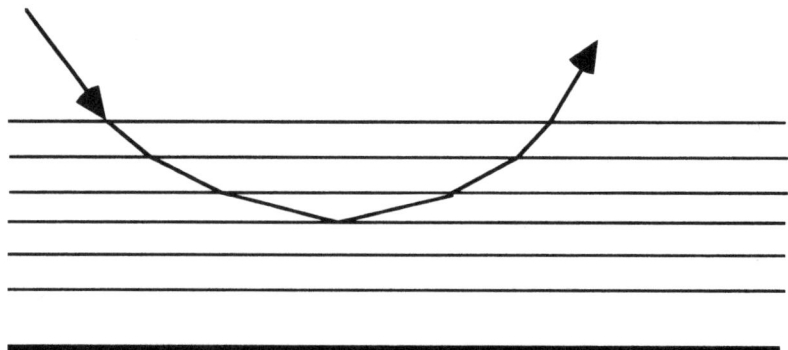

Dies ist die übliche Erklärung des Phänomens, und sie reicht völlig aus, auch wenn sie keine besondere Faszination ausstrahlt. Es gibt jedoch noch eine andere Erklärung, die der ersten mathematisch äquivalent ist, die aber ein bemerkenswert anderes Bild davon liefert, wie das Licht vom Himmel in unsere Augen gelangt. Es basiert auf dem *Prinzip der kürzesten Laufzeit*, das von dem französischen Mathematiker Pierre de Fermat 1650 vorgeschlagen wurde: Das Licht bemüht sich immer, jenen Weg von A nach B zu wählen, der die kürzeste Zeit erfordert.

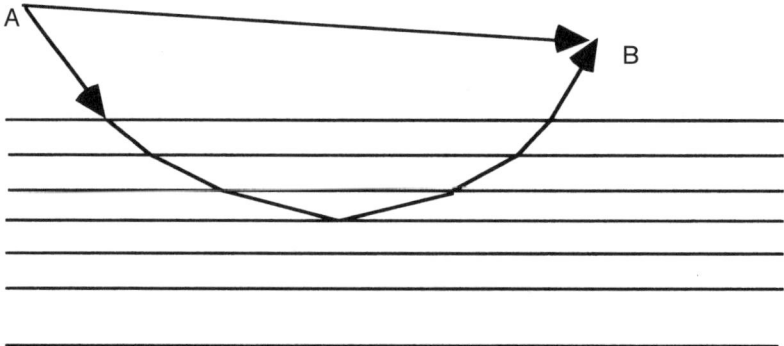

Dieses Prinzip steht natürlich im Einklang mit der normalen Eigenheit des Lichtes, immer geradeaus zu laufen. Wie könnte es jedoch die Erscheinung einer Fata morgana erklären? Erinnern wir uns, daß das Licht in einem dünnen Medium schneller läuft: In einem leeren Raum – im Vakuum – hat es die größtmögliche Geschwindigkeit. Direkt über der Straße ist nun die Luft heißer und dünner. Je länger das Licht in der Nähe der Straße bleibt, um so schneller ist es. Überlegen wir nun anhand der folgenden Zeichnung, wie das Licht vom Punkt A zu Ihrem Auge im Punkt B läuft, welchen Weg wird es wählen?

Eine Möglichkeit wäre auch hier der gerade Weg von A nach B. Das ist zwar die kürzeste Entfernung zwischen A und B, das Licht würde aber die gesamte Laufzeit in der dichten Luft weit oberhalb der Straße verbringen. Die andere Möglichkeit wäre der Weg, wie er in der Zeichnung dargestellt ist. In diesem Fall durchläuft das Licht eine längere Strecke, aber der größte Teil davon verläuft in den dünneren Schichten direkt oberhalb der Straße, wo es schneller ist als auf dem oberen, geraden Weg. Sucht man nun die günstigste Möglichkeit für die Distanz und die zugehörige Geschwindigkeit, wird man tatsächlich einen gebogenen Weg finden, der das Spiegelbild erzeugt, und er ist es, auf dem die Laufzeit des Lichtes am kürzesten ist.

Das ist doch seltsam, werden Sie denken: Wie kann denn das Licht an seinem Startpunkt entscheiden, auf welchem Weg es am schnellsten das Ziel erreicht? Hat es vielleicht einen besonderen Riecher dafür, welcher unter allen möglichen Wegen schließlich der richtige ist, und den wählt es dann? Natürlich nicht. Es gehorcht einfach den geometrischen Gesetzen der Physik, die hier gelten und die ihm vorschreiben, was es an jeder Grenzfläche machen soll. Und so geschieht es dann zwangsläufig, mathematisch, daß es in jeder Richtung immer den Weg entlangläuft, auf dem es die kürzeste Zeit benötigt. Einer dieser Wege ist der zu Ihrem Auge. In diesem Befund steckt etwas zutiefst Befriedigendes. Mir scheint, es steckt etwas viel Tieferes darin als bloß eine alternative Beschreibung zu der ersten, bei der das Licht an den verschiedenen Schichten in der Atmosphäre gebeugt wird. In gewissem Sinne ist es auch viel tiefer greifend: Wir verstehen nun, daß die Gesetze der Bewegung aller Objekte in einer Form umgedeutet werden können, die dem Fermatschen Prinzip für das Licht ähnlich ist. Diese neue

Art der Erklärungen für die klassischen Newtonschen Gesetze der Bewegung führte zu einer – von Feynman entwickelten – neuen Methode, die Gesetze der Quantenmechanik zu interpretieren.

Die Mathematik bahnt uns verschiedene, aber äquivalente Wege, um die Welt darzustellen. Sie zeigt uns neue Wege, die Natur zu verstehen – und bewahrt uns vor Stolpersteinen, die im Weg liegen, wenn wir an alten Vorstellungen kleben. So haben beispielsweise die Methoden, die sich auf eine Analogie mit dem Fermatschen Prinzip stützen, eine Möglichkeit aufgezeigt, wie man die Quantenmechanik auf physikalische Systeme anwenden kann, die bisher einem solchen Zugang versperrt waren. Das gilt auch für den neuerlichen Erfolg von Stephen Hawking, der zu verstehen versucht, wie die Quantenmechanik auf Einsteins allgemeine Relativitätstheorie angewandt werden könnte.

Wenn die mathematischen Verknüpfungen unser Verständnis von der Natur regieren, indem sie neue Wege für ein Verständnis der Welt aufzeigen, führt das unausweichlich zu der folgenden Überlegung, mit der ich Sie aus diesem Kapitel entlassen möchte. Wenn unsere Abstraktionen der Natur mathematisch sind, was bedeutet es dann, das Universum zu verstehen? Zum Beispiel: Was sagen Newtons Gesetze darüber aus, *warum* sich die Dinge bewegen? Um wieder Feynman zu zitieren: „Was meinen wir eigentlich damit, etwas zu verstehen? Stellen Sie sich vor, die Welt sei ein großes Schachbrett, auf dem die Götter Schach spielen, und wir wären die Zuschauer. Wir kennen nicht die Spielregeln, wir dürfen nur beobachten, wie gespielt wird. Wenn wir lange genug zuschauen, können wir eventuell einige dieser Regeln herausbekommen. Sie sind das, was wir Naturgesetze nennen. Auch wenn wir jede Regel kennen würden, könnten wir immer noch nicht verstehen, warum ein bestimmter Zug in dem Spiel gemacht wird. Und zwar deshalb nicht, weil unser Verstand dafür zu begrenzt ist. Wenn Sie Schach spielen wollen, ist es überhaupt nicht schwer, alle Regeln zu lernen, doch ist es manchmal unheimlich schwierig, den besten Zug zu machen oder auch nur zu verstehen, warum ein Spieler einen solchen Zug macht. Ebenso ist es in der Natur, nur noch viel zugespitzter.

Wir müssen uns damit begnügen, nur einige Grundregeln dieses Spiels kennenzulernen, und wenn wir diese Regeln kennen, dann nennen wir das ‚die Welt verstanden haben‘."

Letzten Endes können wir nichts weiter tun, als die Regeln zu erklären, und wir werden möglicherweise nie wissen, warum sie so sind und nicht anders.

Doch bei der Aufdeckung dieser Spielregeln sind wir bisher phantastisch erfolgreich gewesen. Verwickelte Situationen haben wir zu einfachen abstrahiert, wobei die Regeln dann wie von selbst erschienen. Bei dem allen benutzten wir die geistigen Werkzeuge der Physiker, die ich hier in diesem und dem vorhergehenden Kapitel beschrieben habe. Wollen wir versuchen, die Welt wie Physiker zu verstehen, dann ist das alles, was wir tun können. Und das ist nicht wenig: Wenn wir uns sehr anstrengen und das Glück auf unserer Seite ist, haben wir schließlich das Vergnügen, voraussagen zu können, wie sich die Natur in einer zuvor noch nie dagewesenen Situation verhalten wird. Auf diese Weise können wir hoffen, die verborgenen Verbindungen in der Physik direkt zu beobachten, die die Mathematik als erste entwickelt hat. Und das wiederum macht die Welt so faszinierend.

3   Kreatives Kopieren

Selbst wenn sich etwas ändert,
bleibt es oft das gleiche.

Neue Entdeckungen in der Wissenschaft – so ist wohl die land-
läufige Meinung – entspringen immer aus völlig neuen Erkenntnissen. Weit gefehlt. Oft ist sogar das Gegenteil wahr. Die alten
Erkenntnisse bleiben nicht nur weiterhin am Leben, sie erweisen sich sogar als fruchtbar beim neuen. Während das Universum überquillt an unterschiedlichen Phänomenen, scheint die
Anzahl der grundlegenden Prinzipien begrenzt. Daraus folgt,
daß es in der Physik weniger um neue Ideen an sich geht als vielmehr um solche, die sich als nützlich erweisen, als nützlich auch
bei neuen Entwicklungen. Es sind meist die gleichen Konzepte,
der gleiche Formalismus, die gleiche Technik, die gleichen Bilder, die abgewandelt, neu geformt und so hingebogen werden,
daß sie auf möglichst viele neue Situationen passen, ebenso gut,
wie sie sich vorher schon beim alten dienlich gemacht hatten.

Das mag wie ein etwas zögerliches, unkreatives Vorgehen
erscheinen, wenn man der Natur ihre Geheimnisse entlocken
will, aber das täuscht. Es gehört schon eine ganze Portion Kühnheit dazu, mit einer Steinschleuder einen Riesen erledigen zu
wollen. Ähnlich kühn ist es, wenn man mit den gleichen physikalischen Methoden das Schicksal des Universums erfassen will,
mit denen man die Wurfweite eines weggeschleuderten Steins
bestimmt. Es erfordert oft ein gerüttelt Maß an Kreativität,
bewährte Methoden auf neue, unübliche Situationen anzuwen-
den. Das ist typisch für die Physik: Weniger ist mehr.

Alte Ideen neu zu verwenden ist ein erprobtes, erfolgreiches
Rezept – und es funktioniert immer wieder. Selbst seltene Konzepte, die nur mühsam Eingang in die Physik fanden, wurden

durch den Rahmen der bereits vorhandenen Kenntnisse gestützt. Es ist die Wiederholung, das kreative Kopieren von Bewährtem, was die Physik verstehbar macht. Es ist auch der Grund dafür, daß die Anzahl der grundlegenden Gesetze auf erstaunlich wenige begrenzt ist.

Das vielleicht größte Mißverständnis der modernen Wissenschaft ist, daß wissenschaftliche „Revolutionen" mit all dem aufräumten, was vorher gewesen ist. So hört man oft, daß die Physik vor Einstein heute überholt sei. Keineswegs! Nach wie vor und für alle Zeit bewegt sich ein Ball, den ich aus meiner Hand fallen lasse, nach Newtons Gesetz. Und kein neues Gesetz der Physik wird den Ball jemals nach oben fallen lassen – auch wenn das noch so oft in Science-fiction-Romanen passiert. Eine der beruhigendsten Aspekte der Physik ist, daß neue Entdeckungen mit dem harmonieren müssen, was sich bisher als richtig erwiesen hat. So werden alle zukünftigen Theorien weiterhin auf jenen der Vergangenheit aufbauen.

Diese Methode, vorwärtszukommen, ist eine Ergänzung zu der Bemerkung, wie man sich der Realität annähert, was ich vorher schon behandelt habe. Diese Mentalität „Was scheren mich die Torpedos, volle Kraft voraus", wie es Richard Feynman ausdrückte, bringt einen dazu, daß man nicht alles bis ins Letzte verstanden haben muß, bevor man weitergeht. Wir können uns in neue Gefilde vorwagen mit den Werkzeugen, die wir bereits erprobt haben, ohne erst mühsam ein neues Werkzeug-Sortiment zu schaffen.

Der erste, der so handelte, der Vater dieser Tradition, war Galilei. Ich beschrieb im ersten Kapitel, im Zusammenhang mit Galileis Entdeckung, daß das Sich-Konzentrieren auf den einfachsten Aspekt der Bewegung und das Hintanstellen alles Nebensächlichen zu einem tiefgreifenden Wandel im Bild von der Welt führte. Was ich dabei nicht erwähnte: *Warum* sich Dinge bewegen, kümmerte Galilei überhaupt nicht, und das sagte er auch frei heraus. Alles, was er erforschen wollte, war ganz bescheiden nur das *Wie*. „Mein Ziel ist", schreibt er in seinem „Dialog", „eine ganz neue Wissenschaft zu begründen, die sich mit einer ganz alten Sache befaßt. In der gesamten Natur gibt es wohl nichts, das älter wäre als die Bewegung. Es wurden viele und dickleibige Bücher darüber von den Philosophen geschrieben; und doch habe ich durch das Experiment noch einige Eigenschaften gefunden, die ebenso wissenswert sind ..."

Das *Wie* allein sollte bemerkenswerte neue Einsichten eröffnen. Sobald Galilei feststellte, daß ein Körper in Ruhe lediglich einen Spezialfall unter den mit einer bestimmten Geschwindigkeit bewegten Körpern darstellt, bekam die Philosophie des Aristoteles Risse. Im Grunde genommen bedeutete Galileis Erkenntnis: Die Gesetze der Physik sind für einen Beobachter, der sich mit gleichbleibender Geschwindigkeit bewegt, dieselben wie für einen Beobachter in Ruhe. Außerdem sollte ein Objekt, das sich relativ zu dem einen Beobachter mit konstanter Geschwindigkeit bewegt, sich auch zu dem anderen konstant bewegen. Entsprechend sollte ein Objekt, das sich relativ zu dem einen Beobachter beschleunigt bewegt oder seine Bewegung verlangsamt, das gleiche relativ zu dem anderen Beobachter tun. Diese Äquivalenz zwischen den zwei Beobachtungsweisen war Galileis Beitrag zur Relativität. Er kam Einstein damit fast drei Jahrhunderte zuvor.

Diese Sichtweise der Bewegungen ist sehr bequem für uns, wir benutzen sie ständig: Jede Bewegung betrachten und messen wir relativ zur Erde, die wir als festes Fundament dazu annehmen. Doch die Erde bewegt sich um die Sonne, diese wiederum um die Galaxis, und unsere Galaxis bewegt sich in einem Haufen von Galaxien, und so weiter. Wir sind im Weltall keineswegs in Ruhe, wir bewegen uns in recht komplizierten Bahnen relativ zum Hintergrund der fernen Galaxien. Müßten wir diese Bewegung vor dem Hintergrund des Universums berücksichtigen, wenn wir die Physik eines fliegenden Balles in der Luft relativ zu uns oder zur Erde beschreiben wollten, hätten Galilei und Newton wohl nie ihre Gesetze der Bewegung finden können. In der Tat: Nur weil die gleichförmig konstante Bewegung (nach menschlichen Maßstäben) unserer Galaxis relativ zu ihren Nachbarn das Verhalten von bewegten Objekten auf der Erde nicht beeinflußt, war es möglich, die Gesetze der Bewegung zu entdecken. Und diese wiederum verhalfen der Astronomie zu der Entdeckung, daß sich unsere Galaxis relativ zu den fernen Galaxien bewegt.

Ich werde später auf die Relativität zurückkommen. Zunächst will ich beschreiben, wie Galilei seinen ersten Erfolg mit der gleichförmigen Bewegung weiter ausbaute. Die meisten Bewegungen, die wir in der Natur beobachten, sind nämlich nicht gleichförmig. Da Galilei aber die Natur beschreiben wollte, wie sie wirklich ist, mußte er auch beschleunigte Bewegungen erklären. Wieder folgte er seiner obersten Maxime: Vergiß alles Unwesentliche, frage nicht warum. So schreibt er in seinem „Dialog": „Es scheint mir hier müßig zu sein, den Grund für die Beschleunigung einer natürlichen Bewegung zu untersuchen, gab es doch von den zahlreichen Philosophen die verschiedensten Meinungen dazu. Einige erklärten diese Bewegung als eine Anziehung zum Zentrum hin, andere als eine Zurückstoßung zwischen den sehr kleinen Teilen des Körpers, während noch andere dies einem bestimmten Druck im umgebenden Medium zuschoben, das sich hinter dem fallenden Körper zusammenschließt und ihn von einem Ort zu dem anderen hintreibt. Nun, alle diese phantastischen Erklärungen und noch viele andere müßten im einzelnen untersucht werden; aber es ist eigentlich nicht der Mühe wert. Hier ist es das Ziel des Autors, lediglich einige der Eigenschaften einer beschleunigten Bewegung zu erforschen und darzustellen – worunter eine Bewegung verstanden sein soll, dergestalt, daß die Geschwindigkeit ständig Zuwachs erhält, nachdem die Ruhe verlassen wurde, und zwar in einfacher Proportionalität zur Zeit, und das ist gleichbedeutend damit, daß in gleichen Zeitintervallen der bewegte Körper gleiche Zuwächse an Geschwindigkeit erhält."

Galilei definierte die beschleunigte Bewegung als die einfachste Form einer nichtgleichförmigen Bewegung, nämlich einer solchen, bei der die Geschwindigkeit eines Objekts sich ändert und zwar um einen konstanten Betrag. Die Geschwindigkeitsänderung ist also konstant. Ist diese Idealisierung richtig? Galilei zeigte scharfsinnig, daß diese Vereinfachung in der Tat die Bewegung aller fallenden Körper beschrieb, wenn man von allen äußeren Kräften absah, zum Beispiel vom Widerstand der Luft.

Diese Entdeckung machte den Weg frei für Newtons Gravitationsgesetz. Ohne dieses grundlegende Bewegungsgesetz der fallenden Körper zu kennen, wäre es für Newton nicht möglich gewesen, einfach als Ursache der Beschleunigung eine Kraft anzunehmen, die proportional der Masse dieser fallenden Objekte ist. Um jedoch so weit zu kommen, mußte Galilei zwei andere Widerstände überwinden, die für den Gesichtspunkt, den ich im Auge habe, nebensächlich sind. Seine Beweisführung war so einfach und clever, daß ich nicht umhin kann, sie hier zu beschreiben.

Aristoteles hatte behauptet, daß fallende Objekte sofort ihre Endgeschwindigkeit erreichen, sobald man sie losgelassen hat. Das schien eine vernünftige Annahme, fand man sie doch scheinbar bei allen fallenden Gegenständen bestätigt. Galilei war der erste, der überzeugend darlegte, daß dies gar nicht der Fall ist. Er wählte dazu ein erstaunlich einfaches Beispiel. Es beruhte auf einem „Gedankenexperiment", um mit Einstein zu sprechen, das ich hier in einer modernen Version erzählen will. Stellen Sie sich vor, Sie lassen einen Schuh in eine Badewanne fallen, und zwar aus einer Höhe von 15 cm über dem Wasserspiegel. Anschließend lassen Sie ihn aus 1,50 m Höhe fallen. Vorsicht: Das spritzt! Es ist naheliegend anzunehmen, daß die Stärke des Spritzens von der Geschwindigkeit des Schuhs abhängt, mit der er auf dem Wasser aufschlägt. Dann können Sie sich mit diesen feuchten Experimenten sehr schnell davon überzeugen, daß der Schuh beim Fallen schneller wird.

Das nächste war Galileis Demonstration, daß alle Objekte mit dem gleichen Geschwindigkeitszuwachs fallen, unabhängig von ihrer Masse, falls man die Wirkung des Luftwiderstandes vernachlässigt. Es wird immer wieder erzählt und geschrieben, Galilei habe sein berühmtes Experiment am schiefen Turm von Pisa gemacht, indem er verschiedene Gegenstände an der überhängenden Seite des Turms herunterfallen ließ. Wahrscheinlich hat er das aber nie gemacht. Er dachte sich in Wahrheit ein viel einfacheres Experiment aus, um den Widerspruch aufzuzeigen, zu dem man mit der Annahme kommt, Objekte mit der doppelten Masse müßten auch doppelt so schnell fallen.

Stellen Sie sich vor, man läßt zwei Kanonenkugeln von exakt gleicher Masse von einem hohen Turm herabfallen. Wenn man der (irrigen) Meinung ist, die Fallgeschwindigkeit hänge von der Masse ab, wird man durch ein einfaches Gedankenexperiment eines besseren belehrt. Die beiden gleichschweren Kugeln fallen natürlich genau nebeneinander her. Nun, während sie noch fallen, soll ein sehr geschickter und sehr schneller Handwerker aus einem Fenster herausgreifen und die beiden mit einer Schnur fest zusammenbinden – ein verrückter Gedanke, ich weiß. Aber wir spielen ja ein Gedankenexperiment durch. Nun haben Sie ein einziges Objekt, dessen Masse doppelt so groß ist wie die von jeder einzelnen Kanonenkugel. Unser gesunder Menschenverstand sagt uns, daß dieses neue Objekt nicht etwa doppelt so schnell fällt wie die beiden Kanonenkugeln, bevor sie zusammengebunden wurden. Nun haben wir es: Wie schnell Objekte fallen, hängt nicht von ihrer Masse ab.

Nachdem Galilei diese falschen Vorstellungen beseitigt hatte, ging er daran, die Beschleunigung eines fallenden Körpers tatsächlich zu messen, und zeigte, daß sie konstant ist. Erinnern wir uns, was das bedeutet: Die Geschwindigkeit ändert sich mit einer konstanten Rate, in jeder Sekunde ist der Geschwindigkeitszuwachs gleich groß. Ich möchte noch einmal betonen: Die Grundlage, auf der sich die Theorie der Gravitation entwickelte, war Galileis Beschreibung, wie Körper fallen, nichts weiter. Nicht etwa die Frage, warum sie so fallen. Es ist ganz ähnlich, als ob man Feynmans Schachspiel als Zuschauer lernen wollte, indem man als erstes sorgfältig die Aufstellung auf dem Schachbrett untersucht und dann die Bewegung der einzelnen Figuren beschreibt. Immer wieder und ständig neu können wir seit Galilei feststellen: Die sinnvolle Beschreibung des großen Spielfeldes der Welt, auf dem sich die physikalischen Phänomene abspielen, läuft immer wieder darauf hinaus, die Regeln zu erklären, die hinter den Phänomenen stecken. Letztlich ist es das Spielfeld, das die Regeln festlegt, und ich werde später zeigen, daß dies genau das Ziel ist, auf das die moderne physikalische Forschung zusteuert. Aber ich will nicht abschweifen.

Galilei blieb dabei jedoch nicht stehen. Er machte sich daran, eine weitere wichtige Komplikation der Bewegung zu lösen, indem er einfach kopierte, was er bis hierher schon geschafft hatte. Er hatte – und wir auch – die Bewegung in nur einer Richtung betrachtet, entweder den freien Fall nach unten oder die Bewegung in der Horizontalen. Jeder Tennisball, den ich in die Luft schlage, vollführt jedoch beide Bewegungen: Seine Bahn ist – wieder ohne Beachtung des Luftwiderstands – eine Kurve, die der Mathematiker eine Parabel nennt, ein gebogen gestalteter Weg. Galilei zeigte das, indem er möglichst einfach seine vorherigen Analysen ausweitete. Er nahm an, daß die zweidimensionale Bewegung in zwei voneinander unabhängige eindimensionale Bewegungen zerlegt werden kann: Die abwärts gerichtete Komponente der Bewegung des Tennisballs konnte er durch eine konstante Beschleunigung beschreiben – dieses Problem hatte er gerade gelöst –, während die horizontale Komponente eine gleichförmige Bewegung mit konstanter Geschwindigkeit ist. Auch diesen Fall hatte er ja schon geklärt: Alle Objekte behalten von Natur aus ihre konstante Geschwindigkeit bei, wenn man alle äußeren Kräfte ausschließt. Setzen Sie nun beides zusammen, und Sie erhalten eine Parabel.

Das mag uns heute trivial erscheinen, doch so lassen sich eine ganze Menge von Phänomenen erklären, die sonst völlig mißverstanden würden, und außerdem liefert das eine Richtschnur für die Physik, der die Physiker bis heute gefolgt sind. Betrachten wir dazu einmal olympische Athleten, etwa die Weitspringerin Heike Drechsler und die Hochspringerin Heike Henkel. Beide Athletinnen scheinen bei ihren Sprüngen endlos lange durch die Luft zu schweben. Hängt es von ihrer Anlaufgeschwindigkeit ab, wie lange sie in der Luft sind? Galileis Argumente geben eine überraschende Antwort: Er zeigte, daß die horizontale und vertikale Bewegung voneinander unabhängig sind. Wenn also die mit hoher Geschwindigkeit anlaufende Weitspringerin und die Hochspringerin, die fast aus dem Stand losspringt, die gleiche Höhe erreichen, dann sind sie auch exakt gleich lange in der Luft. Ein anderes Beispiel, das überall auf der Welt immer wieder im Physikunterricht dazu angeführt wird, beschreibt das gleiche

Phänomen: Eine Kanonenkugel, die horizontal von einer Kanone abgeschossen wird, berührt zur gleichen Zeit den Boden wie eine Kugel, die man einfach neben der Kanone herabfallen läßt – auch wenn die abgeschossene inzwischen kilometerweit geflogen ist. Die geschossene Kanonenkugel scheint nur deshalb langsamer zu Boden zu gehen, weil sie so blitzschnell und so weit von uns wegfliegt, bis wir sie aus den Augen verlieren. Es ist aber tatsächlich so: Die weit geschossene Kugel und die zu unseren Füßen erreichen beide gleichzeitig den Boden.

Galileis erfolgreiche Betrachtungsweise, daß zwei Dimensionen als zwei Varianten von einer Dimension aufgefaßt werden können, mindestens was die Bewegung angeht, haben sich die Physiker bis heute zu eigen gemacht. Der größte Teil der modernen Physik beruht drauf zu zeigen, daß neue Probleme, mit welchen Tricks auch immer, auf bereits gelöste Probleme zurückgeführt werden können. Das ist auch der Grund, daß die Anzahl der Arten von Problemen, die man exakt lösen kann, an zehn Fingern abzuzählen sind – vielleicht noch mit ein paar Zehen dazu. Ein Beispiel dafür: Wir leben zufällig in einem dreidimensionalen Raum, und doch ist es uns tatsächlich unmöglich, die meisten dreidimensionalen Probleme vollständig zu lösen, auch wenn wir dazu die leistungsfähigsten Computer einsetzen. Man kommt jedoch weiter, wenn man zunächst zeigt, daß einige Aspekte des Problems überflüssig sind. Danach kann man auf lösbare ein- oder zweidimensionale Probleme zurückgreifen. Ein anderer Weg ist die Zerlegung des Problems in eine Reihe voneinander unabhängiger lösbarer ein- oder zweidimensionaler Probleme. Wichtig ist dabei, daß diese verschiedenen Teile des Problems voneinander unabhängig behandelt werden können.

Beispiele für dieses Vorgehen finden wir überall. Ich habe schon unser Bild von der Sonne besprochen: In jeweils gleichem Abstand vom Zentrum können wir annehmen, daß ihre innere Struktur rundum die gleiche ist. Das ermöglicht uns, das Innere der Sonne von einem dreidimensionalen tatsächlich auf ein eindimensionales Problem zu reduzieren, das vollständig mit Ausdrücken des Abstands r vom Sonnenzentrum beschrieben wird.

Ein aktuelleres Beispiel solch einer Situation, in der wir die Drei-dimensionalität zwar nicht ignorieren, aber in kleinere Stücke aufbrechen, finden wir näher bei uns als die Sonne: im Mikrokosmos. Die Gesetze der Quantenmechanik regieren das Geschick der Atome und der Teilchen, aus denen die Atome zusammengesetzt sind. Durch sie konnten wir die Gesetze der Chemie aufhellen. So wurde die Struktur der Atome geklärt, aus denen sich jeder Stoff in der Welt zusammensetzt. Das einfachste Atom ist das Wasserstoffatom, das nur aus einem einzigen positiv geladenen Teilchen in seinem Zentrum besteht, dem Proton, das von einem einzigen, negativ geladenen Teilchen umrundet wird, dem Elektron. Die quantenmechanische Lösung selbst eines so einfachen Systems ist ganz schön umfangreich. Das Elektron kann in einer Reihe von bestimmten Zuständen verschiedener Gesamtenergie existieren. Jede dieser Hauptenergiestufen ist selbst wieder unterteilt in Zustände, in denen die Gestalt der Elektronenbahnen verschieden ist. Das gesamte innere Geschehen der Chemie – verantwortlich für die Biologie des Lebens und vieles andere – ist in gewisser Weise ein Ausfluß aus den einfachen Rechenregeln für die Durchnummerierung solcher möglicher Energiezustände. Elemente, bei denen praktisch alle Zustände mit Elektronen besetzt sind, bei denen jedoch eines in einem bestimmten Zustand fehlt, neigen dazu, andere Elemente chemisch an sich zu binden, die gerade ein Elektron im höchsten Energiezustand besitzen. Kochsalz, chemisch Natriumchlorid genannt, existiert zum Beispiel deshalb, weil das Natrium sich ein Elektron mit dem Chlor teilt. Dieses Elektron umkreist einsam weit außen das Chlor, und das Natrium benötigt es, um die klaffende Lücke in seinem höchsten Energieniveau zu füllen.

Die Niveau-Struktur auch nur des einfachsten aller Atome zu entschlüsseln, des Wasserstoffatoms, war nur möglich, weil wir die dreidimensionale Natur solcher Systeme als zusammengesetzt aus zwei unterschiedlichen Komponenten erkannt hatten. Eine Komponente ist ein eindimensionales Problem, das einfach als radialer Abstand des Elektrons vom Proton, dem Kern des Atoms, verstanden wird. Die andere Komponente besteht in einem zweidimensionalen Problem, das die Winkelverteilung der „Kreisbahnen" der Elektronen im Atom betrifft. Beide Probleme wurden jeweils getrennt gelöst und dann miteinander verknüpft, und so enthüllte sich die Schar der Energiezustände im Wasserstoffatom.

Nun zu einem modernen und zugleich exotischeren Beispiel, das aber ähnlich gelagert ist. Stephen Hawking wurde 1974 weltweit bekannt, als er zeigte, daß Schwarze Löcher nicht schwarz sind – das heißt, sie geben eine Strahlung ab, deren Temperatur für die Masse des Schwarzen Lochs charakteristisch ist. Diese Entdeckung war deshalb so überraschend, weil Schwarze Löcher ja gerade deshalb so genannt werden, weil das Gravitationsfeld an ihrer Oberfläche so übermächtig ist: Nichts kann in den Raum entweichen, nicht einmal das Licht. Wie aber sollten dann Schwarze Löcher trotzdem strahlen können? Hawking zeigte, daß in dem starken Gravitationsfeld eines Schwarzen Loches die Gesetze der Quantenmechanik diese Forderung des klassischen Denkens nicht gelten lassen. Solches Außer-Kraft-Setzen von klassischen Grundgesetzen ist in der Quantenmechanik an der Tagesordnung. In unserem klassischen Weltbild kann zum Beispiel niemand, der in einem Tal zwischen zwei Bergrücken spaziert, in das Nachbartal gelangen, ohne daß er über das Gebirge klettert. In der Quantenmechanik jedoch kann ein Elektron in einem Atom etwas, das zunächst unmöglich scheint. Es ist mit einer bestimmten Energie an das Atom gebunden, es ist wie von einem Energiewall umgeben. Seine Energie reicht nicht, den Wall zu überklettern. Doch zuweilen schafft es das Elektron, durch den Wall hindurch zu „tunneln". Plötzlich ist es draußen im Freien, befreit von den elektrischen Fesseln des Atoms!

Ein Standard-Beispiel dafür ist der radioaktive Zerfall. Die im Atomkern fest eingefrorene Partikel-Struktur aus Protonen und Neutronen kann sich urplötzlich ändern. Je nach den Eigenheiten eines bestimmten Atoms und seines Kerns – so lehrt uns die Quantenmechanik – ist es für eines oder mehrere Kernteilchen möglich, dem Kern zu entkommen, auch wenn sie nach den klassischen Vorstellungen hier auf ewig eingekerkert sein sollten.

Ein anderes Beispiel: Wenn ein Ball gegen eine Fensterscheibe fliegt, wird er sie – bei genügender Energie – zertrümmern und im Wohnzimer des Nachbarn landen. Oder er prallt von der Scheibe zurück, und sonst passiert nichts. Wenn der Ball jedoch so klein ist, daß sein Verhalten von quantenmechanischen Prinzipien regiert wird, sieht die Sache ganz anders aus. Elektronen etwa, die auf eine dünne Barriere treffen, können beides zugleich! Auch dazu ein Beispiel aus unserem Alltag: Licht fällt auf irgendeine spiegelnde Oberfläche und wird reflektiert. Ist der Spiegel jedoch dünn genug, kann ein Teil des Lichts durch den Spiegel hindurch „tunneln" und auf der Rückseite wieder zum Vorschein kommen. Ich werde später erklären, wie dieses merkwürdige Benehmen des Lichts zustande kommt. Glauben Sie mir vorerst einfach, daß es so ist.

Hawking zeigte, daß ähnliche Merkwürdigkeiten auch bei einem Schwarzen Loch passieren: Teilchen können die Barriere der Gravitation über der Oberfläche eines Schwarzen Lochs durchtunneln und entfliehen. Diese Erkenntnis war wie ein Gewaltstreich, denn zum erstenmal wurden die Gesetze der Quantenmechanik mit der allgemeinen Relativitätstheorie verknüpft – und heraus kam ein neues Phänomen. Doch auch hier war das – ähnlich wie bei der Entschleierung des Wasserstoffatoms – nur möglich, weil die quantenmechanischen Zustände der Teilchen rund um das Schwarze Loch aufteilbar waren – das heißt, die dreidimensionale Berechnung kann effektiv in ein eindimensionales Problem und ein davon unabhängiges zweidimensionales aufgeteilt werden. Ohne diese Vereinfachung würden wir bei den Schwarzen Löchern immer noch im dunkeln tappen.

Diese technischen Tricks mögen sehr interessant sein, doch sie sind nur die Spitze des Eisbergs. Der wirkliche Grund dafür, warum wir Physiker uns selbst wiederholen, wenn wir neue Gesetze entdecken, ist nicht so sehr eine Dickköpfigkeit von uns oder ein Mangel an Phantasie, sondern liegt im Charakter der Natur. Sie ist es selbst, die sich ständig wiederholt. Aus diesem Grund schauen wir uns immer in der gesamten Physik um, ob es sich bei etwas Neuem nicht in Wirklichkeit um eine Wiederentdeckung von alter Physik handelt. Als Newton sein universelles Gravitationsgesetz entdeckte, profitierte er ganz kräftig von den Beobachtungen und Analysen des Galilei, wie ich es bereits beschrieben habe. Ebenso profitierte er von der Sammlung sorgfältiger Beobachtungen des dänischen Astronomen Tycho Brahe, die von dessen Schüler Johannes Kepler analysiert wurden, einem Zeitgenossen des Galilei.

Beide, Brahe und Kepler, waren bemerkenswerte Persönlichkeiten. Tycho Brahe entstammte einem reichen schwedischen Adelsgeschlecht und wurde nach seinen Beobachtungen der Supernova im Jahre 1572 einer der berühmtesten Astronomen in ganz Europa. Der dänische König Frederick II. schenkte ihm die Insel Hven, damit er hier eine Beobachtungsstation errichten könne. Einige Jahre später jedoch wurde er vom Nachfolger Fredericks von dort vertrieben. Trotz seiner – vielleicht auch wegen seiner – Arroganz (und einer falschen Nase aus Metall) schaffte es Brahe, innerhalb von zehn Jahren die Präzision astronomischer Meßtechnik um den Faktor 10 zu steigern, weit über das hinaus, was vorher tausend Jahre lang als Standard galt – und das alles ohne Teleskop! In Prag, wohin er von Dänemark aus gegangen war, holte Brahe ein Jahr vor seinem Tode den jungen Kepler zu sich. Er sollte die schwierigen analytischen Berechnungen durchführen, die nötig waren, um die vielen einzelnen Beobachtungen der Planetenbewegung in eine geschlossene Weltsicht zu überführen.

Johannes Kepler kam aus einer anderen Welt: Seine Familie lebte in bescheidenen Verhältnissen. Zeitlebens hatte er finanzielle Sorgen. Neben seinen wissenschaftlichen Arbeiten mußte Kepler auch viel Zeit und Energie aufbringen, um seine Mutter erfolgreich vor Verfolgungen zu schützen: Sie war in Württemberg als Hexe angeklagt. Außerdem schrieb er einen Bericht, den man vielleicht als die erste Science-fiction-Geschichte bezeichnen könnte: Sie handelt von einer Reise zum Mond. Daneben bewältigte Kepler seine damalige Hauptaufgabe, die Daten in Brahes Aufzeichnungen zu analysieren, die er nach dessen Tod übernommen hatte. Mit einem beispiellosen Eifer, ohne Hilfe etwa eines PC oder gar eines Supercomputers, löste er das Geheimnis einer komplizierten Datenanalyse, die den wichtigsten Schritt in seiner Laufbahn ausmachen sollte. Ausgehend von den endlosen Zahlenkolonnen mit den Positionen der Planeten gelangte er zu seinen drei berühmten Gesetzen der Planetenbewegung, die seinen Namen unsterblich machten und die Newton den Schlüssel lieferten zum Geheimnis der Gravitation.

Eines der Keplerschen Gesetze erwähnte ich früher schon: Die Planeten laufen so um die Sonne, daß die Verbindungslinie zwischen Planet und Sonne in gleichen Zeiten jeweils gleiche Flächen überstreicht. Das brachte Newton zu der Erkenntnis, daß es eine Kraft geben müsse, die die Planeten zur Sonne hinzieht. Wir sind heute so an diese Vorstellungen gewöhnt, daß ich bei jeder Gelegenheit betont darauf hinweise: Diese Idee ist alles andere als selbstverständlich!

In den Jahrhunderten vor Newton wurde stets angenommen, daß die Kraft, die die Planeten auf ihrer Bahn um die Sonne hält, von irgend etwas ausgehen müsse, das sie beständig vorwärtsstößt. Newton verließ sich einfach auf Galileis Gesetz von der Gleichförmigkeit der Bewegung, die Annahme einer zusätzlichen Kraft war damit unnötig. Er bewies sogar eine interessante Folgerung aus Galileis Ergebnis, daß die Bahn von in die Luft geworfenen Objekten eine Parabel ist, deren horizontale Geschwindigkeit konstant ist: Ein Objekt, das genügend schnell waagerecht abgeschossen wird, könnte schließlich die Erde umrunden. Dank der Krümmung der Erde würde das Objekt ständig in Richtung Erde „fallen". Bei genügend großer Anfangsgeschwindigkeit würde die konstante horizontale Bewegung das Objekt weit genug fallen lassen, so daß es beständig in einer konstanten Entfernung von der Erdoberfläche weiterfliegen würde. Ich hatte auf Seite 82 geschrieben, daß eine Kanonenkugel, die horizontal kilometerweit von einer Kanone abgeschossen wird, zur gleichen Zeit den Boden berührt wie eine Kugel, die man einfach neben der Kanone herabfallen läßt. Das stimmt genau genommen nur für einige Kilometer, so weit man die Erde als eben, wie eine flache Scheibe betrachten kann. Wenn die Erde aber wegen ihrer Kugelgestalt von der Geraden weg nach unten weicht, wird sie von der ebenso stark nach unten fallenden Kugel nicht mehr erreicht.

Das wird anschaulich mit dem untenstehenden Bild, einer Kopie aus Newtons „Prinzipia":

Hat man einmal erkannt, daß eine Kraft, die stets abwärts zur Erde zieht, einen Körper veranlassen kann, beständig und in alle Ewigkeit zu ihm hin zu fallen – was wir einen Orbit nennen –, dann ist kein besonders großer Gedankensprung mehr nötig bis zu der Vorstellung, daß Objekte, die um die Sonne kreisen, zum Beispiel Planeten, ständig zur Sonne hingezogen und nicht um sie herumgestoßen werden. Die Tatsache, daß Objekte in einem Orbit beständig fallen, ist ja auch verantwortlich für die Schwerelosigkeit, die die Astronauten spüren. Das bedeutet keineswegs eine Abwesenheit der Gravitation, wie man es zuweilen in Presseberichten liest: „... verließ die Rakete das Schwerefeld der Erde ...". In der Entfernung der niedrigen Satelliten wirkt die Gravitation praktisch genauso stark auf die kreisenden Raumfahrzeuge und Astronauten wie am Erdboden.

Ein weiteres Keplersches Gesetz der Planetenbewegungen liefert die Sahne zum Kuchen. Es eröffnete einen quantitativen Zugang zur Berechnung der Gravitationsanziehung zwischen den Körpern, denn es lieferte eine mathematische Gleichung zwischen der Länge eines Jahres für jeden Planeten – die Zeit, die er braucht, um die Sonne einmal zu umrunden – und seiner Entfernung von der Sonne. Mit Hilfe dieses Gesetzes kann man ganz leicht ausrechnen, wie die Geschwindigkeit der Planeten um die Sonne in einem festen Verhältnis mit dem Abstand von der Sonne geringer wird. Im besonderen zeigten Keplers Gesetze, daß die Geschwindigkeit der Planeten umgekehrt proportional mit der Wurzel aus ihrem Abstand von der Sonne abnimmt.

Ausgerüstet mit dieser Kenntnis und mit seiner eigenen Verallgemeinerung der Galileischen Ergebnisse, daß die Beschleunigung bewegter Körper der Kraft proportional sein müsse, die auf sie wirkt, konnte Newton zeigen: Wenn Planeten zur Sonne hingezogen werden durch eine Kraft, die dem Produkt aus ihrer eigenen und der Sonnenmasse geteilt durch das Quadrat ihres gegenseitigen Abstands proportional ist, dann folgt daraus ganz natürlich Keplers Geschwindigkeitsgesetz. Und noch mehr konnte er zeigen: Die Konstante in dieser Proportionalität ist exakt gleich dem Produkt aus der Sonnenmasse und der Stärke der Gravitationsanziehung. Wenn diese zwischen allen Objekten universell gleich ist, dann kann sie durch eine Konstante dargestellt werden, die wir heute G nennen.

Die Konstante direkt zu bestimmen, überstieg bei weitem die Meßmöglichkeiten seiner Zeit. Das brauchte Newton auch gar nicht, um zu zeigen, daß sein Gesetz richtig war. Auf der Grundlage, daß es die gleiche Kraft ist, die die Planeten auf ihrer Bahn um die Sonne hält und ebenso den Mond auf seiner Bahn um die Erde, verglich er die vorausgesagte Bewegung des Mondes, indem er die gemessene Abwärtsbewegung fallender Körper an der Erdoberfläche auf die Mondbahn extrapolierte und das Ergebnis mit der tatsächlich gemessenen Bewegung verglich, insbesondere, daß der Mond 28 Tage braucht, um einmal die Erde zu umrunden. Seine Berechnungen und diese altbekannte Tatsache stimmten perfekt überein. Schließlich stellte er auch fest, daß auch die Monde des Jupiter Keplers Gesetzen der Planetenbewegung gehorchten, diesmal übertragen auf eine Umkreisung des Jupiter. Und so dürfte es über jeden Zweifel erhaben sein, daß Newtons Gesetz universell gilt.

Nun, ich erzähle diese Geschichte nicht etwa, um zu wiederholen, daß die Beobachtung, *wie* Körper sich bewegen – in diesem Fall die Planeten – zu einem Verständnis dazu führt, *warum* sie sich bewegen. Es geht mir vielmehr darum zu zeigen, wie sich diese Ergebnisse auch in unserer modernen Forschung bewährt haben. Ich beginne mit einer wundervollen Begebenheit, die auf den britischen Wissenschaftler Henry Cavendish zurückgeht, ungefähr 150 Jahre nachdem Newton das Gravitationsgesetz entdeckt hatte.

Als ich promoviert hatte und eine Postdoc-Stelle an der Harvard University bekam, lernte ich dort sehr bald eine wertvolle Lektion: Wenn man eine wissenschaftliche Abhandlung verfaßt, ist es wichtig, einen zugkräftigen Titel zu haben. Damals dachte ich noch, das wäre ein moderner Zug in der Wissenschaft, aber ich merkte schnell, daß dies eine längere Tradition hatte, die mindestens auf Cavendish im Jahre 1798 zurückgeht.

Cavendish gilt als derjenige, der erstmals ein Experiment machte, um direkt im Labor die Gravitationsanziehung zwischen zwei bekannten Massen zu bestimmen. So konnte er zum erstenmal die Größe der Gravitation messen und den Wert für G bestimmen. Als er seine Ergebnisse der Royal Society mitteilte, betitelte er seinen Artikel nicht etwa mit „Über das Messen der Stärke der Gravitation" oder „Eine Bestimmung von Newtons Konstante G". Nein, er nannte ihn „Wie man die Erde wiegt"! Es gab gute Gründe für diesen populären, reißerischen und zugleich treffenden Titel. Damals war Newtons Gravitationsgesetz allgemein akzeptiert, und so stand im Vorwort, daß diese Kraft der Gravitation verantwortlich sei für die beobachtete Bewegung des Mondes um die Erde. Man kann die Entfernung zum Mond messen – was auch schon im 17. Jahrhundert leicht war –, indem man die Änderung des Winkels mißt, den der Mond zum Horizont einnimmt, und ihn zur gleichen Zeit von verschiedenen Orten aus beobachtet. Das ist die gleiche Technik, die Geodäten benutzen, wenn sie Entfernungen auf der Erde messen. Kennt man die Periode des Mondumlaufs – rund 28 Tage –, dann kann man leicht die Geschwindigkeit des Mondes um die Erde ausrechnen. Newtons großer Erfolg beruhte eben nicht darauf, Keplers Gesetz zu erklären, sondern er zeigte etwas viel Wichtigeres: Man kann das gleiche Gesetz auf die Bewegung des Mondes und auf fallende Objekte an der Erdoberfläche anwenden. Sein Gravitationsgesetz sagt aus, daß die Proportionalitätskonstante im ersten Fall gleich dem Produkt von G und der Masse der Sonne ist und im zweiten Fall von G und der Masse der Erde.

Daß G in beiden Fällen gleich groß ist, hat er nie bewiesen. Es war eine Vermutung, die sich auf die Annahme stützte, daß die Natur das Einfache bevorzuge, und auf die Beobachtung, daß die Größe von G für fallende Objekte an der Erdoberfläche genauso groß sein müsse wie für den Mond, und daß der Wert von G, wenn man ihn auf die Planetenbahnen um die Sonne anwandte, für alle Planeten gleich groß sein müsse. So führte eine einfache Extrapolation zu der Vermutung, daß ein einziger Wert von G ausreichen müsse für alles.

Kennt man die Entfernung des Mondes von der Erde und die Geschwindigkeit auf seiner Bahn, kann man wohlgemut zu Newtons Gesetz greifen und das Produkt von G mit der Masse der Erde bilden. Allein aus der Kenntnis der Größe von G kann man nicht die Masse der Erde ableiten. Und so war Cavendish der erste, der die Größe von G bestimmte, 150 Jahre nachdem Newton sie geboren hatte. Er war der erste, der in der Lage war, die Masse der Erde zu bestimmen – sie zu wiegen. Die letzte Feststellung klingt ein bißchen aufregender, und so wählte er dies als Titel seiner Abhandlung.

Cavendish wußte, wie wichtig es ist, sich publikumswirksam zu verkaufen. Und er hatte ja schließlich auch etwas zu verkaufen, die Technik nämlich, die er sich ausgedacht hatte, um die Erde zu wiegen: Newtons Gesetz so weit in den Raum hinaus auszudehnen, wie er nur konnte.

Beides gilt auch heute noch als empfehlenswert. Die besten Meßwerte von der Sonnenmasse beruhen exakt auf dem gleichen Vorgehen: Man hat nicht die Sonne selbst auf die Waage gelegt, sondern nur mit den Abständen und Bahngeschwindigkeiten jedes einzelnen der Planeten gerechnet. Diese Methode ist tatsächlich so gut, daß wir, wenigstens im Prinzip, die Masse der Sonne mit einer Genauigkeit von 1 zu 1 000 000 messen könnten, ausgehend von den Daten des Planetensystems. Doch unglücklicherweise ist Newtons Konstante das schwächste Glied in dieser Kette, die am dürftigsten bekannte Konstante der Natur. Wir kennen sie nur mit einer Genauigkeit von etwa 1 zu 10 000. Und so ist auch die Kenntnis der Sonnenmasse durch diese „Ungenauigkeit" begrenzt.

Doch wir sollten uns dadurch nicht entmutigen lassen. Unsere Sonne – und damit das gesamte Sonnensystem – kreist in den äußeren Bereichen mit der sich drehenden Milchstraße, und so können wir die bekannte Entfernung der Sonne vom Zentrum der Milchstraße (ungefähr 25 000 Lichtjahre) und ihre bekannte Kreisgeschwindigkeit (ungefähr 220 Kilometer pro Sekunde) benutzen, um die Milchstraße zu „wiegen". Auf diese Weise finden wir, daß die Masse der Materie, die innerhalb unseres Kreises um das Galaxienzentrum eingeschlossen ist, ungefähr hundert Milliarden Sonnenmassen entspricht. Das ist doch ein ermutigendes Ergebnis, denn das gesamte Licht, das unsere Galaxis ausstrahlt, entspricht ungefähr dem, was rund hundert Milliarden Sterne ausstrahlen, die etwa so groß sind wie unsere Sonne. Diese beiden Beobachtungen sind eine schöne Bestätigung dafür, was ich früher schon einmal erwähnt hatte: daß es in unserer Galaxis ungefähr hundert Milliarden Sterne gibt.

Wenn wir solche Messungen auf Objekte übertragen, die immer weiter vom Zentrum unserer Galaxis entfernt sind, und ihre Geschwindigkeit messen, stellen wir jedoch etwas ganz Eigenartiges fest. Eigentlich müßte ihre Geschwindigkeit abnehmen, wenn alle Massen unserer Galaxis in der Gegend konzentriert sind, wo wir die Sterne sehen. Die Geschwindigkeit bleibt jedoch konstant. Das führte zu der Vermutung, daß es mehr Massen gibt, die außerhalb der Gegend liegen, wo wir die Sterne leuchten sehen. Und tatsächlich lassen die heutigen Forschungen vermuten, daß es mindestens zehnmal mehr Materie weit draußen gibt, als wir dort leuchten sehen! Auch Beobachtungen von der Bewegung der Sterne in anderen Galaxien bestätigen diese Feststellung. Und wenn wir die Gültigkeit von Newtons Gesetz nun auch auf die beobachtete Bewegung ganzer Galaxien ausdehnen, die sich in großen Haufen von Galaxien befinden, können wir das gesamte Universum wiegen. Und wieder stoßen wir auf diese merkwürdige Diskrepanz zwischen sichtbaren und gravitativ wirkenden Massen. Das erstaunliche Ergebnis: Mindestens 90 Prozent der Massen im gesamten Universum sind „dunkel".

Die Beobachtung, daß das Universum von etwas beherrscht wird, was wir dunkle Materie nennen, gehört zu den aufregendsten Geheimnissen der modernen Physik, die die Wissenschaftler zu intensiven Forschungen anspornen. Es würde ein ganzes Buch füllen, um angemessen die Anstrengungen der Astronomen zu beschreiben, die herausfinden wollen, was dieser geheimnisvolle Stoff wohl sein mag. Ich selbst habe auch schon ein Buch zu diesem Thema geschrieben. An dieser Stelle erwähne ich das nur, weil dieses hochmoderne Problem der Forschung sich auf die gleiche Meßmethode stützt, die Cavendish vor 200 Jahren benutzte, um zum erstenmal die Erde zu wiegen.

Eine Frage liegt Ihnen vielleicht schon länger auf der Zunge: Woher nehmen wir eigentlich die Zuversicht, Newtons Gesetz auch in so fernen Tiefen des Alls für gültig zu halten? Eine völlig neue Art von nichtleuchtender Materie anzunehmen, um damit das Universum zu füllen, scheint doch ein recht verwegener Gedanke. Warum akzeptieren wir statt dessen nicht einfach, daß Newtons Gravitationsgesetz auf galaktischen und noch größeren Skalen nicht anwendbar sein könnte? Es mag Ihnen zunächst merkwürdig erscheinen, aber ich hoffe, daß ich Ihnen mit meinen Argumenten klarmachen kann, daß es für die Physiker eine konventionellere Denkweise ist, das Universum mit dunkler Materie gefüllt anzunehmen, als Newtons Gesetz über Bord zu werfen. Die Newtonsche Gravitation hat bisher jegliche Bewegung aller Dinge unter der Sonne perfekt beschrieben. Wir haben keinerlei Grund anzunehmen, daß das auf größeren Skalen nicht funktionieren sollte. Es wäre nicht das erste Mal, daß Newtons Gesetz solch eine Herausforderung siegreich überstehen würde. Nur ein Beispiel dafür: Kaum war der Planet Uranus entdeckt, da zeigte sich, daß seine Bewegung – er war das von der Sonne am weitesten entfernte damals bekannte

Objekt im Sonnensystem – nicht allein durch die Newtonsche Gravitationsanziehung der Sonne und der anderen Planeten erklärt werden konnte. Hätte das der erste Hinweis auf ein Versagen des universellen Gesetzes sein können? Ohne weiteres, aber es war viel einfacher anzunehmen, daß die beobachtete Bewegung durch etwas gestört würde, das man noch nicht entdeckt hatte, ein „dunkles" Objekt. Mit sorgfältigen Berechnungen auf der Grundlage von Newtons Gesetz bestimmten die Astronomen vor 150 Jahren den Ort für solch einen hypothetischen, anziehenden Störenfried, und als man die Teleskope genau auf diese Stelle richtete, entdeckte man dort den Planeten Neptun. Ganz ähnliche Beobachtungen und Berechnungen an Neptuns Bewegung führten 1930 zur Entdeckung des Planeten Pluto.

Ein noch älteres Beispiel soll zeigen, wie nützlich es sein kann, an einem Gesetz festzuhalten, das sich bewährt hat. Häufige Herausforderungen an solch ein Gesetz können sogar zu aufregenden neuen physikalischen Entdeckungen führen, die mit dem Gesetz selbst gar nichts zu tun haben. So beobachtete zum Beispiel im 17. Jahrhundert der dänische Astronom Ole Römer die Bewegung der Jupitermonde und entdeckte dabei etwas ganz Seltsames. In einer bestimmten Jahreszeit kamen die Monde etwa acht Minuten früher hinter dem Jupiter hervor, als man es erwarten sollte, wenn man ihre Bewegung nach Newtons Gesetz berechnete. Sechs Monate später kamen die Monde acht Minuten zu spät. Römer führte das nicht etwa auf ein Versagen von Newtons Gesetz zurück, sondern hielt es für eine Auswirkung der Tatsache, daß das Licht nicht unendlich schnell durch den Raum läuft. Sie mögen sich daran erinnern, daß das Licht die Entfernung zwischen der Erde und der Sonne in etwa acht Minuten zurücklegt. So gesehen ist die Erde zu einer bestimmten Zeit des Jahres um 16 „Lichtminuten" näher am Jupiter als zu der Zeit, wo sie gerade auf der anderen Seite der Sonne ihre Bahn zieht. Das ist der Grund für die 16-Minuten-Differenz beim Umlauf der Jupitermonde. So konnte Römer tatsächlich die Lichtgeschwindigkeit exakt abschätzen, 200 Jahre bevor man sie direkt messen konnte.

Ob wir nach dieser Methode immer größere Bereiche des Universums wiegen können, wie wir schon die Erde und die Sonne gewogen haben, ist natürlich nicht sicher, aber vernünftig scheint der Gedanke schon zu sein. Er bietet auch die größten Aussichten auf einen Fortschritt. Doch eine einzige eindeutige Beobachtung, die der Theorie widerspricht, würde ausreichen, sie über den Haufen zu werfen. Die Merkwürdigkeiten in der Bewegung von Objekten in unserer Milchstraße und anderen Galaxien sind jedoch noch kein solch endgültiger eindeutiger Test. Sie können erklärt werden durch die Existenz von dunkler Materie, und für diese Annahme gibt es auch noch eine Reihe weiterer Argumente, die damit zusammenhängen, wie sich die großen Strukturen im Universum gebildet haben. Weitere Beobachtungen werden uns darüber aufklären, ob das starre Festhalten an der Theorie sich bewährt. Vielleicht entdecken wir damit eines Tages den Stoff, aus dem der größte Teil des Universums besteht.

Ich erhielt zahlreiche Briefe zu meinem Buch über die dunkle Materie von Leuten, die davon überzeugt sind, daß die Beobachtungen, wie ich sie hier beschrieben habe, ein eindeutiger Beweis für ihre eigenen abstrusen Ideen seien. Die in den eingefahrenen Gleisen der etablierten Wissenschaft gefangenen „Professionellen" – so ein häufiges Argument – hätten nicht den ungetrübten Weitblick, sich überhaupt damit zu befassen. Ich wünschte, ich könnte sie davon überzeugen, daß Weitblick in der Physik auch in einer beharrlichen Treue zu wohlbewährten Ideen bestehen kann – so lange treu, bis es eine endgültige Evidenz dafür gibt, daß man sie ändern muß. Die meisten der wesentlichen Revolutionen in diesem Jahrhundert gründeten sich nicht darauf, alte Vorstellungen fallen zu lassen, sondern vielmehr darauf, sie anzupassen, um mit der neuen Weisheit das anstehende experimentelle oder theoretische Rätsel zu lösen. Feynman, einer der originellsten Physiker unserer Zeit, drückte es so aus: „Wissenschaftliche Kreativität ist Vorstellungskraft in der Zwangsjacke."

Betrachten wir als Beispiel die berühmteste Revolution der Physik in unserem Jahrhundert: Einsteins Entwicklung der speziellen Relativitätstheorie, die – das wird niemand leugnen – unsere Vorstellung von Raum und Zeit vollständig umgekrempelt hat. Doch der Ursprung dieser Idee war der weit weniger ehrgeiziger Versuch, zwei wohlfundierte physikalische Gesetze miteinander in Einklang zu bringen. In der Tat hatte Einstein mit seinen Arbeiten eigentlich nichts weiter im Sinn, als die moderne Physik in eine Form zu drücken, in der sie zu Galileis Relativitätsprinzip paßte, das drei Jahrhunderte früher entwickelt worden war. So gesehen kann die Logik, die hinter Einsteins Theorie steckt, ganz einfach dargestellt werden: Galilei hatte mit seinen Untersuchungen zur gleichförmigen Bewegung gezeigt, daß die Gesetze der Physik, wie sie von jedem gleichförmig bewegten Beobachter gefunden werden – einschließlich eines Beobachters in Ruhe –, immer die gleichen sein müßten. Das führte zu einer überraschenden Konsequenz: Es gibt keinerlei Experiment, mit dem Sie eindeutig beweisen können, daß Sie in Ruhe sind. Jeder Beobachter, der sich mit einer konstanten Geschwindigkeit gegenüber einem anderen Beobachter bewegt, kann ruhigen Gewissens behaupten, daß er in Ruhe ist und der andere sich bewegt. Kein Experiment, das einer von beiden durchführt, wird entscheiden können, wer von ihnen in Bewegung ist. Diese Erfahrung haben wir alle schon einmal gemacht: Sie sind im Bahnhof in einen Zug gestiegen und schauen auf einen Zug am Nachbarbahnsteig, der gerade abfährt. Man läßt sich leicht täuschen, denn es ist gar nicht so leicht, auf Anhieb zu entscheiden, welcher der beiden Züge sich in Bewegung setzt. Früher, bei den altertümlichen Gleisanlagen, war das einfacher: Sie brauchten nur abzuwarten, ob Sie die Stöße der Schienen spürten oder nicht.

Eine der vielleicht wichtigsten Entwicklungen in der Physik des 19. Jahrhunderts verdanken wir dem herausragenden theoretischen Physiker James Clark Maxwell. Ihm gelang der entscheidende Durchbruch zur Vollendung einer kompletten Theorie des Elektromagnetismus. Sie erklärt in sich schlüssig alle physikalischen Phänomene, die heute unser Leben bestimmen – vom Grundverständnis des elektrischen Stromes bis zu den Gesetzen, denen Generatoren und Motoren gehorchen. Der krönende

Schluß dieser Theorie war, daß sie „voraussagte", daß es Licht geben müsse. Darauf werde ich später noch zurückkommen.

Im frühen 19. Jahrhundert hatten einige Physiker – besonders der britische Wissenschaftler Michael Faraday, der vom Buchbinder-Lehrling zum Direktor der Royal Institution aufstieg – eine bemerkenswerte Verbindung zwischen den magnetischen und elektrischen Kräften festgestellt. Zu Beginn des Jahrhunderts schien es noch so, als ob diese beiden Kräfte, die den Naturphilosophen wohlbekannt waren, unterschiedlicher Natur seien. Tatsächlich scheinen sie das auf den ersten Blick auch zu sein. Magnete haben zum Beispiel immer zwei „Pole", einen Nord- und einen Südpol. Nordpole ziehen Südpole an, und umgekehrt. Wenn Sie einen Magneten jedoch in zwei Hälften schneiden, haben sie nicht etwa einen isolierten Nord- und einen Südpol, sondern Sie erzeugen nur zwei neue kleinere Magnete, und jeder von ihnen hat wieder seine beiden Pole. Auf der anderen Seite die elektrische Ladung: Sie kommt auch in zwei Typen vor, die von Benjamin Franklin negative und positive Ladung genannt wurden. Negative Ladungen ziehen positive an, und umgekehrt. Anders als bei Magneten jedoch können positive und negative Ladungen ohne weiteres voneinander getrennt werden.

Im Laufe der ersten Hälfte des Jahrhunderts tauchten neue Verknüpfungen zwischen Elektrizität und Magnetismus auf. Zuerst wurde festgestellt, daß magnetische Felder, also Magnete, durch bewegte elektrische Ladungen erzeugt werden können, das heißt durch elektrischen Strom. Als nächstes zeigte sich, daß ein Magnet die Richtung einer bewegten elektrischen Ladung veränderte. Eine noch viel größere Überraschung war jedoch, als Faraday – und unabhängig von ihm der amerikanische Physiker Joseph Henry – entdeckte, daß ein bewegter Magnet sogar ein elektrisches Feld erzeugen und einen Strom fließen lassen konnte.

Es gibt eine interessante Story, die in der Zeit dieser Entdeckung spielt, und ich kann nicht umhin, sie zu erzählen. Jetzt ist sie wieder besonders aktuell, nachdem von den Politikern nach langen Diskussionen der Bau des supraleitenden Supercolliders,

SSC, gestoppt wurde – ich werde später noch auf diesen Super-Teilchenbeschleuniger zurückkommen. Faraday, als Direktor der Royal Institution, betrieb „reine" Forschung – das heißt, er versuchte das grundlegende Wesen von elektrischen und magnetischen Kräften zu ergründen, und dabei ging es ihm überhaupt nicht um eventuelle technologische Anwendungen – zu jener Zeit war so eine Argumentation offenbar noch nicht so wichtig wie heute. Auf jeden Fall wurde aufgrund dieser Forschung die gesamte moderne Technologie erst möglich: das Prinzip, auf dem sich die gesamte Elektrizitätserzeugung heute gründet, das grundlegende Prinzip des Elektromotors und praktisch aller elektrischen Apparate.

Während Faradays Amtszeit als Direktor der Royal Institution besuchte einmal – so wird berichtet – der Premierminister von England sein Labor. Er äußerte sich abfällig über die Grundlagenforschung und fragte lautstark, ob dieser Schnickschnack hier im Labor auch zu irgend etwas nütze sei. Faraday entgegnete ruhig und ohne Zögern, daß diese „unnütze" Forschung sehr nützlich sei, so nützlich sogar, daß die Regierung Ihrer Majestät eines Tages recht ansehnliche Steuereinnahmen davon haben würde! Er sollte recht behalten.

Kehren wir zum Kern dieser Entdeckung zurück. Mitte des 19. Jahrhunderts war klar, daß es eine grundlegende Beziehung zwischen Elektrizität und Magnetismus gab, aber man fand kein einheitliches Bild für die beiden Phänomene. Es war Maxwells bedeutender Beitrag, die elektrischen und magnetischen Kräfte in einer einheitlichen Theorie zusammenzufassen. Er zeigte, daß die beiden verschiedenen Kräfte in Wirklichkeit wie zwei Seiten der gleichen Münze erscheinen. Im besonderen verallgemeinerte Maxwell die früheren Ergebnisse: Er behauptete, daß jedes veränderliche elektrische Feld ein magnetisches Feld hervorriefe und daß umgekehrt jedes veränderliche magnetische Feld ein elektrisches erzeuge. Wenn Sie also irgendeine elektrische Ladung in Ruhe messen, dann messen Sie ein elektrisches Feld. Wenn Sie sich aber zu dieser ruhenden elektrischen Ladung selbst bewegen, dann messen Sie ein magnetisches Feld. Was Sie feststellen, hängt von Ihrem eigenen Bewegungszustand ab. Was für den einen Beobachter ein elektrisches Feld ist, ist für einen anderen ein magnetisches Feld. Es dreht sich tatsächlich nur um verschiedene Sichtweisen der gleichen Sache!

So interessant dieses Ergebnis für eine philosophische Betrachtung der Natur auch sein mag, es gab eine weitere, viel bedeutendere Konsequenz: Wenn ich eine elektrische Ladung auf- und abtanzen lasse, induziere ich ein magnetisches Feld dank der wechselnden Bewegung der Ladung. Wenn sich die Bewegung der Ladung selbst kontinuierlich ändert, produziere ich auch ein veränderliches magnetisches Feld. Das veränderliche magnetische Feld erzeugt wiederum ein veränderliches elektrisches Feld, was wiederum ein bewegliches magnetisches Feld erzeugt, was wiederum ... und so weiter. Eine „elektromagnetische" Störung, eine Welle, wird nach außen laufen. Wahrlich ein bemerkenswertes Ergebnis! Noch bemerkenswerter war, daß Maxwell lediglich aufgrund der gemessenen Stärke der elektrischen und magnetischen Kräfte zwischen der statischen und bewegten Ladung berechnen konnte, wie schnell die Störung sich bewegte. Und das Ergebnis? Die Welle der bewegten elektrischen und magnetischen Felder müßte sich mit einer Geschwindigkeit fortpflanzen, die identisch ist mit der Geschwindigkeit, mit der sich das Licht ausbreitet. Keine Überraschung, denn es stellte sich heraus, daß das Licht selbst nichts anderes ist als eine elektromagnetische Welle, deren Geschwindigkeit durch zwei fundamentale Konstanten der Natur festgelegt ist: die Stärke der elektrischen Kraft zwischen geladenen Partikeln und die Stärke der magnetischen Kraft zwischen Magneten.

Ich kann gar nicht genug betonen, wie wichtig dies für die Physik war. Die Natur des Lichts hat bei allen wichtigen Entwicklungen der Physik unseres Jahrhunderts eine Rolle gespielt. Eine davon möchte ich herausgreifen. Einstein war natürlich vertraut mit Maxwells Arbeiten über den Elektromagnetismus. Er hatte aber auch klar erkannt, daß sie ein fundamentales Paradoxon enthielten, das die Vorstellung von Galileis Relativitätsprinzip umzustürzen drohte.

Galilei hatte uns gelehrt, daß die Gesetze der Physik unabhängig davon gelten, wo man sie mißt, solange man im Zustand der gleichförmigen Bewegung ist. Stellen wir uns nun zum Beispiel zwei verschiedene Beobachter vor, einer von ihnen in einem Labor auf einem Schiff, das mit konstanter Geschwindigkeit den Fluß abwärts treibt, der andere in einem Labor am Ufer. Beide sollen die Größe der elektrischen Kraft zwischen zwei Ladungen messen, die jeweils in den beiden Labors im gegenseitigen Abstand von einem Meter fixiert sind. Beide Physiker sollten doch eigentlich exakt das gleiche messen. Auch wenn man die elektrischen Ladungen durch je zwei Magnete ersetzte, sollte die Kraft zwischen ihnen im gegenseitigen Abstand von einem Meter das gleiche Meßergebnis liefern, unabhängig davon in welchem der beiden Labors man mißt.

Andererseits kennen wir ja von Maxwell das hübsche Experiment: Wenn wir eine Ladung auf- und abtanzen lassen, erzeugen wir dadurch immer eine elektromagnetische Welle, die von uns wegläuft, und zwar mit einer Geschwindigkeit, die durch die Gesetze des Elektromagnetismus gegeben ist. Danach sollte ein Beobachter auf dem Schiff, der seine Ladung auf- und abtanzen läßt, eine elektromagnetische Welle beobachten, die mit eben dieser Geschwindigkeit von ihm wegläuft. Genau dasselbe sollte der Beobachter am Ufer messen: Auch seine auf- und abtanzende Ladung erzeugt eine elektromagnetische Welle, die mit dieser Geschwindigkeit von ihm wegläuft.

Die einzige Möglichkeit, diese beiden Situationen anschaulich miteinander zu vereinbaren, ist die plausible Vermutung, daß der Beobachter am Ufer die von dem Experimentator auf dem Schiff erzeugte elektromagnetische Welle mißt und für sie eine andere Geschwindigkeit feststellt als für die Welle, die er selbst am Ufer produziert.

Einstein stellte nun fest, daß es da ein Problem gibt. Nehmen wir einmal an, ich reise neben einer Lichtwelle her – so überlegte Einstein – und zwar mit der gleichen Geschwindigkeit wie diese Welle. Ich stelle mir nun vor, dies wäre für mich der Zustand der Ruhe. Wenn ich nun zu einem Punkt neben mir schaue, der sich mit mir bewegt, über den aber eine elektromagnetische Welle hinwegläuft, dann sehe ich ein veränderliches elektrisches und magnetisches Feld an diesem Ort. Maxwell hat mich gelehrt, daß diese veränderlichen Felder eine elektromagnetische Welle erzeugen sollten, die von dort aus mit einer Geschwindigkeit wegläuft, die durch die Gesetze der Physik gegeben ist. Aber statt dessen sehe ich etwas anderes: eine Welle, die ganz langsam an mir vorbeiläuft.

Für Einstein stellte sich also folgendes Problem: Entweder muß man das Prinzip der Relativität aufgeben, das ja offensichtlich der Physik zugrundeliegt, wenn man annimmt, daß die Gesetze der Physik unabhängig davon sind, wo man sie mißt, solange man im Zustand einer gleichförmigen Bewegung ist. Oder man gibt Maxwells wunderschöne Theorie des Elektromagnetismus und der elektromagnetischen Wellen auf. In einer wahrhaft revolutionären Weise entschied sich Einstein dafür, keins von beiden aufzugeben. Er war überzeugt, daß diese fundamentalen Vorstellungen viel zu vernünftig waren, um falsch zu sein. Und so faßte er statt dessen den kühnen Entschluß, die Begriffe von Raum und Zeit selbst zu ändern, um zu sehen, ob damit diesen beiden scheinbar widersprüchlichen Erscheinungen gleichzeitig Genüge getan werden könne.

Seine Lösung war bemerkenswert einfach. Der einzige Weg, daß beide, Galilei und Maxwell, recht behielten, war der: Wenn beide Beobachter die Geschwindigkeit der von ihnen selbst produzierten elektromagnetischen Wellen messen, werden sie beide den Wert herausbekommen, den Maxwell vorhergesagt hatte. Und wenn sie die Geschwindigkeit der Wellen messen, die jeweils der Partner erzeugt hatte, dann würden sie ebenfalls diese gleiche Geschwindigkeit feststellen. Natürlich, so mußte es sein!

Das mag Ihnen auf den ersten Blick nicht absonderlich erscheinen, doch bedenken Sie einmal, was das bedeutet. Nehmen wir ein einfaches Beispiel: Ich beobachte, wie ein Kind in einem Auto, das auf mich zufährt, eine Puppe nach vorn zu seiner Mutter wirft. Ich messe nun die Geschwindigkeit der Puppe und stelle fest, daß dies von mir aus gesehen die Summe ist aus der Geschwindigkeit des Autos, sagen wir 100 km/h, plus der eigenen Geschwindigkeit der Puppe relativ zum Auto, vielleicht 1,50 m/s. Fragen Sie jedoch die Mutter auf dem Vordersitz des

Autos, wie schnell die Puppe auf sie zuflog, wird sie Ihnen als Antwort nur den letzten Wert sagen: 1,50 m/s. Jetzt nehmen wir an, das Kind wirft nicht die Puppe nach vorn, sondern schickt einen Laserstrahl zu seiner Mutter. Einstein sagt uns, daß das Ergebnis unserer Geschwindigkeitsmessungen jetzt ganz anders aussieht. Die spezielle Relativitätstheorie verlangt, daß ich die Geschwindigkeit des Laserstrahls relativ zu mir als die Geschwindigkeit feststelle, die Maxwell errechnet hat, und nicht als die Geschwindigkeit des Lichts plus der 100 km/h des Autos. Ganz ähnlich wird auch die Mutter des Kindes die gleiche Laser-Geschwindigkeit messen wie ich.

Der einzig mögliche Weg aus diesem Dilemma besteht darin, die Messungen von Raum und Zeit irgendwie so „anzupassen", daß beide von uns die gleiche Geschwindigkeit messen. Geschwindigkeit messen bedeutet ja festzustellen, wie weit sich irgend etwas in einem bestimmten Zeitintervall bewegt hat. Nun könnte ja das Meßgerät in dem Auto, das die zurückgelegten Strecken mißt, relativ zu meinem Gerät verkürzt sein, oder die Uhr, deren Ticken die Zeit mißt, könnte langsamer gehen als meine. So wäre es möglich, daß jeder von uns die gleiche Geschwindigkeit für den Lichtstrahl feststellt. Tatsächlich besagt Einsteins Theorie, daß beides passiert! Mehr noch, sie besagt, daß beides exakt wechselseitig ist: Die Frau im Auto ist überzeugt, es sei mein Entfernungsmesser, der im Vergleich zu ihrem eigenen verkürzt ist, und es sei meine Uhr, die langsamer läuft als ihre.

Diese Feststellungen scheinen so absurd, daß sie niemand glaubt, der sic zum erstenmal hört. Tatsächlich erfordert es eine eingehende Beschäftigung mit der Sache, um die Auswirkungen von Einsteins Forderung ganz zu erfassen: Die Lichtgeschwindigkeit ist für jeden, der sie mißt, die gleiche.

Daraus ergeben sich eine ganze Reihe scheinbarer Paradoxien, die unserer Alltagserfahrung völlig widersprechen, zum Beispiel die bereits durch Messungen erhärtete Tatsache, daß bewegte Uhren langsamer gehen, daß bewegte Teilchen schwerer erscheinen und daß die Lichtgeschwindigkeit eine obere Grenze für alle Geschwindigkeiten darstellt – nichts Körperhaftes kann sich schneller bewegen. Das alles folgt logisch aus dieser sonderbaren Eigenschaft der Lichtgeschwindigkeit. Es war Einsteins Verdienst, den Mut und die Größe gehabt zu haben, sich all diesen Konsequenzen zu stellen. Dic größten Schwierigkeiten für das Verständnis erwuchsen aus seiner Behauptung, die für ihn die wichtigste war: Die Lichtgeschwindigkcit ist grundsätzlich konstant.

Es zeugt von Einsteins Kühnheit und Kreativität, daß er sich nicht dafür entschieden hatte, bestehende Gesetze, die sich bewährt hatten, über Bord zu werfen, sondern daß er einen kreativen Weg fand, mit diesem Gesetzeswerk weiterzuleben.

Im nächsten Kapitel werde ich versuchen, Sie näher mit Einsteins Theorie vertraut zu machen. So geheimnisvoll oder verrückt, wie sie vielen erscheint, ist sie nämlich gar nicht. Bevor ich jedoch dieses Thema vorläufig verlasse, möchte ich mich an die wenden, die gewöhnlich argumentieren, Einstein selbst solle „auch ganz schön merkwürdig gewesen sein", und damit möchten sie gern ihre eigenen „verrückten" Ideen rechtfertigen. Was Einstein geschaffen hat, war gerade nicht, daß er die Gesetze der Physik außer Kraft gesetzt hätte, die vor ihm galten. Vielmehr hat er sie auf Dinge erweitert, die vorher noch nicht in Erscheinung getreten waren.

Die spezielle Relativitätstheorie hat gemeinsam mit der Quantenmechanik unser Bild von der Wirklichkeit viel tiefgreifender umgekrempelt als irgendwelche anderen Entwicklungen im 20. Jahrhundert. Bis in die Grundfesten erschütterten sie, was wir normalerweise für vernünftig halten. Sie änderten grundlegend die Stützpfeiler unserer Anschauung: Raum, Zeit und Materie. Der Rest dieses Jahrhunderts war weitgehend damit beschäftigt, die Konsequenzen aus diesen Änderungen in den Griff zu bekommen. Sehr häufig hat es ebensoviel Verstand und Festhalten an bewährten physikalischen Prinzipien erfordert, die Theorien selbst zu entwickeln. Ein treffendes Beispiel für die Verstandeshochzeit zwischen der Quantenmechanik und der speziellen Relativitätstheorie – ich spielte bereits darauf an, als ich das Treffen von Shelton Island erwähnte – ist die Schöpfung von Teilchen-Antiteilchen-Paaren aus dem Nichts.

Ich habe die Quantenmechanik bereits sehr häufig erwähnt, aber ich habe mich noch nicht mit ihren Grundzügen in all ihren Facetten befaßt, und das hat seinen guten Grund. Der Weg zu ihrer Entdeckung war weit weniger direkt als der zur Entdeckung der Relativität, und auch die Phänomene, die von ihr betroffen sind – im Reich der atomaren und subatomaren Physik – sind weit weniger bekannt. Schaut man jedoch hinter die dichten Nebelschleier, die in der landläufigen Meinung dieses Wissensgebiet ähnlich wie die Relativitätstheorie umhüllen, erkennt man, daß auch die Quantenmechanik sich von einer einzigen, einfach darzustellenden Erkenntnis ableitet – und auch sie scheint verrückt.

Wenn ich einen Ball werfe und mein Hund schnappt ihn zehn Meter entfernt auf, kann ich beobachten und etwa in einem Zeitlupenfilm genau analysieren, auf welchem Weg der Ball durch die Luft fliegt, und ich stelle fest, daß die Bahn genau der Galileischen Mechanik gehorcht. Wenn jedoch die Skala der Entfernung und der Flugzeit drastisch kleiner wird, verschwindet allmählich diese Gewißheit. Die Gesetze der Quantenmechanik besagen: Fliegt ein Objekt von A nach B, können wir überhaupt nicht eindeutig zeigen, daß jeder Punkt auf dem Weg von A nach B von dem Objekt tatsächlich durchlaufen wird. Natürlich wird das sofort jeder widerlegen wollen: Ich kann doch mit einem geeigneten Lichtstrahl das Objekt beleuchten und sehe dann, wo es jeweils ist. Mit einem Strahl zwischen A und B können sie das Objekt, zum Beispiel ein Elektron, in jedem beliebigen Punkt C zwischen A und B entdecken. Wir installieren eine ganze Serie von Elektronendetektoren auf der Linie zwischen A und B, und immer wird jeweils einer von ihnen klicken, wenn das Teilchen gerade an ihm vorbeikommt.

Wie steht es denn um meine obige Behauptung, wenn jeder sie offenbar so einfach widerlegen kann? Nur langsam, die Natur ist spitzfindig. Ich kann natürlich eindeutig feststellen, ob ein Teilchen, etwa ein Elektron, an einer bestimmten Stelle vorbeikommt oder nicht, aber ich kann das nicht ungestraft! Wenn ich zum Beispiel einen Strahl aus Elektronen gegen einen phosphoreszierenden Schirm schicke, etwa einen Fernsehbildschirm, werden die Elektronen bestimmte Stellen beim Auftreffen auf dem Schirm aufleuchten lassen. Ich kann sodann den Elektronen auf ihrem Flug zum Schirm eine Barriere in den Weg stellen mit zwei nahe beieinanderliegenden engen Spalten, so daß die Elektronen entweder durch den einen oder durch den anderen müssen, um zum Schirm zu gelangen.

Um nun für jedes einzelne Elektron sagen zu können, durch welchen der beiden Spalte es hindurchfliegt, kann ich einen Detektor bei jedem Spalt aufstellen. Doch jetzt passiert etwas außerordentlich Merkwürdiges. Solange ich die Elektronen bei ihrem Durchgang durch die Spalte nicht messe, sehe ich auf dem Bildschirm ein bestimmtes Leuchtmuster der auftreffenden Elektronen. Wenn ich sie jedoch, ein Elektron nach dem anderen, messe, so daß ich ihre Bahnen bestimmen kann, dann ändert sich das Muster auf dem Schirm: Dadurch, daß ich eine Messung vornehme, ändere ich das Ergebnis! Wenn ich also nun von jedem einzelnen Elektron, das ich identifizieren kann, eindeutig sage, ob es durch den einen oder den anderen Spalt gegangen ist, kann ich von dem Ergebnis dieser „Volkszählung" überhaupt keine Schlußfolgerung auf die Elektronen ziehen, die ich nicht bestimmt habe. Vielleicht verhalten die sich ja ganz anders.

Diese eigenartige Erscheinung basiert darauf, daß die Gesetze der Quantenmechanik auf einer ganz fundamentalen Ebene eine innere Unbestimmtheit in sich bergen, wenn man natürliche Prozesse beobachten will. So gibt es zum Beispiel eine absolute Grenze für unsere Möglichkeit, die Position eines bestimmten Teilchens und gleichzeitig seine Geschwindigkeit – oder auch die Richtung, in der es fliegt – zu bestimmen. Je genauer ich das eine messe, um so weniger genau erfasse ich das andere. Der Vorgang der Messung verändert das System, weil er es stört. In normalen menschlichen Größenordnungen sind solche Störungen so klein, daß man nichts davon merkt. Aber in atomaren Größenverhältnissen werden sie gewichtig.

Die Quantenmechanik hat ihren Namen deshalb, weil sie auf der Vorstellung beruht, daß Energie nicht in beliebig kleinen Paketen transportiert werden kann. Sie kann nur in bestimmten

Vielfachen eines kleinstmöglichen Pakets, eines „Quantums", auftreten. Dieses kleinstmögliche Paket hat ungefähr die Größe der Energien von Teilchen in atomaren Systemen. Wenn wir also versuchen, solche Teilchen zu messen, dann müssen wir in Kauf nehmen, daß die Signale dazu von der gleichen Größenordnung sind wie die Energie der Teilchen. Nach der Signalübertragung ist die Energie dieses Systems aber verändert, und so wird die Bewegung des Teilchens davon berührt.

Messe ich ein System über eine sehr lange Zeitspanne, dann wird die mittlere Energie des Gesamtsystems ungefähr konstant bleiben, auch wenn sie zeitweilig großen Veränderungen durch den Prozeß des Messens unterliegt. Und so kommt man zu einer anderen berühmten „Unbestimmtheitsrelation": Je genauer ich die Energie eines Systems messen will, um so länger muß ich messen.

Diese Unbestimmtheitsrelationen sind das Kernstück jedes quantenmechanischen Verhaltens. Sie wurden zum erstenmal von dem deutschen Physiker Werner Heisenberg formuliert, einem der Begründer der Theorie der Quantenmechanik. Heisenberg war – wie die anderen Wunderkinder, die mit der Entwicklung dieser Theorie in den zwanziger und dreißiger Jahren unseres Jahrhunderts befaßt waren – ein bemerkenswerter Physiker. Einige meiner Kollegen geben Heisenberg nach Einstein – was ihren Einfluß auf die Physik unseres Jahrhunderts angeht – nur den zweiten Platz in der Rangfolge. Auf jeden Fall veränderten seine Arbeiten in der Quantenmechanik – besonders seine Formulierung der Unbestimmtheitsprinzipien – entscheidend die Art und Weise, wie wir die physikalische Welt verstehen. Außerdem hat vielleicht kein anderes physikalisches Ergebnis unseres Jahrhunderts so sehr die Philosophie tangiert.

In der Newtonschen Mechanik ist alles Geschehen vollständig determiniert. Die Gesetze dieser Mechanik bedeuten, daß man das zukünftige Verhalten eines Systems von Teilchen im Prinzip vollständig voraussagen kann (möglicherweise einschließlich der Teilchen des menschlichen Gehirns), sofern man die Position und Bewegung aller Teilchen zu einem bestimmten Zeitpunkt mit hinreichender Genauigkeit erfassen könnte. Die Unbestimmtheitsrelationen der Quantenmechanik änderten

diesen Sachverhalt grundlegend. Würde man einen Schnappschuß machen, der die Positionen aller Teilchen eines Systems
exakt festhält, dann enthielte das Bild keinerlei Information darüber, wohin diese Teilchen anschließend geflogen sind. Für manche Zeitgenossen war der offensichtliche Verlust der Vorbe-
stimmtheit durchaus nicht schmerzlich, im Gegenteil: Konnte
man keine vollkommen akurate Voraussagen über das zukünftige Verhalten machen, nicht einmal im Prinzip, dann war der
Weg frei für den „freien Willen", er hatte unverhofft ein physikalisches Fundament erhalten!

Die Prinzipien der Quantenmechanik haben viele Nichtphysiker, besonders Philosophen, angeregt. Es ist jedoch bemerkenswert, daß alle philosophischen Aspekte der Quantenmechanik
keinerlei Rückwirkung auf die Physik hatten. Vielfach handelt
es sich um unbesonnene Übertragung der Unbestimmtheit auf
makroskopische Systeme. Für die Physiker war nur wichtig,
die Spielregeln dieser neuen Betrachtungsweise zu beachten: Es
gibt in der Natur eigene, berechenbare Meßungenauigkeiten.
Es wurden eine ganze Reihe von Versuchen angestellt, die
Herkunft dieser Unbestimmtheiten zu ergründen, die alle verschieden scheinen, aber miteinander äquivalent sind. Wie so oft
sind die einzigen, vollständig in sich schlüssigen Erklärungen
mathematischer Natur. Eine von diesen mathematischen For-
mulierungen ist wenigstens teilweise einer Veranschaulichung
zugänglich – und diese verdanken wir niemand anderem als
Richard Feynman.

Einer von Feynmans bedeutenden Beiträgen in der Physik
war, die Gesetze der Quantenmechanik in einer Weise zu interpretieren, die in der mathematischen Ausdrucksweise als „Wegintegrale" entlang der Linien von Fermats Prinzip für das Licht
bekannt sind, wie ich es im vorigen Kapitel geschildert habe.
Was als ein „bloßes" Rechenschema begann, bestimmte nun die
Methode einer ganzen Generation von Physikern: zu zeichnen,
was sie abstrakt dachten. Feynman führte auch einen mathematischen Trick ein, „imaginäre Zeit" genannt, die Stephen
Hawking in seinem bekannten Buch „Eine kurze Geschichte der
Zeit" ausführlich behandelt hat.

Feynmans Wegintegrale liefern die Regeln, um physikalische Prozesse in der Quantenmechanik zu berechnen. Man kann sie etwa folgendermaßen anschaulich machen: Bewegt sich ein Teilchen von Punkt A nach Punkt B, betrachten wir alle möglichen Wege, die es nehmen kann:

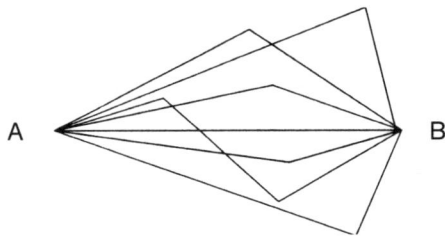

Für jeden Weg gibt es eine bestimmte Wahrscheinlichkeit, mit der das Teilchen diesen und keinen anderen Weg nimmt. Nun geht es darum, diese Wahrscheinlichkeiten zu berechnen. Dazu dienen mathematische Verfahren, wie etwa die „imaginäre Zeit". Aber damit will ich mich hier nicht weiter beschäftigen. Für makroskopische Objekte (also solche, die viel größer sind als der Bereich, in dem sich quantenmechanische Effekte als ausschlaggebend erweisen) findet man, daß die Wahrscheinlichkeit für einen dieser Wege so entschieden größer ist, daß man alle anderen glatt vergessen kann. Das ist der Weg, den die Gesetze der klassischen Mechanik als einzig „wahren" angeben. Das erklärt auch, warum die Bewegungsgesetze der makroskopischen Objekte, wie wir sie überall als gültig beobachten, so gut durch die klassische Mechanik beschrieben werden. Für Teilchen jedoch, die zu der winzigen Mikrowelt gehören, wo die Quantenmechanik deutlich andere Voraussagen macht als die klassische Mechanik, können andere Wege ebenso wahrscheinlich sein. In diesem Fall kann ein Teilchen, das von A nach B zu fliegen hat, mehr als einen möglichen Weg in Betracht ziehen. Nun hängt die endgültige Wahrscheinlichkeit, daß ein in A startendes Teilchen schließlich auch bei B ankommt, von der Summe aus diesen individuellen Wahrscheinlichkeiten für alle möglichen Wege ab.

Was die Quantenmechanik im Grunde genommen von der klassischen Mechanik unterscheidet, sind diese so berechneten Wahrscheinlichkeiten. Sie sind fundamental anders als die normalen physikalischen Wahrscheinlichkeiten, wie wir sie gewöhnlich definieren. Während die normalen Wahrscheinlichkeiten stets positiv sind, können die Wahrscheinlichkeiten nach den individuellen Regeln in der Quantenmechanik negativ sein, eben „imaginär". Eine Zahl nennt man imaginär, wenn ihr Quadrat negativ ist! Wenn Ihnen der Gedanke an imaginäre Wahrscheinlichkeiten unangenehm sein sollte, können Sie sich mit einem kleinen Trick trösten: Stellen Sie sich einfach eine Welt vor, in der die Zeit durch eine imaginäre Zahl gemessen wird. In diesem Fall können alle Wahrscheinlichkeiten als positive Zahlen geschrieben werden. Daher der Ausdruck „imaginäre Zeit". Eine weitere Erklärung zu diesem Problem halte ich an dieser Stelle nicht für nötig. Imaginäre Zeit ist nichts weiter als ein mathematisches Konstrukt, das erfunden wurde, damit wir mit der Mathematik der Quantenmechanik besser umgehen können, weiter nichts. Bei der Berechnung der resultierenden realen physikalischen Wahrscheinlichkeit für ein Teilchen, das von A nach B laufen soll, gibt es eigentlich kein Problem: Wenn ich alle reellen quantenmechanischen Wahrscheinlichkeiten für jeden Weg addiert habe, dann brauche ich nur noch nach den Gesetzen der Quantenmechanik das Ergebnis so zu quadrieren, daß die tatsächliche physikalische Wahrscheinlichkeit immer eine positive Zahl ist.

Das Wichtige bei all diesem ist, daß ich mir die Wahrscheinlichkeiten als zu zwei verschiedenen Wegen gehörig vorstelle, von denen jeder, wenn man ihn für sich allein nimmt, eine von Null verschiedene Wahrscheinlichkeit hat, addiere ich aber beide miteinander, heben sie sich gegenseitig auf, und das Ergebnis ist Null. Genau das kann passieren, wenn Elektronen durch die beiden Spalte zu dem phosphoreszierenden Schirm fliegen. Fasse ich einen bestimmten Punkt auf dem Schirm ins Auge und halte ich dann einen der Spalte zu, bekomme ich eine von Null verschiedene Wahrscheinlichkeit für das Elektron, um durch den einen Spalt zum Schirm zu fliegen.

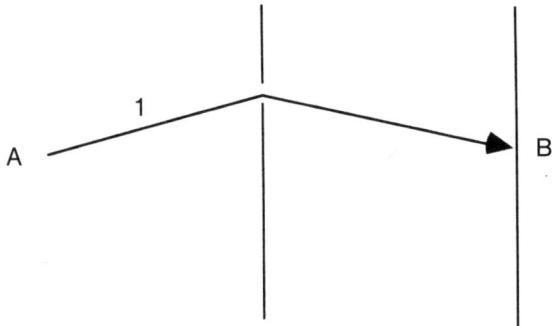

Ganz ähnlich gibt es eine von Null verschiedene Wahrscheinlichkeit für das Elektron, von A nach B zu fliegen, wenn ich den
anderen Spalt verdecke:

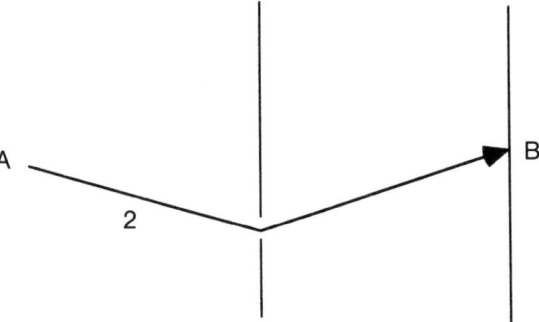

Gebe ich nun aber beide Wege frei, kann die endgültige Wahrscheinlichkeit für den Weg von A nach B, der sich aus der
Summe der quantenmechanischen Wahrscheinlichkeiten für
jeden Weg ergibt, Null werden. Dieser Fall ist in der Zeichnung
auf der Seite rechts dargestellt.

Die physikalische Erscheinung dazu ist folgende: Wenn ich
einen der Spalte zudecke, sehe ich, wie ein heller Fleck auf dem
Schirm bei B erscheint. Die Elektronen kommen nacheinander
durch den freien Spalt an. Wenn ich jedoch beide Spalte geöffnet
lasse, bleibt der Schirm bei B dunkel. Auch wenn zu einer
bestimmten Zeit nur ein einziges Elektron zum Schirm fliegt,

hängt die Wahrscheinlichkeit dafür, daß es bei B ankommt, von der Möglichkeit beider Wege ab, als ob das Elektron irgendwie durch beide Spalte laufen wollte!

Das erscheint natürlich paradox, und wenn wir überprüfen, ob es trotzdem der Fall ist, indem wir bei jedem Spalt einen Detektor aufstellen, finden wir, daß jedes Elektron – wie es sich gehört – entweder durch den einen oder durch den anderen Spalt geht. Aber nun ist die Stelle bei B hell! Das Elektron zu entdecken, es zu zwingen, seine Gegenwart zu offenbaren, hat den gleichen Effekt, als ob Sie einen der beiden Spalte verdecken: Es verändert die Regeln.

Ich habe mir die Mühe gemacht, dies alles so ausführlich zu beschreiben, nicht bloß um Sie mit einem Phänomen bekannt zu machen, das als Wegweiser in die Welt der atomaren Größen-

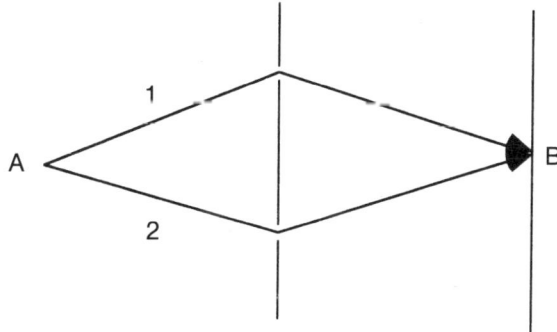

ordnungen ganz wichtig ist. Mir geht es vielmehr um etwas anderes: Wenn wir dieses verrückt anmutende aber gesicherte Phänomen bedenken und dazu die Folgerungen, die sich aus der speziellen Relativitätstheorie ergeben, sind wir gezwungen, auch die Konsequenzen zu ertragen. Selbst von denen, die sie zum erstenmal vorausgesagt hatten, wurden sie als so abstrus empfunden, daß sie sie kaum akzeptieren wollten. Aber physikalische Fortschritte bestehen nun einmal darin, daß wir bewährte Theorien bis an ihre äußersten Grenzen strapazieren, und nicht darin, daß wir sie einfach fallenlassen, wenn es Schwierigkeiten mit ihnen gibt.

Probieren die Elektronen, wenn sie losfliegen, alle möglichen Wege aus, ohne daß wir irgendeine Möglichkeit hätten, das zu überprüfen? Dann müssen wir annehmen, daß einige von diesen Wegen vielleicht „unmöglich" sind, auch wenn sie meßbar zu sein scheinen. Besonders, wenn sorgfältig wiederholte Messungen der Position eines Teilchens zu aufeinanderfolgenden Zeiten nicht eindeutig seine Geschwindigkeit zwischen jeweils zwei Zeitpunkten ergeben, wie es ja auch dem Unbestimmtheitsprinzip entspricht, dann ist es möglich, daß ein Teilchen für eine winzige, unmeßbar kurze Zeit schneller laufen könnte als das Licht.

Aber es ist doch gerade eine der grundlegenden Folgen aus der speziellen Relation zwischen Raum und Zeit, daß nichts meßbar schneller sein kann als die Lichtgeschwindigkeit – ich möchte Sie daran erinnern, daß Einstein diese Theorie gerade deshalb entwickelt hatte, um die von allen Beobachtern festgestellte konstante Geschwindigkeit des Lichtes zu erklären.

Damit sind wir bei der berühmten Frage angelangt: Wenn in einem Wald ein Baum umkippt, und niemand ist da, um das zu hören, macht der Baum dann beim Fallen ein Geräusch? Oder, ein bißchen näher an unseren Betrachtungen in atomaren Skalen: Wenn ein Elementarteilchen, dessen mittlere Geschwindigkeit geringer ist als die Lichtgeschwindigkeit, für einen Moment schneller ist als das Licht – allerdings in einem Zeitintervall, das zu kurz ist, um es direkt messen zu können –, kann das irgendeine beobachtbare Konsequenz haben? In beiden Fällen lautet die Antwort: Ja.

Die spezielle Relativitätstheorie bindet Raum und Zeit so fest aneinander, daß sie Geschwindigkeiten erzwingt, die eine durchlaufene Strecke mit einer bestimmten Zeit assoziiert. Es ist eine unausweichliche Konsequenz aus der neuen Verbindung von Raum und Zeit: Wenn irgendwelche Beobachter feststellen, daß ein Objekt meßbar schneller ist als die Lichtgeschwindigkeit, dann müssen andere Beobachter feststellen, daß für dieses Teilchen die Zeit rückwärts läuft! Das ist einer der Gründe dafür, daß solche Bewegungen „verboten" sind – andernfalls müßte die Kausalität außer Kraft gesetzt sein. Das wäre ein Freiraum für

114

„unsinnige" Ereignisse. Zum Beispiel, daß ich meine Großmutter erschoß, bevor meine Mutter geboren war. So etwas ist unakzeptabel – dessen sind sich sogar alle Science-fiction-Schreiber bewußt.

Nun scheint die Quantenmechanik trotzdem zu beinhalten, daß Teilchen im Prinzip schneller sein können als das Licht, allerdings nur für unmeßbar kurze Zeitintervalle. Solange ich aber solche Geschwindigkeiten nicht messen kann, gibt es auch keine wirksame Verletzung der speziellen Relativitätstheorie. Soll jedoch die Quantenmechanik weiterhin mit der speziellen Relativitätstheorie verträglich sein, dann müssen sich während dieser Intervalle die Teilchen so verhalten können, als ob sie in der Zeit rückwärts liefen.

Was bedeutet das in der Praxis? Nun, zeichnen wir den Weg eines Elektrons mit seinem momentanen Sprung in der Zeit, wie ihn eine hypothetische Beobachterin sieht (die Zeiten sind längst vorbei, daß Physiker nur Männer waren. Deshalb lasse ich in zufälliger Folge beide Geschlechter auftreten):

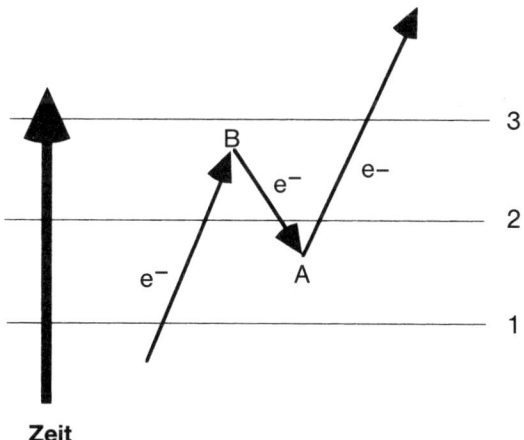

Zeit

Wenn nun eine Physikerin ihre Beobachtungen zu drei verschiedenen Zeiten aufzeichnet, die ich mit 1, 2 und 3 bezeichnet habe, dann sollte sie ein Teilchen auf der Zeitebene 1 registrieren, drei Teilchen auf der Zeitebene 2 und wiederum nur eines auf der Ebene 3. Mit anderen Worten: Die Anzahl der Teilchen ist zu verschiedenen Zeiten nicht die gleiche! Da läuft ein einzelnes Elektron zunächst fröhlich seinen Weg, und plötzlich, ein wenig später, wenn der Zeitpunkt der Ebene 2 erreicht ist, gesellen sich zwei andere zu ihm. Eines von den beiden scheint sogar in der Zeit rückwärts zu laufen.

Aber was soll das eigentlich bedeuten, dieses „Es läuft rückwärts in der Zeit"? Nun, wenn ich die Masse und die Ladung eines Teilchens messe, dann weiß ich, es ist ein Elektron, wenn die Ladung negativ ist. Das Elektron, das zu einer bestimmten Zeit in B ist und dann zu einer späteren Zeit in A, repräsentiert den Fluß negativer Ladung von links nach rechts, wenn ich in der Zeit rückwärts schreite. Für eine Beobachterin, die sich selbst in der Zeit vorwärts bewegt – was ja Beobachter beiderlei Geschlechts gewöhnlich immer tun –, wird sich das als Fluß einer positiven Ladung von rechts nach links darstellen. So wird unsere Beobachterin tatsächlich drei Teilchen zwischen den Zeitebenen 1 und 3 messen, und alle drei bewegen sich vorwärts in der Zeit. Aber eines von diesen Teilchen, das die gleiche Masse hat wie ein Elektron, trägt offenbar positive Ladung. So werden wir für diesen Fall die Ereignisfolge der vorigen Grafik nun so zeichnen:

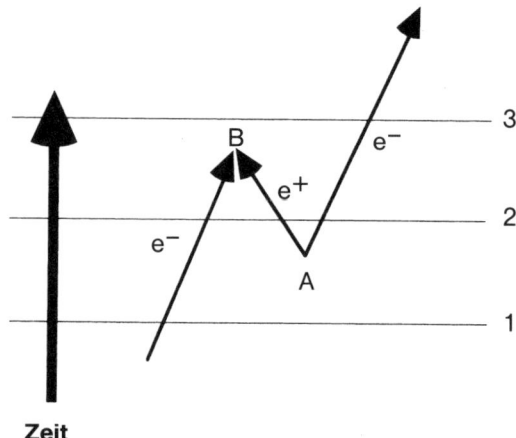

Jetzt erscheint uns dieses Bild schon ein bißchen weniger fremd: Zur Zeit 1 sieht die Beobachterin ein Elektron, das sich von links nach rechts bewegt. Bei der Position A, zu einem Zeitpunkt zwischen 1 und 2, wird die Beobachterin plötzlich ein zusätzliches Teilchenpaar entdecken, scheinbar aus dem Nichts entstanden. Eines der Teilchen, das mit der positiven Ladung, läuft von dort aus nach links, und das andere, mit negativer Ladung, läuft nach rechts. Ein wenig später, bei Position B, kollidiert das positiv geladene Teilchen mit dem ursprünglichen Elektron, und beide verschwinden. Zurück bleibt nur das „neue" Elektron und läuft munter weiter von links nach rechts.

Wir haben es hier immer mit sehr kurzen Zeiten zu tun, kein Beobachter kann tatsächlich die Geschwindigkeit des ursprünglichen Elektrons für die kurze Zeitspanne zwischen 1 und 3 messen, und so schafft es auch die flinkste Physikerin nicht, die scheinbar spontane „Schöpfung" von Teilchen aus dem Nichts direkt zu verfolgen. Genausowenig wie ein Beobachter jemals messen kann, daß ein Teilchen eine größere Geschwindigkeit hat als das Licht. Ob wir das nun messen können oder nicht – wenn die Gesetze der Quantenmechanik dies zulassen, dann müssen sie auch die spontane Schöpfung und die Vernichtung von Teilchenpaaren erlauben, allerdings nur innerhalb so kurzer Zeiten, daß wir ihr Dasein nicht direkt feststellen können. Das folgt einfach zwangsweise, wenn alles mit der speziellen Relativitätstheorie in Einklang sein soll. Solche Teilchen nennen wir virtuelle Teilchen. Und wie ich es schon in Kapitel 1 beschrieben habe, mögen solche Prozesse, wie ich sie hier erläutere, selbst nicht direkt beobachtbar sein, aber sie hinterlassen Spuren in anderen Prozessen, die wir beobachten können. Bethe und seine Mitarbeiter haben das mit ihren Rechnungen vorhergesagt.

Die Gleichung, die die Gesetze der Quantenmechanik mit der speziellen Relativitätstheorie verbindet, wurde zum erstenmal 1928 durch den wortkargen britischen Physiker Paul Adrian Maurice Dirac formuliert. Er gehörte zu der Gruppe, die an der Entdeckung der Gesetze der Quantenmechanik beteiligt war. Schließlich wurde auch er Professor für Mathematik auf dem Lucasischen Lehrstuhl – ein Ehrentitel, den heute Stephen Hawking innehat und den früher einmal Isaac Newton besetzte. Die vereinigte Theorie, Quantenelektrodynamik genannt, die das

Hauptthema bei dem berühmten Shelter-Island-Treffen war, wurde erst ungefähr zwanzig Jahre später vollständig verstanden, dank der Arbeiten von Feynman und anderen.

Es waren wohl selten zwei Physiker derart verschieden wie Dirac und Feynman. So aufgeschlossen Feynman war, so in sich gekehrt war Dirac. Als zweites Kind eines in der Schweiz gebürtigen Französisch-Lehrers in Bristol/England mußte Paul alles tun, was der gestrenge Herr Vater befahl, der nur französisch mit ihm redete, damit der Sohn diese Sprache lerne. Da der Junge sich aber nur schlecht in Französisch ausdrücken konnte, beschloß er, einfach nichts mehr zu sagen. Und das sollte für sein gesamtes Leben ein für ihn typischer Charakterzug werden. Es gibt eine amüsante Geschichte – und vielleicht ist sie sogar wahr: Niels Bohr, der berühmteste Physiker seiner Zeit, war damals Direktor des Physikalischen Instituts in Kopenhagen. Dirac bekam bei ihm eine Stelle, nachdem er in Cambridge promoviert hatte. Eines Tages – Dirac war erst kurze Zeit im Institut – besuchte Bohr den britischen Physiker Lord Rutherford. Er beklagte sich über seinen neuen jungen Mitarbeiter, der seit seiner Ankunft noch kein Wort gesagt habe. Rutherford jedoch beruhigte Bohr und erzählte ihm eine Anekdote, die ungefähr so lautete: Ein Mann ging einmal in eine Zoohandlung, um einen Papagei zu kaufen. Der Verkäufer zeigte ihm drei Vögel. Der erste, ein schillerndes Prachtexemplar in goldgelb und weiß, verfügte über ein Vokabular von 300 Wörtern. Als der Mann nach dem Preis fragte, antwortete der Verkäufer: 5000 Dollar. Der zweite Vogel war noch farbenprächtiger als der erste, zudem beherrschte er vier Sprachen! Wieder fragte der Mann nach dem Preis, und der Händler sagte ihm, er könne diesen Vogel für 25 000 Dollar haben. Der Mann besah sich nun den dritten Vogel, der unansehnlich und zerrupft in seinem Käfig hockte. Er fragte den Verkäufer, wie viele Fremdsprachen, dieser Vogel beherrsche, und bekam die Antwort: „Keine". Als kostenbewußter und sparsamer Mensch wollte der Mann nun hoffnungsfroh wissen, was denn dieser Vogel wert sei. „100 000" Dollar war die Antwort. Überrascht und ungläubig fragte der Mann: „Wie bitte? Dieser Vogel ist doch nicht annähernd so prächtig wie der erste und auch bei weitem nicht so gesprächig wie der zweite. Wie um alles in der Welt können Sie so viel für ihn verlangen?" Der Händler lächelte höflich und sprach: „Dieser Vogel kann denken."

Dem stillen Dirac war Anschaulichkeit in der Physik nicht so wichtig, er fühlte sich wohler mit Gleichungen. Und nachdem er jahrelang mit einigen Gleichungen gespielt hatte, entdeckte er einen bemerkenswerten Zusammenhang, der korrekt das quantenmechanische und das speziell-relativistische Verhalten von Elektronen beschrieb. Es wurde ihm schnell klar, daß diese Gleichung die mögliche Existenz eines positiven Partners des Elektrons voraussagen konnte. Mehr noch: Das bisher nur als virtuelles Teilchen existierende Objekt, erzeugt als der eine Teil in einem virtuellen Teilchenpaar, müßte auch als selbständiges, als reales isoliertes Teilchen existieren.

Zu der Zeit war nur das Proton als positiv geladenes Teilchen in der Natur bekannt. Dirac und seine Mitarbeiter erkannten, daß diese Gleichung völlig korrekt eine ganze Anzahl von sonst unerklärbaren Ereignissen im Reich der Atome voraussagte, sie wollten sich aber nicht allzu weit von der gängigen, orthodoxen Beschreibung der Natur entfernen, und so nahm Dirac an, daß es das Proton sein müsse, das als positives Teilchen von dieser Theorie vorausgesagt wurde. Das Problem war nur, daß das Proton ungefähr 2000mal schwerer ist als das Elektron, während eine einfache Interpretation von Diracs Theorie ein positives Teilchen erforderte, das die gleiche Masse haben sollte wie das Elektron.

Hier gab es nun ein Beispiel dafür, wie zwei bekannte, durch Messungen gut bestätigte Theorien der physikalischen Welt uns zu paradoxen Schlüssen führen können, wenn man sie bis an ihre Grenzen strapazierte, ebenso wie es die Relativitätstheorie tat, als sie Galileis Ideen mit dem Elektromagnetismus vereinigte. Anders als Einstein jedoch waren die Physiker 1928 nicht so rasch damit bei der Hand, neue Phänomene zu akzeptieren, um ihre Ideen bestätigt zu finden.

Es war im Jahre 1930, als der amerikanische Experimentalphysiker Carl Anderson die kosmische Strahlung beobachtete –

hochenergetische Teilchen, die beständig die Erde bombardieren und deren Ursprung von unserer Nachbarschaft, von Explosionen auf der Sonne, über explodierende Sterne bis zu den fernen Galaxien reicht. Dabei entdeckte er in seinen Daten etwas Ungewöhnliches. Das seltsame Phänomen ließ sich nur erklären, wenn es ein neues, positiv geladenes Teilchen gab, dessen Masse viel näher an der eines Elektrons lag als an der eines Protons. Und so wurde zufällig das „Positron", das „Antiteilchen" des Elektrons entdeckt, wie es Diracs Theorie vorausgesagt hatte. Heute wissen wir, daß es die gleichen Gesetze der Quantenmechanik und der Relativitätstheorie sind, die uns wissen lassen, daß es für jedes geladene Teilchen in der Natur ein Antiteilchen geben muß, das die gleiche Masse, aber die entgegengesetzte elektrische Ladung hat.

Er war sehr zurückhaltend – ich sagte es schon – mit Bemerkungen über sein Werk, die spezielle Relativitätstheorie und die Quantenmechanik miteinander zu verschmelzen, aber an dieser Stelle soll Dirac eine von seinen seltenen Bemerkungen von sich gegeben haben, nämlich: „Meine Gleichung war kühner als ich." Mit dem Erzählen dieser Geschichte verfolge ich das Ziel – wie schon häufiger in diesem Buch – zu zeigen, daß die bedeutendsten Ergebnisse der Physik meist nicht dadurch zustande kommen, daß man die gängigen Ideen und Methoden fallenläßt, sondern dadurch, daß man sie soweit wie es geht in Neuland hinein ausdehnt – und dann den Mut hat, nachzuprüfen, was sich daraus ergibt.

Mit dem Titel dieses Kapitels, „Kreatives Kopieren", meinte ich nicht nur, daß man alte Vorstellungen bis an ihre Grenzen ausweiten sollte, sondern ich meinte vor allem, sie als Ganzes zu kopieren. Wohin wir auch schauen, überall sehen wir, wie die Natur sich selbst wiederholt. Wir kennen zum Beispiel nur vier fundamentale Kräfte der Natur: die starke, die schwache, die elektromagnetische und die Gravitationskraft – und jede von ihnen existiert als gleichgesinnter Partner von jeder der anderen. Beginnen wir mit Newtons Gesetz der Gravitation. Die einzige andere weitreichende Kraft in der Natur, die Kraft zwischen geladenen Teilchen, erweist sich als direkte Kopie der Gravitation. Tauschen Sie nur „Masse" gegen „elektrische Ladung" aus, und alles bleibt im wesentlichen dasselbe. Das klassische Bild, daß ein Elektron um ein Proton kreist und so das einfachste Atom bildet, den Wasserstoff, ist identisch mit dem Bild, daß der Mond die Erde umkreist. Die Stärke der Wechselwirkungen allerdings ist sehr verschieden, und das bedeutet einen sehr starken Unterschied für die Größenordnung des Problems, aber sonst sind alle Erscheinungen – die Bewegung der Planeten um die Sonne wie die der Elektronen um den Atomkern – die gleichen. Wir haben ermittelt, daß die Umlaufszeit eines Elektrons auf seinem Kreis um das Proton ungefähr 10^{-15} Sekunden beträgt, auf der anderen Seite braucht der Mond einen Monat, um die Erde zu umrunden. Gerade diese Beobachtung ist sehr lehrreich: Die Frequenz des sichtbaren Lichts, das von Atomen ausgesandt wird, beträgt ungefähr 10^{15} Schwingungen pro Sekunde. Da liegt es doch sehr nahe, einen Zusammenhang zwischen den Umläufen des Elektrons um den Atomkern und der Frequenz des Lichts zu sehen. Das muß doch irgendwie zusammenhängen! Und so ist es in der Tat.

Es gibt allerdings wichtige Unterschiede, die die elektrische Kraft „wertvoller" machen als die Gravitation. Elektrische Ladung kommt in zwei verschiedenen Varianten vor: positiv und negativ. Deshalb können elektrische Kräfte abstoßend wie auch anziehend sein. Außerdem ist es eine Tatsache, daß bewegte elektrische Ladungen magnetische Kräfte spüren. Wie ich es früher schon beschrieben habe, führt das zur Existenz von Licht als einer elektromagnetischen Welle, die durch bewegte elektrische Ladungen erzeugt wird. Die Theorie des Elektromagnetismus, in der alle diese Phänomene vereinigt sind, dient uns sodann als Modell für die schwachen Wechselwirkungen zwischen den Teilchen im Atomkern, die für die meisten Kernreaktionen verantwortlich sind. Die Theorien sind so ähnlich, daß es schließlich gelang, sie in einer einzigen zu vereinigen. Diese Vereinigung war dann eine Verallgemeinerung des Elektromagnetismus. Die vierte Kraft, die starke Kraft zwischen Quarks, die die Protonen und die Neutronen zusammenhält, beruht auch auf dem Elektromagnetismus. Dies alles steckt in dem Namen

Quantenchromodynamik, einem Abkömmling der Quanten-elektrodynamik. Ausgerüstet mit dem Verständnis dieser Theorien können wir schließlich zu Newtons Gravitation zurückkehren und sie verallgemeinern. Und siehe da, schon sind wir bei Einsteins allgemeiner Relativitätstheorie. Die Physik ist – so drückte es einmal der Physiker Sheldon Glashow aus – ein geschlossener Kreislauf, wie die berühmte Schlange Ouroboros in alten Mythologien, die sich in den Schwanz beißt.

Ich möchte dieses Kapitel mit einem besonderen Beispiel schließen, das grafisch demonstriert, wie auffällig eng die Verbindungen zwischen völlig verschiedenen Bereichen der Physik sind. Es ist schlagzeilen- und geschichtsträchtig zugleich und hat etwas zu tun mit dem Supraleitenden Supercollider (SSC), dem Beschleuniger, der bei Waxahachi in Texas errichtet werden sollte. Der Gesamtkostenaufwand von ungefähr acht Milliarden Dollar ist eine so gewaltige Summe, daß sie den SSC schon früh in die Schlagzeilen brachte und schließlich auch dazu führte, daß der Bau gestoppt wurde. Das Vorhaben wäre geschichtsträchtig geworden, weil schon sein Name unbeabsichtigt und hintergründig andeutete, daß dieses Projekt sich auf ein intellektuelles Vermächtnis gründete.

Wer schon einmal die riesigen Anlagen eines Teilchenbeschleunigers besichtigt hat, wird die Worte des großen Physikers und Lehrers Vicki Weißkopf nachempfinden, der diese Anlagen als die „gotischen Kathedralen des 20. Jahrhunderts" bezeichnete. In den Ausmaßen und in der Strukturvielfalt sind die modernen Beschleuniger tatsächlich für die Physiker heute das, was die Kathedralen für die Kirchenbaumeister des 11. und 12. Jahrhunderts waren – obwohl ich zweifle, daß die modernen Anlagen ebenso lange stehen werden. Der Supraleitende Supercollider war geplant als ein Kreis von 86 Kilometer Länge, der 30 Meter tief unter den Farmen von Texas liegt. Über 4000 gewaltige supraleitende Magnete sollten zwei Ströme von Protonen in zwei entgegengesetzte Richtungen durch den Beschleunigertunnel jagen und die Protonen bei Energien vom Zehnmillionenfachen ihrer Ruhemasse aufeinanderprallen. Jede Kollision hätte im Mittel über 1000 neue Teilchen erzeugen können, und es hätten einige zehnmillionen Kollisionen pro Sekunde stattgefunden.

Der Zweck dieser Mammut-Maschine war zu versuchen, den Ursprung der „Masse" in der Natur zu entdecken. Bisher haben wir keine Ahnung, warum Elementarteilchen eine bestimmte Masse haben, warum einige schwerer sind als andere, und warum andere, etwa die Neutrinos, vermutlich überhaupt keine Masse haben. Nach einigen überzeugenden theoretischen Argumenten liegt der Schlüssel zu diesem Geheimnis bei Energien, wie sie nur der SSC hätte liefern können.

Der Name Supraleitender Supercollider kommt teilweise von den vielen supraleitenden Magneten im Herz der Maschine. Ohne Kühlung auf sehr niedrige Temperaturen, bei denen die Stromleiter in ihnen supraleitend werden, wären so leistungsstarke Magnete gar nicht machbar oder mindestens so teuer, daß man damit nie solche Forschungsgeräte würde bauen können.

Um zu verstehen, warum dieser Name auch noch in einem tieferen Sinn zutreffend ist, müssen wir ungefähr achtzig Jahre zurückgehen, in ein Labor in der holländischen Stadt Leiden. Hier entdeckte der Experimentalphysiker Heike Kammerlingh Onnes das erstaunliche Phänomen, das wir heute Supraleitfähigkeit nennen. Onnes kühlte das Metall Quecksilber in seinem Labor auf sehr tiefe Temperaturen ab, um die Eigenschaften dieses kühlen Metalls zu untersuchen. Wenn Sie ein Material abkühlen, nimmt der Widerstand für den elektrischen Strom ab, hauptsächlich deshalb, weil die Bewegung der Atome und Moleküle im Material abnimmt, die den Stromfluß behindert. Als Onnes jedoch das Quecksilber bis auf 270 Grad Celsius unter Null abkühlte, stellte er etwas Unerwartetes fest: Der elektrische Widerstand verschwand völlig! Ich meine damit nicht, daß da *kaum noch* ein Widerstand war, ich meine tatsächlich: *kein* Widerstand. Der Strom, den man in einer in sich geschlossenen Spule aus solchem Material einmal in Fluß bringt, fließt unverändert über lange Zeiten, auch wenn man die Energiequelle, die den Strom verursacht hatte, wegnimmt. Onnes demonstrierte diesen Effekt überzeugend, indem er in einem Ring aus supraleitendem Draht einen solchen fließenden Strom in Gang setzte.

Er fuhr damit von seinem Heimatort Leiden bis nach Cambridge in England – und bei seiner Ankunft kreiste der Strom immer noch in dem Ring.

Supraleitfähigkeit blieb ein unzugängliches Geheimnis für fast ein halbes Jahrhundert, bis 1957 eine vollständige Theorie entwickelt wurde, die das Phänomen auf mikroskopischer Ebene erklärte, und zwar durch die Physiker John Bardeen, Leon Cooper und J. Robert Schrieffer. Bardeen hatte schon einen wichtigen Beitrag zur modernen Wissenschaft und Technologie geliefert, denn er war Miterfinder des Transistors, einem Grundbaustein jedes modernen elektronischen Gerätes. Der Nobelpreis für Physik, den sich Bardeen, Cooper und Schrieffer 1972 für ihre Arbeiten auf dem Gebiet der Supraleitung teilten, war sein zweiter wichtiger Beitrag. Kürzlich las ich übrigens einen Beschwerdebrief an eine physikalische Zeitschrift, in dem sich der Schreiber ironisch über die Mißachtung bedeutender Köpfe beklagte: Bardeen war der einzige, der zwei Nobelpreise auf dem gleichen wissenschaftlichen Feld gewann, er war Miterfinder einer Anordnung, die entscheidend den Lauf der Welt änderte. Als er 1992 starb, wurde das im Fernsehen kaum bemerkt. Es wäre doch nett, wenn Leute, die ihr Vergnügen an transistorbestückten Stereogeräten, Spielen und Computern haben, sich auch an die Arbeiten und Ideen erinnerten, denen sie dieses Vergnügen verdanken. Ausgerechnet das transistorbestückte Fernsehen hat Bardeen vergessen, einen seiner eigenen Schöpfer.

Die Schlüsselidee, die in die Theorie der Supraleitung einmündete, wurde bereits 1950 von dem Physiker Fritz London geäußert. Er vermutete, daß die merkwürdige Erscheinung das Ergebnis eines quantenmechanischen Phänomens sei, das normalerweise nur das Verhalten auf sehr kleinen Skalen beschreibt, daß es sich aber plötzlich auch in makroskopische Bereiche hinein erstrecken kann. Wenn Sie einen Draht an eine Stromquelle anlegen, setzen sich im gleichen Moment die Elektronen in ihm in Bewegung, es fließt ein Strom. Im Supraleiter benehmen sich diese Elektronen plötzlich wie eine einheitliche „kohärente" Anordnung. Ihr Verhalten wird nun mehr durch die quantenme-

124

chanischen Gesetze bestimmt. Sie beherrschen die individuellen Elektronen, nicht die klassischen Gesetze, die normalerweise nur für makroskopische Objekte gelten. Wenn alle Elektronen, die den Stromfluß darstellen, wie eine einzige Konfiguration agieren, die sich über den gesamten Leiter erstreckt, dann kann man sich den Stromfluß nicht mehr als die Bewegung von einzelnen Elektronen vorstellen, die vielleicht über Hindernisse hinweghüpfen, was für ihre Bewegung einen Widerstand bedeutet. Diese kohärente Konfiguration, die das Material durchdringt, ist die Ursache dafür, daß die Ladung durch den Leiter hindurchtransportiert wird. Es ist so, als ob in dem einen Zustand diese Konfiguration einem ganzen Bündel in Ruhe entspricht. In einem anderen Zustand, der stabil und zeitunabhängig ist, entspricht die Konfiguration einem ganzen Bündel von Elektronen, das sich gleichförmig bewegt.

Das ganze Phänomen ist nur möglich wegen einer wichtigen Eigenschaft der Quantenmechanik. Ein Teilchen kann seine Energie nur ändern, wenn es Energie absorbiert. Aber wenn die Energie nur in ganz bestimmten Beträgen absorbiert werden kann, dann kann die Reihe der möglichen Energien, die die Teilchen haben können, auch nur diskret gestuft sein. Was geschieht aber nun, wenn Sie ein ganzes Bündel von Teilchen in einem Kasten haben? Wenn es viele verschiedene Energiezustände für die Teilchen gibt, dann sollte man erwarten, daß jedes von ihnen einen anderen diskreten Zustand im großen Mittel hat. Manchmal jedoch, unter ganz bestimmten Umständen, ist es möglich, daß sämtliche Teilchen den gleichen Zustand einnehmen.

Um zu verstehen, wie so etwas geschieht, betrachten wir etwas, das jeder kennt: Sie sehen sich in einem vollbesetzten Kino einen lustigen Film an und amüsieren sich köstlich. Dann kaufen Sie sich das Video dazu und schauen sich den Film zu Hause allein an – und es ist weit weniger amüsant. Warum? Lachen steckt an. Wenn jemand in ihrer Nähe anfängt, lauthals zu lachen, ist es schwierig, nicht mitzulachen. Je mehr Leute um Sie herum lachen, um so schwerer ist es, davon nicht angesteckt zu werden.

Das physikalische Analogon für dieses Phänomen kann für die Teilchen in einer Box eintreten. Bei einer bestimmten Konfiguration können zwei Teilchen in der Box sich gegenseitig anziehen, und dadurch erniedrigen sie ihre Gesamtenergie, eben durch die Zusammenlagerung. Wenn zwei Teilchen damit angefangen haben, dann mag es für ein drittes, das gerade in der Nähe ist, energetisch günstig sein, sich diesem Pakt anzuschließen. Und nun nehmen wir an, daß diese besondere Art des Zusammenschlusses nur dann eintritt, wenn die Teilchen alle gemeinsam in einer der vielen möglichen Energiekonfigurationen sind, die sie einnehmen können. Jetzt ahnen Sie wahrscheinlich, was passiert: Aus einer zufälligen Anfangsverteilung der Teilchen werden sie bald alle in den gleichen Quantenstatus „kondensiert". So hat sich ein zusammenhängendes Kondensat gebildet.

Aber es steckt noch mehr dahinter. Die unterschiedlichen Quantenzustände in einem System sind durch diskrete Stufen getrennt. Sobald einmal alle Partikel in diesem System in einen einzigen Zustand gelangt sind, kann eine ziemlich große „Lücke" in der Gesamtenergie zwischen diesem Zustand und dem Gesamtzustand auftreten, wo – sagen wir – ein Teilchen unabhängig herumirrt und der Rest schön zusammenbleibt. Das ist genau die Situation in einem Supraleiter. Auch wenn jedes Elektron negativ geladen ist und deshalb andere Elektronen abstößt, kann innerhalb des Materials eine kleine übrigbleibende Anziehung zwischen Elektronen auftreten, die mit der Anwesenheit aller Atome in dem Festkörper zu tun hat. Das kann umgekehrt wieder dazu führen, daß sich die Elektronen paarweise zusammenlagern und dann in einer einzigen kohärenten Quantenkonfiguration kondensieren. Nun verbinde ich dieses ganze System einmal mit einer Batterie. Alle Elektronen wollen sich nun gemeinsam bewegen unter dem Druck einer elektrischen Kraft. Wenn eines von ihnen gegen ein Hindernis schlittert und dabei seine Bewegung verlangsamt, wird es gleichzeitig seinen Quantenzustand ändern. Aber da gibt es eine „Energiebarriere", die das verhindert, weil das Elektron so fest an alle seine Partner angekoppelt ist. So laufen alle Elektronen gemeinsam munter ihres Weges. Sie kennen keine Hindernisse und fühlen keinen Widerstand.

Gerade wegen dieses bemerkenswerten Verhaltens der Elektronenversammlung könnte man vermuten, daß es noch andere Eigenschaften des Materials gibt, die sich ändern, wenn das Material in den supraleitenden Zustand übergeht. Eine von diesen Eigenschaften ist der sogenannte Meißner-Effekt, benannt nach dem deutschen Physiker Fritz Walther Meißner, der ihn 1933 entdeckte: Wenn man einen Supraleiter in der Nähe eines Magneten hat, dann macht das supraleitende Material jede Anstrengung, sich das Feld des Magneten vom Leibe zu halten. Das bedeutet, daß sich die Elektronen in dem Material so anordnen, daß das magnetische Feld an der Außenseite vollständig unterdrückt ist und im Inneren des Materials verschwindet. Dazu müssen viele schwache magnetische Felder an der Oberfläche des Materials aufgebaut werden, um das äußere magnetische Feld gerade zu kompensieren. Wenn ich also ein supraleitendes Material in die Nähe eines Nordpols eines Magneten bringe, werden an der Oberfläche des Materials viele Nordpole geschaffen, um das auslösende Feld zurückzudrängen. Das kann wie Zauberei wirken: Wenn sie einen kleinen Supraleiter nehmen, der aber warm, also nicht im supraleitenden Zustand ist, und legen ihn auf einen Magneten, dann bleibt er zunächst einfach darauf liegen. Wenn Sie nun aber diese ganze Anordnung herunterkühlen, so daß das Material supraleitend wird, dann hebt es plötzlich ab und bleibt über dem Magneten in der Schwebe, weil alle die kleinen Magnetchen, die an der Oberfläche entstanden sind, das auslösende Magnetfeld abstoßen.

Es gibt noch einen weiteren Weg, dieses Phänomen zu beschreiben. Wie ich früher schon erwähnte, ist Licht nichts anderes als eine elektromagnetische Welle. Lassen Sie eine Ladung schwingen, und die wechselnden magnetischen und elektrischen Felder werden eine Lichtwelle erzeugen, die in den Raum hinausläuft. Die Lichtwelle läuft mit Lichtgeschwindigkeit, weil die Dynamik des Elektromagnetismus das erfordert: Energie, die in Form von Licht transportiert wird, kann keine Masse haben. Ebenso ist es anders herum: Die mikroskopisch kleinen Objekte der Quantenmechanik, die im Kleinen dem entsprechen, was wir im Großen als Lichtwelle beobachten, haben keine Masse.

Der Grund, warum magnetische Felder nicht in einen Supraleiter eindringen können, liegt darin: Wenn die Photonen, die diesem makroskopischen Bild entsprechen, in den Supraleiter eindringen und die Elektronen in ihrem kohärenten Status durchdringen, dann ändern sich diese Photonen selbst. Sie benehmen sich so, als ob sie Masse hätten. Der Fall liegt ganz ähnlich, als wenn Sie auf einem glatten Gehweg Rollschuh fahren und anschließend im Schlamm. Der zähe Schlamm behindert ihre Bewegung ganz gewaltig. Wenn jemand von hinten kommt und Sie anschieben will, dann kommt es ihm so vor, als ob Sie viel schwerer wären: Man braucht viel Kraft, um Sie vorwärtszubewegen. Auf dem Gehweg dagegen ist das Anschieben ein Kinderspiel. Ganz ähnlich ist es mit den Photonen. Es ist für sie viel schwerer, sich im Supraleiter vorwärtszubewegen wegen der wirksamen Masse, die sie in diesem Material haben. Das Ergebnis ist, daß sie nicht weit kommen, das magnetische Feld kann nicht ins Material eindringen.

Nun sind wir schließlich so weit, daß wir darüber reden können, was das alles mit dem SSC zu tun hat. Ich sagte schon, daß die Physiker hofften, mit dieser Maschine herauszufinden, warum Elementarteilchen Masse haben. Bevor Sie die vorhergehenden Seiten gelesen hatten, waren Sie vielleicht noch der Meinung, daß es keine zwei Phänomene gibt, die weniger miteinander zu tun hätten, aber es ist tatsächlich so: Die Lösung dieses Rätsels der Elementarteilchen ist identisch mit dem Grund dafür, warum supraleitende Materialien magnetische Felder abstoßen.

Ich hatte schon früher erwähnt, daß die elektromagnetische Kraft als Modell für die Naturkraft gelten könne, die für Kernreaktionen verantwortlich ist. Dazu gehört auch die „schwache" Kraft, aus der die Sonne ihre Energie nimmt. Beide erscheinen wie Zwillinge, weil die Mathematik zur Berechnung dieser beiden Kräfte fast identisch ist. Außer einem ganz wichtigen Unterschied: Das Photon, das als Quant die kleinste Einheit der elektromagnetischen Wellen darstellt, den Überträger der elektromagnetischen Kräfte, ist masselos. Die Teilchen dagegen, die die schwache Kraft übertragen, sind es nicht. Und hier liegt auch der Grund dafür, daß die schwache Kraft zwischen Protonen und Neutronen im Innern eines Atomkerns eine so kurze Reichweite haben und daß diese Kraft niemals außerhalb des Kerns spürbar ist, während die elektrischen und magnetischen Kräfte über weite Distanzen reichen.

Kaum hatten die Physiker dies erkannt, da fragten sie auch danach, warum es überhaupt diesen Unterschied gibt. Die Physik, die für dieses seltsame Verhalten der Supraleiter verantwortlich ist, liefert auch eine mögliche Antwort. Ich habe schon erklärt, wie seltsam die Welt der Elementarteilchenphysik ist, besonders an der Stelle, wo die spezielle Relativitätstheorie und die Quantenmechanik zusammenkommen. Ich habe auch besonders betont, daß der leere Raum nicht wirklich leer ist: Er kann durch virtuelle Teilchenpaare bevölkert sein, die spontan erscheinen und sofort wieder verschwinden, so rasch, daß man sie nicht entdecken kann. Ich erklärte auch im Kapitel 1, wie diese virtuellen Teilchen auf Beobachtungsprozesse einwirken können, wie zum Beispiel auf die Lambsche Verschiebung.

Nun brauchen wir nur noch 2 und 2 zusammenzuzählen. Wenn virtuelle Teilchen auf physikalische Prozesse einwirken, dann müßten sie doch eigentlich auf die Eigenschaften von nachweisbaren Elementarteilchen eine viel stärkere Wirkung zeigen. Stellen Sie sich vor, es gäbe eine neue Art von Elementarteilchen in der Natur, die eine starke Anziehung auf Teilchen des gleichen Typs ausübte. Wenn ein Paar von solchen Teilchen plötzlich aus dem Nichts herausspringt und existiert, wie es virtuelle Teilchen ja tatsächlich zu tun pflegen, dann kostet das Energie. So müssen diese Teilchen auf der Stelle wieder verschwinden, damit der Energiesatz nicht verletzt wird. Wenn diese Teilchen sich gegenseitig jedoch stark anziehen, dann könnte es für sie energetisch günstiger sein, nicht nur als einziges Paar auf die Bühne der Existenz zu springen, sondern gleich als ein Doppelpaar. Wenn aber zwei Paare eine größere Existenzberechtigung haben als eines, warum dann nicht gleich drei Paare? Und so weiter. Wenn man nun die Anziehungskraft solcher Teilchen entsprechend wählt, dann könnte es doch sein, daß die nötige Energie, die zum Aufbau eines kohärenten Systems aus sehr vielen solchen Teilchen gebraucht wird, tatsächlich kleiner ist als die Energie in einem System, in dem es überhaupt keine Teilchen gibt.

Angenommen, diese Teilchen gäbe es wirklich, was würde dann passieren? Wahrscheinlich würde sich in der Natur ein solcher Zustand spontan bilden: Der „leere" Raum würde erfüllt sein mit einem kohärenten Untergrund solcher Teilchen in diesem speziellen Quantenzustand.

Was würde alles aus solch einem Phänomen folgen? Nun, wir können nicht erwarten, daß wir die einzelnen Teilchen dieses Untergrunds sehen können, denn dazu müßte ein Teilchen von diesem Untergrund isoliert sein – nur dann könnten wir es beobachten. Es würde vielleicht eine unglaublich hohe Energie erfordern, es aus dem kohärenten Teilchenverband in dem Supraleiter herauszuschießen. Da sich die Teilchen mitten in diesem Untergrund bewegen, können wir aber erwarten, daß sich ihre Eigenschaften dadurch verändern.

Wenn wir es schaffen, den Untergrund nicht mit den Photonen, sondern mit den Teilchen in Wechselwirkung treten zu lassen, die die schwache Kraft übertragen, nämlich die W- und die Z-Teilchen, dann bestünde die Hoffnung, daß die W- und Z-Teilchen plötzlich so erscheinen, als ob sie eine große Masse hätten. Der wirkliche Grund also, warum die schwache Kraft anders ist als die elektromagnetische, liegt nicht im inneren Wesen dieser Kräfte, sondern an dem universellen kohärenten Untergrund, durch den sich die Teilchen hindurchbewegen.

Die hypothetische Analogie zwischen dem, was einem magnetischen Feld in einem Supraleiter passiert, und dem, was grundlegende Eigenschaften der „Natur" bestimmt, scheint viel zu phantastisch, um wahr zu sein, doch jedes Experiment hat das bis heute bestätigt. 1984 wurden die W- und Z-Teilchen entdeckt, und seitdem werden sie genauer untersucht. Ihre Eigenschaften stimmen perfekt mit dem überein, was man aufgrund dieser Eigenschaften erwarten sollte, wie ich es hier beschrieben habe.

Was bleibt noch übrig? Was ist mit der Masse der normalen Teilchen, der Protonen etwa und der Elektronen? Könnten wir auch diese vielleicht verstehen, wenn wir ihre Wechselwirkungen mit dem gleichförmigen kohärenten Quantenzustand betrachten, der als Untergrund den leeren Raum erfüllt? Wenn es so wäre, dann wäre der Ursprung aller Teilchenmassen derselbe. Wie können wir in dieser Frage Sicherheit gewinnen? Ganz einfach: indem wir uns Teilchen ausdenken – nach dem schottischen Physiker Peter Higgs werden diese hypothetischen Teilchen Higgs-Teilchen genannt –, von denen man annimmt, daß sie sich im leeren Raum bilden und dann das Weltgeschehen bestimmen. Der eigentliche Zweck des Supraleitenden Supercolliders sollte angeblich gewesen sein, die Higgs-Teilchen zu entdecken. Die gleichen theoretischen Voraussagen, die uns so zuverlässig zu den Eigenschaften der W- und Z-Teilchen führten, lassen vermuten, daß das Higgs-Teilchen, falls es überhaupt existiert, etwa zehnmal schwerer ist als diese Teilchen. Und deswegen sollte der SSC so groß gebaut werden, um auch diesen Energiebereich zu erfassen.

Für dieses Bild – das muß man dazusagen – ist es nicht nötig, daß das Higgs-Teilchen ein fundamentales Elementarteilchen ist wie das Elektron oder das Proton. Es könnte auch sein, daß sich das Higgs-Teilchen aus Paaren von anderen Teilchen zusammensetzt, ähnlich wie die Elektronenpaare, die sich aneinanderlagern, um den supraleitenden Zustand im Material herbeizuführen. Aber warum eigentlich existieren Higgs-Teilchen – falls es sie überhaupt gibt? Oder ist da noch eine viel fundamentalere Theorie verborgen, die ihre Existenz erklärt, und außerdem die der Elektronen, Quarks, Photonen, und der W- und Z-Teilchen? Wir werden nur dann Antworten auf solche Fragen bekommen, wenn wir in Experimenten danach suchen.

Ich persönlich könnte nicht verstehen, daß jemand nicht direkt von Ehrfurcht gepackt wird angesichts dieser unfaßbaren Dualität zwischen der Physik der Supraleitung und der Erklärung, warum es überhaupt Masse gibt im Universum. Aber diese intellektuell unglaubliche Einheit zu würdigen ist eine Sache. Eine andere ist, alles daranzusetzen, noch viel mehr darüber zu erfahren. Den SSC zu bauen, hätte schließlich bis zu zehn Milliarden Dollar gekostet, verteilt über zehn Jahre. Die tatsächliche Entscheidung, den SSC nicht zu bauen, war keine wissenschaftliche – niemand, der auch nur ein bißchen Bescheid weiß, konnte am wissenschaftlichen Wert dieses Projektes zweifeln. Es war eine politische Frage: Können wir uns eine so kostspielige Maschine in Zeiten der begrenzten Ressourcen leisten?

Ich komme nochmals auf den Anfang dieses Buches zurück: Ich glaube, daß die wichtigste Rechtfertigung für den Fortschritt im Wissen viel mehr mit Kultur zu tun hat als mit Technologie. Was die Griechen einst in Sachen Metallverarbeitung konnten, davon redet heute kein Mensch mehr, was sie jedoch an philosophischen Werken und wissenschaftlichen Idealen schufen, das gehört heute zur gehobenen Allgemeinbildung. Sie haben unsere Kultur, unser Denken geprägt, an ihrem Vorbild orientiert sich immer noch der Unterricht an den Schulen. Das Higgs-Teilchen, so es denn einmal entdeckt werden sollte, wird unser alltägliches Leben kaum verändern. Aber ich bin zuversichtlich, daß das Weltbild, in dem es seinen Platz hat, künftige Generationen prägen wird, wenn auch nur, indem es junge Leute anspornt, ihr Lebensglück in der Wissenschaft oder in technologischen Berufen zu suchen. Das erinnert mich an eine Bemerkung, die Robert Wilson einmal gemacht haben soll, der erste Direktor des großen Fermilab-Beschleunigers, dem damals energiereichsten der Welt. Als er gefragt wurde, ob diese Anlage auch der Verteidigung des Vaterlandes dienen könne, soll er geantwortet haben: „Nein. Aber ich will mit diesen Forschungen mein möglichstes dazu beitragen, daß dieses Land verteidigungswürdig bleibt.“

4   Verborgene Realitäten

Wir sollten nie aufhören, zu neuen Zielen
aufzubrechen. Doch am Ende unserer Erkundung
sind wir plötzlich wieder da, wo die Reise begann,
und wir meinen, zum erstenmal hier zu sein.

T.S.Elliot, „Little Gidding", Vier Quartette

Es ist ein eisigkalter Wintermorgen. Mit schlaftrunkenen Augen schauen Sie aus dem Fenster, doch was Sie sehen, ist ganz anders als das gewohnte Bild: Die Welt draußen besteht aus eigenartigen, bizarren Mustern. Es braucht eine Weile, bis Sie – nun ganz wach – erkennen, daß es die Eisblumen am Fenster sind, die Ihnen die fremde Welt vorgegaukelt haben. Und nun nehmen die Eismuster, in denen die Sonnenstrahlen glitzern, Ihre ganze Aufmerksamkeit gefangen.

In wissenschaftlichen Museen wird so etwas häufig als „Aha-Effckt" beschrieben. Wenn Sie eine romantische Natur sind, werden Sie alle möglichen weiteren Namen dafür erfinden. Ein plötzlich neues Erscheinungsbild der Welt, ein plötzlich neues Zusammenwirken von Teilen, die bisher nichts miteinander zu tun hatten, zu einer neuen Gesamtheit, wobei Sie zwar das Altbekannte sehen, aber jetzt in einem völlig neuen Licht, das war meist der Ausgangspunkt für Fortschritte in der Physik. Jedesmal wenn wir durch das Vordergründige hindurchschauen, entdecken wir Verborgenes, eine vorher verdeckte, tiefere Einfachheit. Und was ist typisch daran? Dinge, die scheinbar nichts miteinander zu tun haben, entpuppen sich plötzlich als ein und dasselbe.

Die wichtigsten Entwicklungen in der Physik des 20. Jahrhunderts sind so ähnlich gelaufen, ob das nun die faszinierenden Entdeckungen von Einstein über Raum, Zeit und das Universum sind oder die durchaus schwierige Beschreibung, wie ein Haferflockenbrei kocht. Ich möchte mich nicht zu sehr in philosophischen Betrachtungen darüber verlieren, was das innerste Wesen der realen Welt ist. Was ich philosophisch darüber denke, hat am besten der große Philosoph und Logiker unseres Jahrhunderts, Ludwig Wittgenstein, ausgedrückt: „Die meisten Aussagen und Fragen, die über die philosophische Betrachtung der Dinge geschrieben wurden, sind zwar nicht falsch, aber sinnlos."

Wenn man sich zum Beispiel wie Plato fragt, ob es eine äußere Wirklichkeit gibt, die unabhängig davon existiert, ob wir sie erkennen oder nicht, kann das zu endlosen Diskussionen führen, aber zu weiter nichts. Ich komme deshalb auf Plato, weil ich seine berühmte Allegorie von der Höhle hier anführen möchte – vielleicht deshalb, weil ich mir dann so schön literarisch gebildet vorkomme, aber wichtiger ist mir, daß ich nach diesem Vorbild eine eigene, für meine Zwecke leicht veränderte Allegorie schildern kann. Der griechische Philosoph Plato, ein Schüler des Sokrates, hat mit seiner Ideenlehre die gesamte abendländische Philosophie geprägt. Das eigentlich Existierende sind für Plato nicht die veränderlichen, vergänglichen Dinge der Welt, wie sie unsere Sinne uns zeigen, sondern die von der Wahrnehmung unabhängigen „Urbilder". Erkenntnis ist somit eine Wiedererinnerung an ewig existierende, ursprüngliche „Ideen".

Plato verglich unser Dasein und unsere Erkenntnismöglichkeiten mit einem Menschen, der in einer Höhle lebt. Das einzige, was er von der Welt draußen erfahren kann, sind Bilder – auf die hintere Wand der Höhle geworfene Schatten der „realen Objekte", die im Licht des Tages draußen existieren, verborgen dem Blick des Höhlenbewohners. Plato sagte nun, daß wir wie diese Person in einer Höhle leben, dazu verdammt, nur einen oberflächlichen Abklatsch der Realität zu erfahren, ärmliche Bilder, wie sie uns unsere Sinne mit ihren begrenzten Möglichkeiten bieten.

Man kann sich nun leicht die Schwierigkeiten vorstellen, mit denen der in der Höhle gefangene Mensch zu kämpfen hat. Die Schatten geben bestenfalls ein dürftiges Abbild der Welt, aber dennoch kann man sich vorstellen, daß es einige Momente tieferer Einsicht gibt. Nehmen wir dazu an, jeden Sonntagabend, kurz vor Sonnenuntergang, fällt ein Schatten auf die Wand, der so aussieht:

Und jeden Montagabend hat der Schatten diese Form angenommen:

Sie denken jetzt wahrscheinlich spontan an die Kuh in unserem ersten Kapitel, aber dies hier ist nun tatsächlich das Bild von irgend ctwas. Woche für Woche erscheinen die gleichen Bilder an der Wand – immer in diesem penetranten Wechsel und mit der rhythmischen Verläßlichkeit eines Uhrwerk. Schließlich passiert es an einem Montagmorgen, daß unser Höhlenmensch früher als an anderen Tagen wach wird. Er hört nun auch das Brummen eines Lastwagens und dazu das Scheppern von Metall.

Wenn es sich bei dem Höhlenmenschen um eine Frau mit besonders ausgeprägter Phantasie und außerdem mit mathematischem Talent handelt, formt sich in ihrem Kopf plötzlich eine ganz neue Vision: die beiden Erscheinungen waren überhaupt keine zwei verschiedenen Objekte! Sie waren ein und dasselbe. In ihrer Vorstellung fügt sie nun den beiden Erscheinungsformen eine neue Dimension zu, und damit kann sie sich tatsächlich von dem nun dreidimensionalen Objekt eine bildhafte Vorstellung machen – eine Mülltonne:

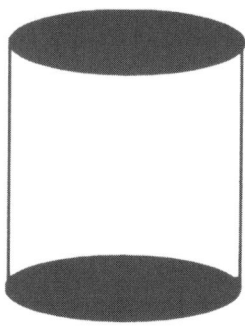

Wenn diese Tonne am späten Sonntagabend zur Abholung bereitgestellt wird und die Sonne direkt hinter ihr nah über dem Horizont steht, hat der Schatten davon die Form eines Rechtecks. Am Montag, wenn die Tonne von der Müllabfuhr geleert und auf die Seite gelegt wurde, ist das Schattenbild ein Kreis. Wenn man ein dreidimensionales Objekt aus verschiedenen Blickwinkeln betrachtet, haben die zweidimensionalen Projektionen davon sehr unterschiedliche Formen. Dieser Gedankenschritt ist nicht nur dazu gut, das Rätsel des Höhlenmenschen zu lösen, sondern führt uns auch zu der Erkenntnis, daß verschiedene Phänomene lediglich als unterschiedliche Sichtweisen derselben Sache erscheinen können.

Meist ist es eine solche Zusammenschau, die den Fortschritt in der Physik bringt, und nicht etwa ein Räderwerk, bei dem ein Rädchen ins andere greift und als Fortschritt immer neue hinzugefügt werden. Wenn man viele einzelne Teile zusammenfügt, folgt daraus durchaus nicht immer eine umfassendere Komplexität. Viel häufiger passiert es, daß plötzliche Wechsel in der Betrachtungsweise zu neuen Entdeckungen führen, wie in dem Höhlenbeispiel. Manchmal verbinden verborgene Realitäten, die enthüllt werden, bis dahin getrennte Vorstellungen, indem sie aus dem Mehr ein Weniger machen. Manchmal auch verbinden sie vorher voneinander unabhängige physikalische Größen miteinander und erschließen so neue Gefilde für die Forschung und für die Erkenntnis.

Ich habe schon von der Vereinigung gesprochen, die die Ära der modernen Physik einläutete: James Clark Maxwells intellektueller Erfolg, der die Physik des 19. Jahrhunderts krönte, die Theorie des Elektromagnetismus und damit die „Voraussage" von der Existenz des Lichtes. Ist es nicht bemerkenswert, daß in der Schöpfungsgeschichte zuerst das Licht erschaffen wurde, vor allem anderen? Ebenso war das Licht der Auftakt zur modernen Physik. Das seltsame Verhalten des Lichtes ließ Einstein über neue Beziehungen zwischen Raum und Zeit nachdenken. Es ließ auch die Begründer der Quantenmechanik die Verhaltensweisen in kleinsten Bereichen überdenken, und dabei zogen sie die Möglichkeit in Erwägung, daß Wellen und Teilchen manchmal dasselbe sein könnten. Schließlich bildete die Quantentheorie des Lichtes, die Mitte des Jahrhunderts vollendet war, die Grundlage für unser heutiges Verständnis aller bekannten Kräfte in der Natur, einschließlich der bemerkenswerten Vereinigung des Elektromagnetismus mit der schwachen Wechselwirkung in den letzten 25 Jahren. Man begann zu verstehen, was Licht ist, als man sich bewußt machte, daß zwei sehr unterschiedliche Kräfte, die Elektrizität und der Magnetismus, tatsächlich ein und dasselbe sind.

Ich hatte früher schon die Entdeckungen von Faraday und Henry geschildert, die enge Beziehungen zwischen Elektrizität und Magnetismus feststellten, aber ich glaube nicht, daß Ihnen dies eine so unmittelbare Vorstellung davon gibt, wie tief die Wurzeln einer solchen Verbindung reichen können. Deshalb möchte ich Ihnen ein Gedankenexperiment vorstellen, das viel eindrücklicher zeigt, wie Elektrizität und Magnetismus lediglich verschiedene Aspekte derselben Sache sind. Soweit ich weiß, wurde dieses Gedankenexperiment nie angeführt, um neue Einsichten zu bekommen, aber Sie werden sehen: Man kann daraus eine Menge lernen.

Gedankenexperimente sind ganz wichtig, wenn man sich mit Physik befaßt, denn mit ihnen kann man Ereignisse aus verschiedenen Perspektiven gleichzeitig betrachten. Vielleicht erinnern Sie sich an den Film „Rashomon" von Akira Kurosawa, in dem ein einziges Ereignis in verschiedenen Sichtweisen dargestellt wird, jeweils von einem anderen Beobachter interpretiert. Jede der vielen Perspektiven liefert uns einen neuen Zugang zu dem Ereignis, und so bekommen wir eine viel breitere, vielleicht auch viel objektivere Beziehung zu dem, was tatsächlich passiert. Weil es für nur einen Beobachter unmöglich ist, zwei verschiedene Beobachtungsorte gleichzeitig einzunehmen, bedienen sich die Physiker solcher Gedankenexperimente. Ein typisches will ich hier beschreiben. Ich folge dabei der Tradition von Galilei, die Einstein zur Perfektion entwickelte.

Für dieses Gedankenexperiment müssen Sie vorab zweierlei wissen. Erstens: Die einzige Kraft, die ein geladenes Teilchen in Ruhe fühlt, ist außer der Gravitation eine elektrische Kraft. Auch wenn Sie den stärksten Magneten der Welt neben ein solches Teilchen stellen: Es wird einfach da sitzenbleiben, als ob nichts wäre. Zweitens: Wenn Sie ein geladenes Teilchen in der Nähe eines Magneten bewegen, wird das Teilchen eine Kraft spüren, die seine Bewegung verändert. Diese Kraft wird Lorentz-Kraft genannt, nach dem holländischen Physiker Henrik Lorentz, der – vor Einstein – sehr nahe an die Formulierung der speziellen Relativitätstheorie herankam. Es handelt sich hier um eine ganz eigenartige Kraft. Wenn sich ein geladenes Teilchen *horizontal* zwischen den Polen eines Magneten bewegt, wie es in der Zeichnung unten gezeigt ist, dann ist diese Kraft auf das Teilchen nach oben gerichtet, senkrecht zu seiner ursprünglichen Bewegung.

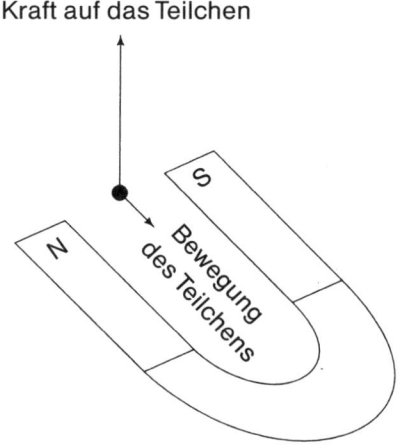

Kraft auf das Teilchen

Mit diesen beiden Voraussetzungen können wir nun zeigen, daß die Kraft, die sich für den einen als elektrische zeigt, für den anderen sich als magnetische Kraft offenbart. Elektrizität und Magnetismus verhalten sich ebenso eng verwandt miteinander wie der Kreis und das Rechteck auf der Wand in Platos Höhle. Dazu betrachten wir noch einmal das Teilchen in der vorhergehenden Zeichnung. Wenn wir diesen Versuch im Labor machen und beobachten, wie sich das Teilchen bewegt und dann abgelenkt wird, wissen wir, daß hier die magnetische Lorentz-Kraft wirkt. Nun wandeln wir das Experiment etwas ab: Sie wandern im Labor neben dem Teilchen her, in der gleichen Richtung und mit der gleichen Geschwindigkeit. In diesem Fall ist das Teilchen relativ zu Ihnen in Ruhe, aber der Magnet bewegt sich. Nun sieht die Sache also so aus:

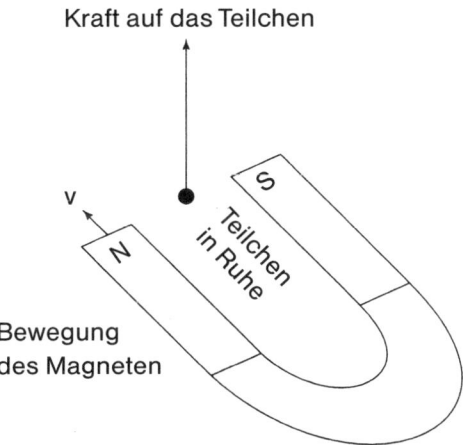

Ein geladenes Teilchen in Ruhe – so hatten wir doch gerade festgestellt – spürt nur eine elektrische Kraft. Also muß die Kraft, die jetzt auf das Teilchen wirkt, eine elektrische sein. Was denn nun? Seit Galilei wissen wir doch, daß die Gesetze der Physik für zwei Beobachter, die sich mit konstanter Geschwindigkeit relativ zueinander bewegen, die gleichen sind. Demnach gibt es für uns überhaupt keine Möglichkeit herauszufinden, ob sich das Teilchen bewegt und der Magnet stillsteht, oder ob es umgekehrt ist. Wir können nur schließen, daß Teilchen und Magnet sich relativ zueinander bewegen. Aber wir haben doch gerade in der Zeichnung, in der der Magnet stillsteht und das Teilchen sich bewegt, festgehalten, daß sich das Teilchen aufgrund der magnetischen Kraft nach oben bewegt. In der anderen Zeichnung, in der das Teilchen in Ruhe ist, muß diese Aufwärtsbewegung auf eine elektrische Kraft zurückgehen. Wie Sie ja schon längst wissen: Was dem einen als magnetische Kraft erscheint, kann für den anderen wie eine elektrische wirken. Elektrizität und Magnetismus sind nur verschiedene „Schatten" einer einzigen Kraft, des Elektromagnetismus. Die beiden Erscheinungsformen entsprechen lediglich den verschiedenen Gesichtspunkten, in diesem Fall, in welchem Bewegungszustand Sie sich gerade befinden!

Springen wir nun wieder in die Gegenwart und schauen wir, wie eine moderne Entwicklung in der Physik – die sich bereits vor 25 Jahren anbahnte und die ich am Ende des vorigen Kapitels andeutete – in diesem neuen Licht erscheint. Als ich erklärte, welche überraschend engen Beziehungen zwischen der Supraleitung und dem Supercollider bestehen, wies ich darauf hin, wie man das Auftauchen von Masse selbst als ein „Ereignis" auffassen kann, und das hatte etwas mit unseren begrenzten Beobachtungsmöglichkeiten zu tun. Wir billigen nur einigen Teilchen Masse zu. Das mag daran liegen, daß wir inmitten eines universellen „Untergrundfeldes" leben, das vorzugsweise die Bewegung dieser Teilchen behindert. Sie erscheinen uns so, als ob sie schwer wären. Ich möchte Sie daran erinnern, daß genau dies dem Licht im Inneren eines Supraleiters passiert. Wenn wir in einem Supraleiter lebten, würden wir glauben, daß der Träger des Lichtes, das Photon, Masse hätte. Doch wir leben nicht im Inneren eines Supraleiters, können aber als Außenstehende mit Hilfe des Gedankenexperiments trotzdem die Erklärung finden: Licht erscheint innerhalb eines Supraleiters wegen der Wechselwirkungen mit dem besonderen Zustand der Materie im supraleitenden Material als schwer.

Das ist der springende Punkt: Wir sind ja gar nicht die Außenstehenden mit der großen Übersicht, wir sind, wie bei Plato, in einer Höhle eingesperrt, als ob wir tatsächlich in einem Supraleiter lebten. Wie können wir dann in unserer Phantasie den Sprung zur Realität machen, die außerhalb der begrenzten Sphäre unserer Höhlen-Erfahrungen existiert? Irgendwie müssen wir verschiedene und scheinbar voneinander unabhängige Phänomene miteinander in Verbindung bringen. Wie wir das anstellen sollen, dafür, so glaube ich, gibt es keine universell gültige Regel – wir müssen es in jedem Einzelfall erneut versuchen. Wenn dann plötzlich das vorher Dunkle in einem klaren Licht erscheint, dann können wir sicher sein, es richtig gemacht zu haben.

Solch ein Sprung in die Realität begann in den späten fünfziger Jahren und endete in den frühen siebziger. Es wurde den Teilchenphysikern allmählich klar, daß die Theorie, die nach der Diskussionsrunde in Shelter Island abgeschlossen war und die die Quantenmechanik des Elektromagnetismus einschloß, auch die Grundlage der Quantentheorie von den anderen bekannten Naturkräften sein müsse. Wie ich früher schon erwähnte, sind sich die mathematischen Gebäude für den Elektromagnetismus und die schwache Wechselwirkung, die für die meisten Kernreaktionen verantwortlich ist, erstaunlich ähnlich. Der einzige Unterschied besteht darin, daß die Überträger der schwachen Kraft schwer sind und das Photon, der Träger der elektromagnetischen Kraft, masselos. 1961 hatte Sheldon Glashow gezeigt, daß diese beiden verschiedenen Kräfte tatsächlich zu einer einzigen Theorie vereinigt werden konnten, in der die elektromagnetische und die schwache Kraft verschiedene Erscheinungen der gleichen Sache sind. Aber dann blieb das Problem der gewaltigen Massendifferenz zwischen den Teilchen, die diese Kräfte übertragen: das Photon und die W- und Z-Teilchen.

Doch nun besann man sich darauf, daß der Raum selbst wie ein riesiger Supraleiter wirken könne, in dem Sinne, daß ein „Hintergrundfeld" tatsächlich die Teilchen wie schwere erscheinen lassen könne. Kurz danach, 1967, schlug Steven Weinberg und, unabhängig von ihm, Abdus Salam vor, daß genau dies mit den W- und Z-Teilchen passierte, wie ich es am Ende des vorigen Kapitels beschrieben habe.

Daß man eine Erklärung gefunden hatte, warum die W- und Z-Teilchen Masse haben, finde ich weniger interessant. Wichtig ist, man hatte auch ohne diese Erklärung verstanden, daß die schwache und die elektromagnetische Kraft nur verschiedene Erscheinungsformen derselben grundlegenden physikalischen Theorie sind. Wieder einmal entpuppt sich die beobachtete beachtliche Verschiedenheit von zwei Naturkräften als Zufall, sie beruht einfach auf unserer Sichtweise. Lebten wir nicht in einem Raum, der von Teilchen in kohärenter Struktur erfüllt ist, wären für uns die elektromagnetische und die schwache Wechselwirkung dasselbe. Irgendwie haben wir es trotzdem geschafft, aus den verschiedenen Bildern auf der Höhlenwand eine zugrundeliegende Einheit zu erschließen, auch wenn unsere Sinne uns etwas anderes vorspielen.

1971 zeigte der holländische Physiker Gerard 't Hooft, damals noch Doktorand, daß die Erklärung für die Masse von W- und Z-Teilchen mathematisch und physikalisch in sich schlüssig ist. 1979 bekamen Glashow, Salam und Weinberg den Nobelpreis für ihre Theorie, und 1984 schließlich wurden die W- und Z-Teilchen, Träger der schwachen Kraft, in einem Experiment an dem großen Beschleuniger des Europäischen Kernforschungszentrums CERN bei Genf entdeckt – mit ihren vorhergesagten Massen.

Das ist nicht das einzige Ergebnis dieser neuen Betrachtungsweise der Natur. Die erfolgreiche Vereinigung der schwachen und der elektromagnetischen Kraft zu einer einheitlichen stützte sich auf die Quantentheorie des Elektromagnetismus und erweiterte sie gleichzeitig. Das brachte die Forscher auf den Gedanken, ob es nicht eine ähnliche Vereinigung sämtlicher Naturkräfte geben könne. Die Theorie der starken Wechselwirkung, die nach der Entdeckung der asymptotischen Freiheit entwickelt und ausgebaut wurde – ich habe das im ersten Kapitel beschrieben –, hat exakt die gleiche allgemeine Form, bekannt unter dem Namen „Eichtheorie".

Daß ausgerechnet dieser Name dafür gefunden wurde, ist eng damit verknüpft, verschiedene Kräfte lediglich als verschiedene Erscheinungsformen der gleichen physikalischen Ursache zu sehen. Gehen wir noch einmal zurück ins Jahr 1918: Der Physiker und Mathematiker Hermann Weyl überlegte aufgrund einer der vielen Ähnlichkeiten zwischen der Gravitation und dem Elektromagnetismus, ob sich diese beiden nicht zu einer gemeinsamen Theorie vereinigen ließen. Er nannte die Eigenschaft, die sie miteinander verknüpfte, eine Eichsymmetrie. Das sollte andeuten, daß das Eichmaß, die Längenskala, die von verschiedenen Beobachtern benutzt wird, nach Belieben verändert werden kann, ohne dadurch die universell gültige Gravitation zu beeinflussen. Eine mathematisch ähnliche Veränderung kann man vornehmen, wenn verschiedene Beobachter die elektrische Ladung in der Theorie des Elektromagnetismus messen. Weyls Bemühungen, den klassischen Elektromagnetismus und die Gravitation miteinander zu verknüpfen, blieben in dieser Form ohne Erfolg. Seine mathematische Methode erwies sich jedoch als sehr erfolgreich in der Quantentheorie des Elektromagnetismus, und sie hielt auch Einzug in die Theorie der schwachen und der starken Wechselwirkung.

Sie spielt außerdem eine wichtige Rolle bei den heutigen Versuchen, eine Quantentheorie der Gravitation aufzustellen und sie mit den anderen bekannten Kräften zu verknüpfen. Die „elektroschwache" Kraft, wie sie heute genannt wird, und die Theorie der starken Wechselwirkung beruhen auf der asymptotischen Freiheit, bilden gemeinsam das „Standardmodell" der Teilchenphysik. Alle Experimente, die in den letzten zwanzig Jahren durchgeführt wurden, standen bestens in Einklang mit den Voraussagen dieser Theorien. Um die Vereinigung der schwachen mit der elektromagnetischen Wechselwirkung zu vollenden, fehlt nur noch, die genaue Natur des kohärenten grundlegenden Quantenzustands zu entschleiern, der alles durchdringt und offenbar den W- und Z-Teilchen ihre Masse gibt. Außerdem wollen wir noch herausbekommen, ob dieses gleiche Phänomen auch die eigentliche Ursache für die Masse aller anderen Teilchen in der Natur ist. Eine Antwort auf diese Frage hatten wir uns von dem SSC-Beschleuniger erhofft.

Als theoretischer Physiker finde ich diese beeindruckenden, geheimnisvoll verborgenen Realitäten in der Welt der Teilchenphysik faszinierend. Ich weiß jedoch auch aus Unterhaltungen mit meiner Frau, wie weit das für die meisten Menschen vom täglichen Leben entfernt ist. Sie finden überhaupt nichts Faszinierendes daran. Doch immerhin ist unsere eigene Existenz aufs engste verknüpft mit diesen Teilcheneigenschaften. Hätten die Teilchen nicht genau diese Masse, sondern eine auch nur ein klein wenig andere – das Neutron zum Beispiel ist nur um 1/1000 schwerer als das Proton –, wäre das Leben, so wie wir es auf der Erde kennen, nicht möglich. Das winzige Übergewicht des Neutrons gegenüber dem Proton bedeutet, daß das Proton stabil ist, mindestens für einen Zeitraum, der so groß ist wie das Alter der Welt.

Deshalb ist der Wasserstoff auch stabil. Er besteht nur aus einem Proton als Kern und einem Elektron, er ist das dominierende Element im Universum, er ist der Brennstoff für das Leuchten der Sterne und der Sonne, und er ist die Basis der organischen Moleküle. Wäre die Differenz in den Massen von Neutron und Proton anders, so wäre das empfindliche Gleichgewicht im frühen Universum gestört gewesen, aus dem alle leichten Elemente entstanden, die es heute noch gibt. Diese Kombination der leichten Elemente führte zur Entwicklung der ersten Sterne, fünf oder zehn Milliarden Jahre später zur Bildung unserer Sonne und schließlich auch zur Entwicklung von Leben, zu unserer eigenen Existenz.

Immer wieder erfüllt es mich mit Bewunderung, daß jedes Atom in unserem Körper sein Dasein dem Feuerofen eines entfernten explodierten Sterns verdankt. In diesem Sinne – und das stimmt buchstäblich – sind wir Kinder des Weltalls. Im Zentrum unserer Sonne ist es die Differenz in der Masse der Elementarteilchen, die die Reaktion für die Energieproduktion steuert, und diese Energie ist es, von der wir leben. Und schließlich ist es auch die Masse der Elementarteilchen, deren Summe die Anzeige auf der Waage im Badezimmer bestimmt – die manche nur mit Bangen betreten.

So eng die Verbindung zwischen dem Reich der kleinsten Teilchen und unserer anfaßbaren Umwelt auch sein mag, die Fortschritte der Physik im 20. Jahrhundert zielten nicht darauf, Phänomene in einem neuen Licht erscheinen zu lassen, die außerhalb unserer direkten Vorstellung liegen. Ich will deshalb schrittweise von den extremen Größenordnungen, die ich zuletzt behandelte, zu alltäglichen Gefilden zurückkehren.

Nichts ist unabdingbarer für unser Weltverständnis als die Vorstellung von Raum und Zeit. Das ist ein entscheidendes Faktum in der Entwicklung menschlichen Bewußtseins. Änderungen in der räumlichen und zeitlichen Wahrnehmung gelten als wichtige Ereignisse bei der Beobachtung vom Verhalten der Tiere. Betrachten wir ein Beispiel: Ein Kätzchen tappst unbekümmert auf eine Glasscheibe, die auf einem tiefen Loch liegt – doch nur ein sehr junges Kätzchen. Ab einem bestimmten Alter ist es mit der Unbekümmertheit vorbei: Nun weiß die Katze, daß ein leerer Raum unter ihren Füßen höchste Gefahr bedeutet. Eine Änderung im Raumbewußtsein ist hier verknüpft mit einem Zeitpunkt. Um so bemerkenswerter ist es, daß wir zu Beginn des 20. Jahrhunderts entdecken sollten, wie viel enger noch in Wirklichkeit Raum und Zeit miteinander verknüpft sind, viel enger, als wir jemals vorher ahnten. Kaum jemand zweifelt mehr daran, daß Albert Einsteins Entdeckung, wie eng Raum und Zeit in seiner speziellen und allgemeinen Relativitätstheorie ineinander verwoben sind, eine der herausragenden intellektuellen Errungenschaften unserer Zeit ist. In dieser Hinsicht ähnelt seine neue Sicht verblüffend der plötzlichen Erkenntnis des Höhlenbewohners.

Ich möchte es noch einmal betonen: Einsteins Wunsch war es, daß seine Relativitätstheorie und Maxwells Elektromagnetismus miteinander harmonierten. Nach Maxwell ist die Lichtgeschwindigkeit a priori durch zwei fundamentale Konstanten der Natur gegeben: durch die Stärke der elektrischen Kraft zwischen zwei Ladungen und die Stärke der magnetischen Kraft zwischen zwei Magneten. Galileis Relativität besagt, daß diese beiden für alle denkbaren zwei Beobachter, die sich mit konstanter Geschwindigkeit zueinander bewegen, gleich sein sollen. Daraus würde aber folgen, daß alle Beobachter immer die gleiche Lichtgeschwindigkeit messen, gleichgültig, ob Sie sich selbst oder ob die Lichtquelle sich bewegt. Und so kam Einstein zu der

Grundthese seiner Relativitätstheorie: Die Lichtgeschwindigkeit im Vakuum ist eine universelle Konstante. Sie ist unabhängig von der Geschwindigkeit der Lichtquelle und der des Beobachters.

Das ist doch absurd, mögen Sie spontan sagen. Gut – ich versuche mit einem weiteren Beispiel, klarzumachen, daß solche
Absurditäten auch im gewöhnlichen Leben auftreten. Wenn
eine politische Partei in Amerika das Weiße Haus erobern will,
muß sie offensichtlich zeigen, daß sie die demokratische Mitte
besetzt, daß ihre Gegner dagegen links oder rechts von der Mitte
stehen. Es wirkt natürlich unglaubwürdig, wenn vor der Wahl
mehrere Parteien diesen Anspruch für sich gepachtet haben, die
Einzigen in der Mitte zu sein. Einsteins Grundsatz macht so
etwas jedoch durchaus möglich.

Stellen wir uns noch einmal zwei Beobachter vor, die sich
zueinander bewegen. In dem Moment, wo sie sich begegnen, soll
der eine von ihnen einen Lichtblitz zünden. Das Licht läuft in
Form einer Kugelwelle in die dunkle Nacht hinaus. Licht läuft so
schnell, wir registrieren normalerweise gar nicht, daß es eine
bestimmte Zeit braucht, um von seiner Quelle wegzustrahlen,
und doch ist es so. Den Beobachter A wollen wir uns zunächst in
Ruhe vorstellen, er hatte den Blitz gezündet. Nach kurzer Zeit
wird er folgendes feststellen:

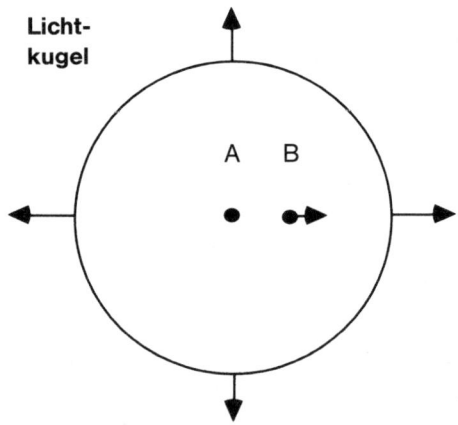

146

Er sieht sich als Mittelpunkt der Lichtkugel, und die Beobachterin B, die sich von Kollege A nach rechts bewegt, hat sich offenbar aus dem Zentrum der Lichtkugel wegbewegt. Doch ihre Messung belehrt sie eines Besseren: Sie mißt, ebenso wie vorhin Kollege A, nach allen Seiten die gleiche Lichtgeschwindigkeit, wie es Einstein gefordert hat. Ganz klar: Sie ist es, die sich im Zentrum der Lichtsphäre befindet, und Herr A ist aus dem Zentrum nach links abgewandert:

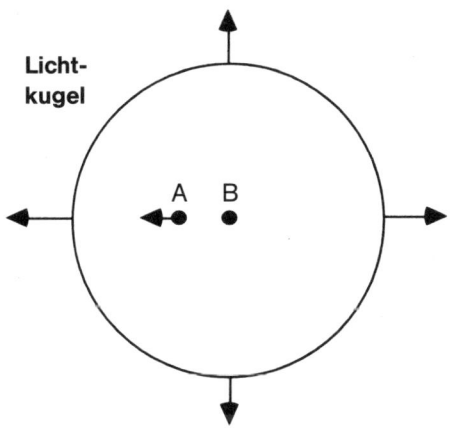

Mit anderen Worten: Beide Beobachter fühlen sich gleichberechtigt als Zentrum der Lichtkugel. Das kann doch nicht sein, sagt uns der „gesunde Menschenverstand". Aber im Gegensatz zur Politik in Amerika sind hier beide Hauptdarsteller, obwohl sie einen bestimmten Abstand voneinander haben, tatsächlich in der Mitte. Sie müssen es sein – falls Einstein recht hat.

Wie kann das möglich sein? Nur dann, wenn jeder der beiden Beobachter Zeit und Raum anders mißt. Der eine findet, daß die Entfernung zwischen ihm und allen Punkten auf der Lichtsphäre dieselbe ist, er ist jedoch der Überzeugung, daß die Kollegin in der einen Richtung (nach rechts) eine geringere Entfernung zur Lichtsphäre messen müßte als in der entgegengesetzten. Die Beobachterin kommt bei ihren Messungen zum gleichen Ergebnis, die Rollen sind jetzt vertauscht.

Die frühere Absolutheit von Raum und Zeit ist übergewechselt zu einer Absolutheit der Lichtgeschwindigkeit. Das ist möglich, und tatsächlich sind auch alle die scheinbaren Paradoxien möglich, die die Relativitätstheorie uns zumutet, weil unsere Informationen über weit entfernt liegende Ereignisse *indirekt* sind. Es gibt ja nur eine einzige Möglichkeit zu erfahren, was sich „jetzt" *dort* ereignet, nämlich von dort ein Signal zu empfangen, zum Beispiel einen Lichtstrahl. Doch wenn der „jetzt" bei mir ankommt, wurde er „vorhin" dort gesendet.

So zu denken, kommt uns recht fremd vor. Das liegt daran, daß die Lichtgeschwindigkeit so ungeheuer groß ist. Es entspricht doch unserer täglichen Erfahrung, daß alles, was wir *jetzt* in unserer Umgebung sehen, auch tatsächlich *jetzt* da ist und geschieht. Aber das entspricht nur der Alltagssituation, in der wir sind. Alles Geschehen um uns herum ist sehr nah bei uns, die Zeitdifferenzen beim Eintreffen des Lichtes bei uns sind unmerklich klein. Wir sind diesem Alltagsdenken so sehr verhaftet, daß auch Einstein ihm vielleicht erlegen wäre. Hätte er sich nicht mit den Grundgedanken des Elektromagnetismus befaßt, die ihn zu seiner intensiven Beschäftigung mit dem Licht führten, wäre er vielleicht nie darauf gekommen, das Bild an der Höhlenwand, das wir „Jetzt" nennen, zu enträtseln.

Wenn Sie mit Ihrer Kamera fotografieren, machen Sie einen Schnappschuß: Sie bannen einen Zeitpunkt auf den Film, vielleicht gerade den Moment, wo Lilli beim Tanzen über den Dackel stolperte und beim Fallen schräg in der Luft hing. Das stimmt jedoch nicht ganz. Das Bild mag einen bestimmten Augenblick festgehalten haben, aber mit dem „Zeitpunkt" ist das so eine Sache. Schauen wir doch einmal genauer hin. Nehmen wir an, der Film habe an den verschiedenen Stellen das überall gleichzeitig auftreffende Licht aufgezeichnet, aber es wurde zu verschiedenen Zeiten abgeschickt: von der weiter entfernt sitzenden Kapelle etwas früher als von dem nahen Dackel. So ist das Bild auf dem Film nicht eine „Zeitschicht", die so geschlossen auf den Film traf, sondern eher ein ganzes Paket aus Zeitschichten, die im Raum hintereinander herliefen. Der Abstand zwischen der Kapelle hinten und dem Dackel vorn beträgt vielleicht 30 Meter, das heißt, die „Zeitschichten" haben einen Abstand von einer zehnmillionstel Sekunde – so viel wie nichts.

Diese zeitähnliche Natur des Raumes bleibt uns normalerweise verborgen wegen der großen Kluft zwischen den „normalen" Größen, die wir in unserer Umgebung finden, und den riesigen Strecken, die das Licht in „menschlichen" Zeiten zurücklegt.

In einer hundertstel Sekunde zum Beispiel – das ist für Fotografen eine übliche Belichtungszeit für Schnappschüsse – legt das Licht 3000 Kilometer zurück, einmal quer durch die USA. Auch wenn es keine Kamera mit solch einem Weitblick gibt, ist der Moment „Jetzt", wie ihn das Foto festhält, alles andere als etwas Absolutes. Für den Beobachter jedoch, der das Foto schießt, ist er einzigartig: Er ist für ihn das „Hier und Jetzt", zugleich ist er für jeden anderen Beobachter ein „Dort und Damals". Nur Beobachter mit gemeinsamem „Hier" erfahren auch das gemeinsame „Jetzt".

Nach der Relativitätstheorie ist es aber nicht möglich, daß zwei zueinander bewegte Beobachter das gleiche „Jetzt" erfahren, auch wenn sie im gleichen Augenblick „hier" sind. Denn ihre Erfahrung vom „Dort" und „Damals" sind unterschiedlich. Auch dazu ein Beispiel, das nicht die üblichen Darstellungen in den Lehrbüchern der Relativitätstheorie wieder aufwärmen soll, sondern eines, das jedem geläufig ist und das Einstein selbst benutzt haben soll, um diese schwierige Sache zu klären – kein Beispiel, so finde ich, könnte das wohl besser als dieses. Unsere beiden Beobachter sollen in zwei verschiedenen Zügen sitzen, die auf zwei parallel verlaufenden Gleisen mit konstanter, aber unterschiedlicher Geschwindigkeit fahren. Es spielt keine Rolle, ob einer von beiden gar nicht fährt, es gäbe strenggenommen sowieso keine Möglichkeit, das überhaupt im absoluten Sinne festzustellen.

Die beiden Beobachter sollen jeweils in der Mitte ihres Zuges sitzen. In dem Moment, wo die Züge gerade nebeneinander sind, soll ein Blitz einschlagen. Besser noch: zwei Blitze, einer vorn bei der Lok, der andere hinten am letzten Wagen. Überlegen wir zunächst, was der Beobachter A in dem Moment sieht, wenn die Lichtwellen der beiden Blitze bei ihm ankommen:

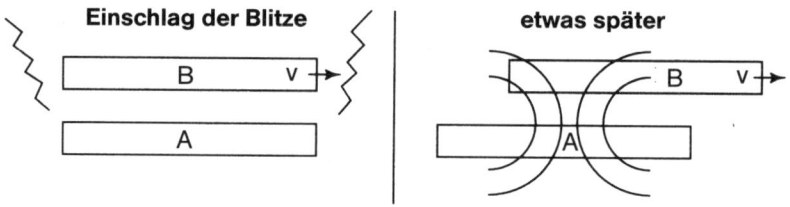

Einschlag der Blitze · **etwas später**

Er stellt fest, daß von beiden Enden des Zuges das Blitzlicht gleichzeitig bei ihm ankommt, er sitzt ja schließlich in der Zugmitte. Natürlich schließt er, daß die beiden Blitze auch zur gleichen Zeit eingeschlagen sind, und er kann daraus ein „Jetzt" ableiten, obwohl es eigentlich ein „Vorhin" sein müßte. Jetzt aber zur Beobachterin B, die sich gegenüber Kollege A inzwischen etwas nach rechts bewegt hat (siehe Zeichnung oben). Bei ihr kommt der Lichtblitz vom vorderen Einschlag offenbar etwas früher an als der Blitz am hinteren Ende des Zuges. Da wird keiner Einspruch erheben, denn die Zeitdifferenz, die Frau B beobachtet, schreiben wir der Bewegung des Zuges zu, der zum rechten Blitz hin fährt und sich vom linken entfernt.

Einstein aber ist da ganz anderer Meinung. Wegen der Konstanz der Lichtgeschwindigkeit ist es für Frau B unmöglich, diesen Effekt ihrer eigenen Bewegung festzustellen: Die Geschwindigkeit der Lichtwellen von beiden Blitzen ist gleich. Sie scheint dazwischen in Ruhe zu sein. Deshalb wird Frau B folgendes beobachten:

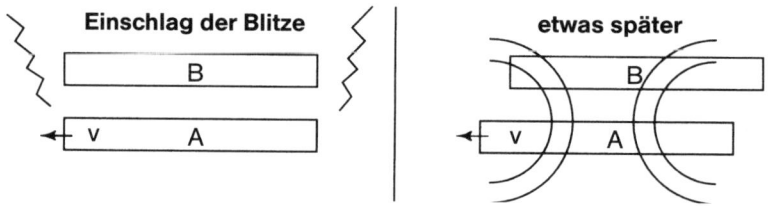

Einschlag der Blitze · **etwas später**

Frau B stellt fest: a) Es leuchten nacheinander zwei Blitze auf; b) das Licht kommt von beiden Enden des Zuges, in dessen Mitte sie sitzt; c) das Licht kommt aus beiden Richtungen mit der gleichen Geschwindigkeit bei ihr an. Aus diesen drei Beobachtungen schließt sie: Zuerst schlug der Blitz vorn ein, danach der am Zugende. Für sie entspricht das tatsächlich der Wirklichkeit. Weder A noch B können irgendein Experiment machen, das ein anderes Ergebnis hätte. A wie auch B sagen übereinstimmend aus: B sah den rechten Blitz früher als den linken. Beide Beobachter können auch nicht unterschiedlicher Meinung darüber sein, was in einem einzigen Punkt im Raum zu einem einzigen Punkt in der Zeit geschah. Ihre Erklärungen für diesen übereinstimmenden Befund sind jedoch verschieden. Jede Erklärung liefert die Basis für das jeweilige „Jetzt" der beiden. Deshalb müssen die beiden „Jetzt" verschieden sein. Entfernte Ereignisse, die für den einen Beobachter gleichzeitig sind, können für einen anderen nacheinander eintreten.

Mit dieser Art Gedankenexperiment demonstrierte Einstein, daß noch zwei weitere Facetten des Bildes vom absoluten Raum und der absoluten Zeit für Beobachter zusammenbrechen müssen, wenn sie sich relativ zueinander bewegen. A wird „beobachten", daß die Uhr von B langsamer läuft als seine eigene, umgekehrt wird B beobachten, daß die Uhr von A gegenüber ihrer eigenen zurückbleibt. Mehr noch: A wird beobachten, daß der Zug, in dem B sitzt, kürzer ist als sein eigener, während B umgekehrt das gleiche vom anderen Zug behauptet.

Damit der Leser nicht meint, dies wären lediglich Paradoxien der Wahrnehmung, möchte ich physikalisch hieb- und stichfest erklären: Jeder der beiden Zugreisenden stellt fest, daß der Gang der Uhren, das heißt der Lauf der Zeit, unterschiedlich ist. Sie stellen außerdem durch *Beobachtung und Messung* fest, daß die Länge der Züge unterschiedlich ist. Da für die Physik nur das Beobachtete, das Gemessene Realität besitzt – sie kümmert sich nicht um Realitäten, die außerhalb der Möglichkeiten des durch Beobachtung Erfaßbaren liegen –, bedeutet dieser Befund, daß das Gemessene an Uhren und Zügen Wirklichkeit ist.

Das passiert übrigens tagtäglich, und wir können es tatsächlich messen: Die kosmische Strahlung, die aus den Tiefen des Weltalls kommt und permanent die Erde bombardiert, besteht aus Teilchen sehr hoher Energie, sie kommen mit fast Lichtgeschwindigkeit an. Wenn sie die obersten Atmosphärenschichten erreichen, prallen sie mit den Atomkernen in der Luft zusammen und lösen sich dabei in einen Schauer von neuen, leichteren Elementarteilchen auf. Eines der häufigsten davon, das in diesem Prozeß entsteht, ist das Müon. Das Teilchen ist in gewisser Weise identisch mit den uns vertrauten Elektronen, die die äußere Hülle der Atome darstellen, nur ist es schwerer. Bis heute wissen wir nicht, warum diese Kopie des Elektrons überhaupt existiert. „Wer hat denn das bestellt?" protestierte der prominente amerikanische Physiker Isidor Isaac Rabi spontan, als er von der Entdeckung hörte.

Auf jeden Fall kann das Müon, weil es schwerer als ein Elektron ist, in ein Elektron und zwei Neutrinos zerfallen. Wir haben im Labor die Lebensdauer des Müons gemessen: Etwa eine millionstel Sekunde nach seiner Geburt ist es schon wieder zerfallen. Ein Teilchen, das mit Lichtgeschwindigkeit fliegt, kommt in seinem nur eine millionstel Sekunde währenden Leben nur 300 Meter weit, dann stirbt es im Zerfall. Deshalb sollten es Müonen niemals schaffen, nach ihrer Geburt in der hohen Atmosphäre, die hundertmal größere Strecke bis zum Erdboden herabzufliegen. Trotzdem sind sie der dominierende Anteil – außer Photonen und Elektronen – der kosmischen Strahlung, die wir am Erdboden messen.

Es ist wieder die Relativitätstheorie, die diesen Widerspruch löst. Die „Uhr" der Müonen läuft langsamer als unsere, da sie fast Lichtgeschwindigkeit haben. Deshalb bleibt für das Müon selbst die Welt in Ordnung: In seinem eigenen Bezugssystem zerfällt es im Mittel nach etwa einer millionstel Sekunde. Je nachdem, wie nah es der Lichtgeschwindigkeit kommt, können im Bezugssystem der Erde währenddessen mehrere Sekunden verstreichen – das reicht locker, um den Erdboden zu erreichen. Die Zeit verläuft für bewegte Objekte tatsächlich langsamer.

Ich kann es mir nicht verkneifen, Ihnen noch ein weiteres Paradoxon zu präsentieren, und das erzähle ich besonders gern. Es zeigt, wie hautnah diese Effekte sein können, und es unterstreicht auch, wie die Wahrnehmung der Wirklichkeit persönlich gefärbt sein kann. Nehmen wir an, Sie haben sich ein brandneues großes amerikanisches Auto gekauft, das Sie mir voller

Stolz vorführen. Sie fahren damit irrsinnig schnell, Sie erreichen sogar einen bestimmten, meßbaren Bruchteil der Lichtgeschwindigkeit. Schließlich rasen sie damit in meine Garage – und diesen Fall wollen wir näher unter die Lupe nehmen. 4 Meter lang ist Ihr Schlitten, eine Spur zu groß für meine Garage. Als Sie vorhin angebraust kamen, habe ich Sie beobachtet und durch Messung festgestellt, daß Ihr Auto nur 2,60 Meter lang ist. Angenommen, Sie würden ungebremst in meine Garage hineinfahren – ich würde dazu natürlich sicherheitshalber die Rückwand-Tür öffnen, würde Ihr Auto spielend hineinpassen. Aber nun kommt das Komische: Wenn Sie in diesem Tempo durch meine Garage hindurchflitzen, erscheint sie Ihnen selbst auf 2,60 Meter verkürzt, Ihr eigenes Auto jedoch – da hätten Sie nicht den geringsten Zweifel – ist weiterhin 4 Meter lang: Es würde nie in diese Mini-Garage passen.

Das Verrückte an dieser paradoxen Geschichte ist, daß beide von uns recht haben. Ich könnte tatsächlich für einen kurzen Moment beide Garagentüren schließen, und Ihr Auto paßt bequem hinein. Sie dagegen meinen für den kurzen Moment, daß Ihr Auto vorn und hinten aus der Garage hinausragt. Jeder von uns beiden ist überzeugt, daß seine Beobachtung die Realität richtig erfaßt hat. Aber was Realität ist, hängt offenbar von der Beobachtung ab und kann deshalb für jeden etwas Verschiedenes sein.

Der springende Punkt dabei ist, daß für jeden das „Jetzt" subjektiv ist, besonders bei der Beobachtung entfernter Ereignisse. Der Fahrer im Auto schwört, daß „jetzt" die Nase seines Autos die Rückseite der Garage erreicht hat, während das Heck noch weit draußen ist. Der Garagenbesitzer schwört ebenso überzeugt, daß „jetzt" das Ende des Wagens in der Garage verschwunden ist und die Nase noch nicht die Garagenrückwand erreicht hat.

Wenn Ihr „Jetzt" nicht mein „Jetzt" ist, wenn Ihre Sekunde eine andere ist als meine, wenn Ihr Meter eine andere Länge hat als meiner, auf was kann man sich dann überhaupt noch verlassen? Nicht verzweifeln, es gibt noch etwas Verläßliches, und das steckt in den neuen Verknüpfungen von Raum und Zeit, wie sie die Relativitätstheorie aufgedeckt hat. Ich habe zuvor schon darauf hingewiesen: Wenn man die endliche Geschwindigkeit des Lichts berücksichtigt, wird der Raum der Zeit ähnlich. Aber diese letzten Beispiele gehen sogar noch weiter. Was für den einen eine bestimmte Spanne im Raum ist, etwa der Abstand von der Lok bis zum letzten Wagen, den man in einem bestimmten Moment der Zeit ausmißt, kann für einen anderen zu einer bestimmten Spanne in der Zeit werden: Diese zweite Person wird behaupten, daß die Messungen nach vorn und hinten am Zug zu verschiedenen Zeiten vorgenommen wurden. Mit anderen Worten: Was für den einen ein „Raum", kann für den anderen eine „Zeit" sein.

Das ist eigentlich gar nicht so überraschend, wenn wir uns an das bereits Gesagte erinnern. Die Konstanz der Lichtgeschwindigkeit hat Raum und Zeit in einer neuen Weise verbunden, wie es zuvor unbekannt war. Wenn zwei Beobachter eine Geschwindigkeit messen, also daß eine bestimmte Strecke in einer bestimmten Zeit durchlaufen wird, und wenn beide das gleiche Ergebnis herausbekommen, obwohl sie sich relativ zueinander bewegen, dann gibt es dafür nur eine Möglichkeit: Sowohl der gemessene Raum als auch die gemessene Zeit müssen sich zwischen den beiden Beobachtern geändert haben. Es gibt hier durchaus etwas Absolutes, aber es bezieht sich weder allein auf den Raum noch allein auf die Zeit, es betrifft die Gemeinsamkeit von beiden. Und es ist gar nicht so schwer, dieses Absolute zu finden.

Die Strecke, die ein Lichtstrahl mit der Geschwindigkeit c in einer bestimmten Zeitspanne t zurücklegt, ist $d = c \cdot t$. Da für alle anderen Beobachter das Licht die gleiche Geschwindigkeit c hat, ändern sich für sie ihre Zeiten t' und Strecken d', für sie gilt entsprechend die Gleichung $d' = c \cdot t'$. Wir können sie etwas anders schreiben, wir können die Ausdrücke quadrieren und erhalten dann die Größe $s^2 = c^2 \cdot t^2 - d^2 = c^2 \cdot t'^2 - d'^2$. Diese Größe s^2 muß für alle Beobachter gleich Null sein. Jetzt haben wir den Schlüssel in der Hand, um unsere Vorstellung von Raum und Zeit in exakter Analogie zu der des Höhlenbewohners aufzuschließen.

Überlegen wir einmal, welchen Schatten ein Lineal an die Höhlenwand werfen kann. Im Prinzip beliebig viele verschiedene, zum Beispiel diesen besonders langen:

Es ist aber auch möglich, mit dem gleichen Lineal dieses Schattenbild zu erzeugen:

Unser armer Freund in der Höhle muß sich damit abfinden, daß die Länge eines Gegenstandes nicht konstant ist, und er grübelt darüber, wie das zustande kommen könnte? Wir sind in der glücklichen Lage, uns nicht mit zweidimensionalen Projektionen abfinden zu müssen, wie leben im dreidimensionalen Raum, wir haben einen Blickwinkel mehr, um das Problem zu betrachten. Von oben gesehen hatte das Lineal für die beiden verschiedenen Schatten zwei verschiedene Postionen:

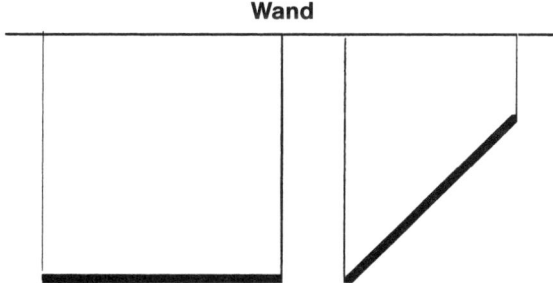

Beim zweiten Schattenwurf war es etwas gedreht worden. Wir wissen, daß sich durch solche Drehungen natürlich nicht die Länge des Lineals ändert, sondern nur die „Komponente" seiner Länge, die an die Höhlenwand projiziert wird. Man kann sich auch vorstellen, daß man das gedrehte Lineal in zwei verschiedenen Richtungen – unter einem rechten Winkel zueinander – projiziert. Zwei Beobachter sehen dann die Schattenbilder:

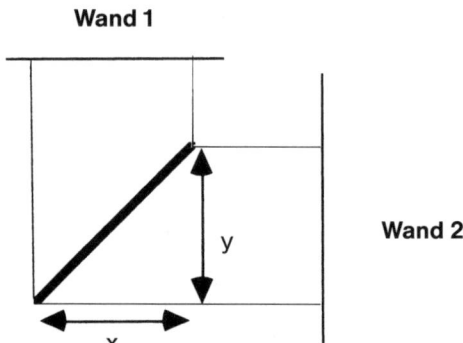

Wenn L die tatsächliche Länge des Lineals ist, dann wissen wir, daß nach dem Satz des Pythagoras für die beiden Projektionen x und y die Gleichung $L^2 = x^2 + y^2$ gilt. Wenn sich nun für die beiden Beobachter die Längen x und y irgendwie verändern, bleibt diese Beziehung doch konstant. Für einen Beobachter, der etwa y sieht, kann die Länge sogar auf Null schrumpfen, während der andere in x-Richtung die maximale Länge sieht. Je nach Drehung des Lineals ändern sich beide Schatten x und y.

Diese Spielchen ähneln erstaunlich den Erscheinungsformen von Raum und Zeit für zwei Beobachter, die sich relativ zueinander bewegen. Ein Zug, der sehr schnell an mir vorbeifährt, erscheint mir verkürzt, und der Gang der Zeit im Zug scheint mir verlangsamt. Die Uhr an der Lok und die Uhr am letzten Wagen zeigen für mich sogar verschiedene Zeiten an. Ein Passagier im Zug dagegen hält die Uhrzeiten für exakt gleich. Ganz wichtig ist nun, daß die Größe s das Analogon zu der Raumlänge L im Höhlenbeispiel ist. Erinnern wir uns, daß s als das Raum-Zeit-Intervall definiert ist nach der Gleichung $s^2 = c^2 \cdot t^2 - d^2$. Es stellt eine Kombination aus verschiedenen Raum-Zeit-Intervallen von Ereignissen dar. s wird Null zwischen zwei Raum-Zeit-Punkten, die in der Linie eines Lichtstrahls liegen. Das hat nichts damit zu tun, daß verschiedene Beobachter mit ihren eigenen Bewegungen unterschiedliche Werte für d und t feststellen, je nachdem von wo aus im Raum und in der Zeit sie messen. Auch wenn die beiden Punkte nicht auf einem Lichtstrahl liegen, sondern zwei beliebige andere Raum-Zeit-Punkte sind, die für einen Beobachter durch die Länge d und die Zeit t voneinander getrennt sind, wird die Größe s, also die Kombination zwischen beiden (die nicht unbedingt gleich Null sein muß), für alle Beobachter gleich groß sein. Auch dies ist unabhängig davon, daß jeder Beobachter eine andere Länge und einen andere Zeit mißt.

Doch das reichte Einstein noch nicht, sein Raum-Zeit-Bild war noch nicht vollendet. Und wieder war es das Licht, das ihm weiterhalf. Jeder, gleichgültig wie schnell und wohin er sich mit konstanter Geschwindigkeit bewegt, sieht das Licht mit gleicher Geschwindigkeit c strahlen. Niemand kann deshalb entscheiden, ob er es ist, der sich bewegt und der andere in Ruhe ist, oder umgekehrt. Bewegung ist relativ. Wie ist es aber nun, wenn die eigene Geschwindigkeit nicht konstant ist? Wenn sich nun einer der Beobachter beschleunigt bewegt? Werden sich dann alle anderen einig sein, daß nur er es ist, der sich beschleunigt bewegt? Um diese Frage zu klären, wählte Einstein eine Situation, die wir alle kennen: Wenn Sie in einen Aufzug gestiegen sind, wie können Sie dann merken, wann und in welche Richtung er sich in Bewegung setzt? Ganz einfach: Wenn Sie sich plötzlich schwerer fühlen, ist er nach oben gestartet; und in dem Moment, wo er beginnt, sich abwärts zu bewegen, fühlen Sie sich leichter. Sind Sie sich aber wirklich ganz sicher, daß der Aufzug sich bewegt? Könnte es nicht auch sein, daß die Gravitation plötzlich stärker oder schwächer wurde?

Die Antwort ist eindeutig: Sie wissen es nicht. Es gibt kein Experiment, das Sie im Aufzug machen könnten, um diese Entscheidung zu fällen. Es bleibt unklar, ob für den Moment der Aufzug sich beschleunigt nach oben bewegt oder ob Sie sich einen Moment lang in einem stärkeren Gravitationsfeld befinden. Wir können die Situation noch einfacher gestalten: Verlegen wir den Aufzug in Gedanken in den leeren Raum, weit weg von der Erde und allen anderen Himmelskörpern. Wenn der Aufzug stillsteht oder wenn er sich mit konstanter Geschwindigkeit bewegt, drückt Sie nichts gegen den Boden. Es gibt kein oben und unten, Sie sind schwerelos. Wenn sich der Aufzug jedoch „nach oben" beschleunigt, also in Richtung Decke, schiebt der Boden Sie nach oben. Sie spüren eine Kraft, die Sie ebenso nach oben beschleunigt. Sie fühlen sich gegen den Boden gedrückt. Wenn Sie zufällig einen Ball bei sich haben und ihn loslassen, „fällt" er zu Boden. Warum? Weil er den Zustand der Ruhe oder der konstanten Geschwindigkeit beibehalten möchte, wie es Galilei gelehrt hat. Der Boden dagegen wird nach oben beschleunigt, dem Ball entgegen. Aus Ihrer Sicht, der Sie mit dem Aufzug nach oben beschleunigt werden, fällt der Ball nach unten. Wichtig ist auch, daß die Masse des Balles dabei keine Rolle spielt. Wenn Sie statt eines Balles sechs Bälle haben und diese loslassen, fallen sie mit derselben Beschleunigung, auch wenn alle unterschiedliche Massen haben. Auch hier liegt die Ursache für das „Fallen" darin, daß der Boden des Aufzugs sich beschleunigt zu den Bällen hin bewegt.

Wenn Galilei bei Ihnen im Aufzug wäre, er würde schwören, daß Sie auf der Erde sind. Einen Großteil seines Lebenswerkes hatte er darauf verwandt zu zeigen, wie sich Körper an der Erdoberfläche verhalten, und all das fände er in Ihrem Aufzug aufs genaueste bestätigt.

Galilei zeigte, daß die Gesetze der Physik für alle Beobachter dieselben sind, die sich mit konstanter Geschwindigkeit bewegen. Einstein zeigte darüber hinaus, daß die Gesetze für Beobachter, die sich beschleunigt bewegen, und für solche, die sich in einem Gravitationsfeld befinden, dieselben sind. Und so bewies er, daß auch die Beschleunigung relativ ist. Was für den einen eine Beschleunigung, ist für den anderen eine Gravitation.

Und wieder einmal hatte Einstein die Enge der Höhle gesprengt. Wenn man Gravitation in einem Aufzug „schaffen" kann, dann könnte es doch sein, daß wir alle in einem riesigen Aufzug sitzen. Vielleicht beruht das, was wir Gravitation nennen, lediglich auf der Besonderheit unserer Perspektive. Aber was könnte diese Besonderheit sein?

Wir leben auf der Erde mit ihrer gewaltigen Masse. Vielleicht kann das, was wir als Anziehungskraft zwischen uns und der Erde ansehen, auch ganz anders gesehen werden: als die Auswirkung irgendeiner Veränderung, die die Erdmasse in der umgebenden Raumzeit verursacht.

Ein schwieriges Rätsel, doch Einstein löste es wieder, indem er das Licht zu Hilfe nahm. Gerade erst hatte er gezeigt, wie innig Raum und Zeit durch die Konstanz der Lichtgeschwindigkeit miteinander verwoben sind. Was geschieht, fragte er, mit einem Lichtstrahl in unserem Aufzug, der im Raum beschleunigt wird? Für einen Außenstehenden ist die Sache klar: Der Strahl geht mit konstanter Geschwindigkeit geradeaus. Aber im Aufzug selbst, der sich ja beschleunigt nach oben bewegen soll, stellt sich der Lichtstrahl eher so dar:

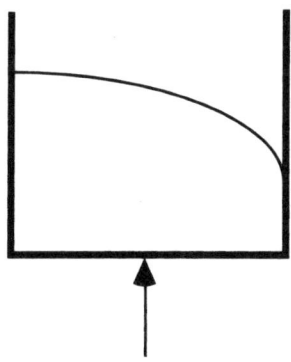

Im System Aufzug erscheint der Weg des Lichts nach unten gebogen, weil der Aufzug quer zu ihm nach oben schneller wird. Mit anderen Worten: Das Licht fällt! Wenn unser beschleunigter Aufzug einem in einem Gravitationsfeld ruhenden Aufzug gleichbedeutend ist, dann heißt das: Licht wird durch ein Gravitationsfeld abgelenkt.

Das klingt überraschend, sollte es aber nicht sein, denn Einstein hatte ja schon gezeigt, daß Masse und Energie miteinander äquivalent und austauschbar sind. Die Energie eines Lichtstrahls vergrößert die Masse eines Objekts, wenn sie von ihm absorbiert wird. Auch das Umgekehrte gilt: Die Masse eines Objekts, das Licht ausstrahlt, wird kleiner, und zwar genau um den Energiebetrag des ausgestrahlten Lichts. Die Energie des Lichts kann sich also auch so äußern, als ob Licht Masse hätte. Und alle Objekte mit Masse fallen in einem Gravitationsfeld nach unten.

Hier taucht ein fundamentales Problem auf: Ein Ball fällt beschleunigt. Seine momentane Geschwindigkeit hängt davon ab, wie weit er schon gefallen ist. Die konstante Lichtgeschwindigkeit aber ist das unerschütterliche Fundament der speziellen Relativitätstheorie. Das gilt für alle Beobachter, egal wie schnell sie sich gegenüber dem Licht bewegen.

So müßte ein Passagier links oben im Aufzug, der den Lichtstrahl beobachtet, die Geschwindigkeit c messen, das gleiche sollte ein Passagier rechts unten messen, wo der Lichtstrahl etwas später ankommt. Dabei spielt es keine Rolle, daß sich der untere Beobachter bei seiner Lichtmessung etwas schneller bewegt als der Beobachter links oben bei seiner Messung kurz vorher. Wie verträgt sich das mit der Tatsache, daß Licht – grob gesehen – wie ein Ball fällt? Einstein vermutete ja sogar noch mehr: Wenn ich in einem Gravitationsfeld die gleichen Effekte wie in einem beschleunigten Aufzug messe, dann müßte das Licht auch fallen, wenn ich in einem Gravitationsfeld in Ruhe bin, zum Beispiel, wenn die Lichtstrahlen der Abendsonne flach auf die Erde treffen.

Das kann aber nur der Fall sein, wenn die Lichtgeschwindigkeit davon abhängt, ob ich sie großräumig betrachte oder an einem Ort messe.

Wenn das Licht großräumig gebogen und beschleunigt erscheint, für Beobachter an einer bestimmten Stelle jedoch geradeaus und mit konstanter Geschwindigkeit c, dann gibt es nur eine Erklärung dafür: Die Längen und die Uhren verschiedener Beobachter, die in einem eigenen Bezugssystem messen, also entweder in einem beschleunigten Aufzug oder ruhend im Gravitationsfeld, sind unterschiedlich.

Was soll denn mit Raum und Zeit großräumig passieren? Um das zu klären, wollen wir zu unserer Höhle zurückkehren. Betrachten Sie die Zeichnung auf der rechten Seite, die an der Höhlenwand erscheinen könnte. Sie zeigt den auf einer Erdkarte eingezeichneten Weg eines Flugzeugs, das von New York nach Bombay fliegt:

Was kann man nun tun, daß die gebogene Kurve an jeder Stelle wie eine Gerade aussieht, an der das Flugzeug mit konstanter Geschwindigkeit geradeaus entlangfliegt? Eine Möglichkeit wäre, daß man die Länge eines Lineals beim Fliegen stetig verändert. Grönland sieht hier in seiner Ost-West-Ausdehnung genau so groß aus wie ganz Europa. Messen wir aber mit unserem veränderlichen Maßstab erst Europa aus, fahren dann nach Grönland, um es ebenso auszumessen, stellt es sich als kleiner heraus.

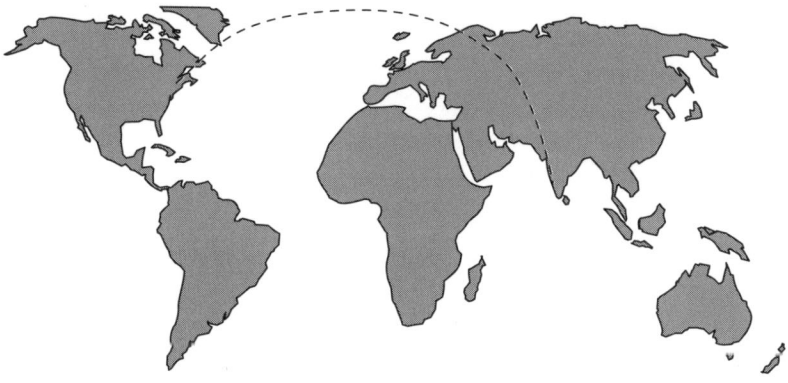

Die Lösung scheint verrückt, wenigstens für den Höhlenbewohner. Aber wir wissen es besser. Die Lösung entspricht nämlich dem Wissen, daß die hier dargestellte Oberfläche tatsächlich gekrümmt ist. Dadurch werden Entfernungen in Polnähe gegenüber den tatsächlichen Distanzen auf der Erde gestreckt dargestellt. Wenn wir die Karte als Kugeloberfläche sehen, was wir ja dank unserer dreidimensionalen Sichtweise können, ist die Sache klar. Die gekrümmte Kurve ist tatsächlich die Entfernung zwischen den beiden Endpunkten. Auf der Kugel entspricht sie der kürzesten Verbindungslinie dazwischen. Ein Flugzeug, das von New York nach Bombay immer geradeaus fliegt, nimmt genau diesen Weg.

Was können wir daraus lernen? Wir hatten gefunden, daß die Gesetze für einen Beobachter im beschleunigten System und für einen in einem Gravitationsfeld ruhenden die gleichen sind. Und wenn wir nun folgerichtig weiterdenken, sind sie äquivalent mit der Forderung, daß die Raumzeit, in der das gemessen wird, gekrümmt ist. Warum können wir diese Krümmung denn nicht unmittelbar erkennen? Weil unsere Sicht und unsere Erfahrung begrenzt sind. Wir sehen die Welt nur von einem winzigen Punkt aus. Stellen Sie sich eine platte Wanze in Ostfriesland vor. Ihre Welt besteht aus der zweidimensionalen flachen Oberfläche, auf der sie herumkrabbelt. Wir dagegen genießen den Luxus, diese Oberfläche als Teil eines dreidimensionalen Raumes zu sehen, und deshalb können wir unsere Erde als Kugel zeichnen. Wollten wir in gleicher Weise die Krümmung des dreidimensionalen Raumes zeichnen, so müßten wir ihn als Teil eines vierdimensionalen Raumes begreifen. Das ist für uns ebenso unvorstellbar wie der dreidimensionale Raum für die Wanze, deren Dasein an die Oberfläche der Erde gebunden ist und die keine Erfahrung mit drei Dimensionen hat.

So kann man Einstein als den Christoph Kolumbus des 20. Jahrhunderts ansehen. Kolumbus hatte sich darauf verlassen, daß die Erde eine Kugel sei. Um diese für die Alltagserfahrung verborgene Realität zu offenbaren, setzte er Segel nach Westen. Von Osten her wollte er wieder heimkehren. Einstein ging eine Dimension weiter: Wenn man die Krümmung des dreidimensionalen Raumes zeigen will, braucht man nur einem Lichtstrahl im Gravitationsfeld zu folgen. Er schlug dafür drei klassische Tests vor:

1.) Wenn ein Lichtstrahl nah an der Sonne vorbeiläuft, sollte er doppelt so stark abgebogen werden, als wenn er in einem gleichförmigen Gravitationsfeld „fällt".

2.) Die elliptische Bahn des Merkur um die Sonne sollte ihre Richtung ändern, die große Achse der Ellipse sollte sich jedes Jahr ein wenig weiterdrehen, bedingt durch die Krümmung des Raumes in der Nähe der Sonne.

3.) Uhren sollten am Fuß eines Turmes schneller laufen als an seiner Spitze.

Man kannte seit langem diese „Periheldrehung" der Merkurbahn, und nun stellte es sich heraus, daß ihr jährlicher Betrag exakt dem entsprach, was Einstein berechnet hatte. Altbekanntes lediglich zu bestätigen, ist jedoch weit weniger spektakulär, als etwas völlig Neues vorherzusagen. Das betrifft die zwei anderen Voraussagen der allgemeinen Relativitätstheorie Einsteins.

1919 brach unter Leitung von Sir Arthur Stanley Eddington eine Expedition nach Südamerika auf, um dort die totale Sonnenfinsternis zu beobachten. Auf ihren Fotografien von der unmittelbaren Umgebung der verfinsterten Sonne waren die Sterne gegenüber ihrer normalen Position etwas verschoben, gerade so viel, wie es Einstein vorausgesagt hatte. Lichtstrahlen liefen nah an der Sonne tatsächlich auf gekrümmten Bahnen – der Name Einstein war nun in aller Munde.

Bis der dritte klassische Test, den Einstein vorgeschlagen hatte, experimentell bestätigt werden konnte, vergingen vierzig Jahre. Robert Pound und George Rebka demonstrierten im Kellergeschoß des Physikalischen Instituts an der Harvard University, daß ein Lichtstrahl, den sie von dort nach oben zur Spitze des Gebäudes schickten, hier eine andere Frequenz hatte. Die Änderung war unglaublich klein, doch sie entsprach Einsteins Voraussage: Eine Uhr tickt in verschiedenen Höhen unterschiedlich schnell.

Alle gekrümmten Bahnen, auf denen Objekte in einem Gravitationsfeld beschleunigt fallen, einschließlich der gekrümmten Bahn des Lichts, könnten aus der Sicht der allgemeinen Relativitätstheorie einfach dadurch erklärt werden, daß der Raum gekrümmt ist, in dem all diese Objekte ihre Bahn ziehen. Wieder hilft ein zweidimensionales Analogon weiter. Ein kleinerer Körper soll sich in einer Spirale einem größeren nähern. In der Projektion auf die Höhlenwand sieht das so aus:

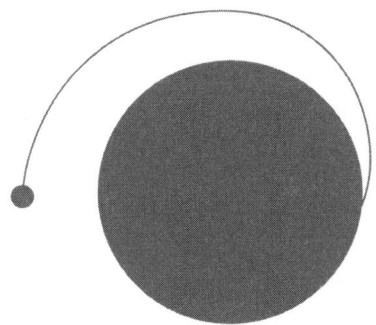

Als Erklärung für diese Bewegung vermutet der Höhlenbewohner das Wirken einer Kraft zwischen den beiden. Wenn wir den Vorgang in einen dreidimensionalen Raum verlegen, könnten wir uns als Erklärung auch eine gekrümmte Oberfläche vorstellen, die den kleinen Ball auf eine spiralige Bahn nach unten zwingt. Nun ist keine Anziehung zwischen den beiden mehr nötig.

Ganz ähnlich überlegte Einstein, daß die Gravitationskraft, die wir zwischen allen Körpern finden, als eine Folge des gekrümmten Raumes erklärt werden könne: Eine Masse krümmt den Raum in ihrer Nachbarschaft, und die Körper, die an ihr vorbeifliegen, bewegen sich „geradlinig" auf der gekrümmten Fläche. Ihre Bahnen sind in gleicher Weise gekrümmt oder gerade wie der Flug von New York nach Bombay.

Eine bemerkenswerte Rückkoppelung zwischen dem Vorhandensein von Materie und der Krümmung in der Raumzeit! Sie erinnert wieder an die Schlange Ouroboros, die sich selbst von hinten auffrißt. Die Krümmung des Raumes sagt den Körpern, wie sie sich zu bewegen haben, und die Körper sagen dem Raum, wie er sich zu krümmen hat – so soll es Einstein selbst einmal ausgedrückt haben. Dieses Zusammenspiel von Materie und Raumkrümmung macht die allgemeine Relativitätstheorie so kompliziert. Wie einfach dagegen ist die Newtonsche Gravitation, bei der alle Objekte sich in einem vorgegebenen Geradeaus-Raum immer gleich bewegen.

Die Krümmung des Raumes ist gewöhnlich so schwach, daß man nichts davon merkt. Deswegen erscheint uns dieses Phänomen auch so fremdartig, so ungewohnt. Schickt man einen Lichtstrahl quer durch Amerika von New York nach Los Angeles – als Gedankenexperiment natürlich von riesig hohen Türmen aus oder durch einen geradlinigen Tunnel –, wird er um etwa einen Millimeter vom geraden Weg abgelenkt: Die Erdmasse zieht ihn um diesen Betrag nach unten.

Doch auch kleine Effekte können sich zuweilen zu größeren aufaddieren, zum Beispiel bei der Supernova von 1987, von der ich schon erzählte, der spektakulärsten astronomischen Erscheinung unseres Jahrhunderts. Man kann leicht ausrechnen, welchen Weg das Licht zu uns nahm. Ein Kollege von mir und ich haben das getan und waren so überrascht von dem Ergebnis, daß wir eigens einen Forschungsbericht darüber geschrieben haben. Von der Supernova in der Großen Magellanschen Wolke mußte das Licht fast an der ganzen Milchstraße entlanglaufen, um zu uns zu gelangen. Dabei wurde seine Bahn so stark gekrümmt, daß sich seine Ankunft bei uns um etwa neun Monate verzögerte! Ohne Relativitätstheorie und ohne gekrümmten Raum hätten wir die Supernova vom 23. Februar 1987 bereits im Mai 1986 aufleuchten sehen.

Der endgültige Prüfstein für Einsteins Vorstellungen ist das Universum selbst. Die allgemeine Relativitätstheorie erklärt nicht nur, daß der Raum in der Nähe einzelner Massen gekrümmt ist. Eine ihrer wichtigsten Aussagen ist auch, daß die Geometrie des ganzen Universums durch die Materie in ihm bestimmt ist. Wenn es eine ausreichende mittlere Materiedichte gibt, wird die mittlere Raumkrümmung so groß, daß der Weltraum wieder in sich selbst zurückläuft – ein dreidimensionales Analogon zur zweidimensionalen Oberfläche der Kugel. Aber das ist noch nicht alles. In diesem Fall wird die Expansion des Universums eines Tages zum Stillstand kommen. Anschließend fällt das All wieder in sich zusammen, es gibt einen „big crunch", das Gegenstück zum „big bang", dem Urknall.

Eine faszinierende Sache, so ein „geschlossenes" Universum, wie ein Weltall mit hoher Dichte auch genannt wird. Ich erinnere mich gut daran, wie ich als Student in einer Vorlesung des Astrophysikers Thomas Gold zum erstenmal davon hörte, und heute fasziniert es mich noch genauso wie damals. In einem Universum, das in sich selbst geschlossen ist, kehrt ein Lichtstrahl, wenn er stets geradeaus läuft, dahin zurück, von wo er ausging. Licht kann nie „hinaus" in die Unendlichkeit entfliehen. Wenn so etwas auf kleinerer Skala passiert, wenn zum Beispiel ein einzelner Körper eine so hohe Dichte hat, daß ihm kein Licht entfliehen kann, nennen wir das ein Schwarzes Loch. Wenn unser Universum geschlossen ist, leben wir tatsächlich im Innern eines Schwarzen Loches! Allerdings nicht so, wie man es in phantasievollen Filmen sieht. Je größer ein System ist, um so niedriger kann die mittlere Dichte für ein Schwarzes Loch sein. Ein Schwarzes Loch mit der Dichte der Sonne wäre etwa einen Kilometer dick, seine mittlere Dichte betrüge viele Tonnen pro Kubikzentimeter. Ein Schwarzes Loch mit der Masse des sichtbaren Universums jedoch ist auch so groß wie das sichtbare Universum, falls seine mittlere Dichte bei 10^{-29} g/cm^3 liegt.

Nach heutiger Kenntnis aber leben wir vermutlich nicht in einem Schwarzen Loch. Die mittlere Materiedichte im Raum ist wahrscheinlich so gering, daß unser Universum gerade an der Grenze zwischen einem geschlossenen Universum liegt, das in sich zurückläuft und irgendwann zusammenfällt, und einem offenen Universum, das unbegrenzt ist und in alle Ewigkeit expandieren wird. Dieser Grenzzustand wird auch „flaches" Universum genannt. Es ist unbegrenzt in der räumlichen Ausdehnung, seine Expansion wird zwar immer langsamer, hört aber nie ganz auf. Auch ein flaches Universum benötigt jedoch viel mehr Materie, als wir am Himmel leuchten sehen – bis zu hundertmal so viel. Trotzdem vermuten wir, daß das Universum flach ist. Deshalb müssen 99 Prozent des Alls aus „dunkler Materie" bestehen, unsichtbar für unsere Teleskope.

Wie können wir nachprüfen, ob das überhaupt stimmt? Wir könnten versuchen, die Gesamtmasse von Galaxien und Galaxienhaufen zu bestimmen, wie ich in Kapitel 3 beschrieben habe. Es gibt aber eine weitere Möglichkeit, zumindest im Prinzip. Vielleicht würde die intelligente Wanze in Ostfriesland auch diesen Weg versuchen, wenn sie – ohne die Oberfläche zu verlassen – herausfinden will, ob die Erde eine flache Scheibe oder rund ist. Auch wenn die Wanze noch so intelligent ist, sie kann sich keine gekrümmte Fläche wirklich vorstellen, ebenso wie wir uns keinen gekrümmten dreidimensionalen Raum vorstellen können. Doch sie kann eine Erfahrung mit der zweidimensionalen Fläche verallgemeinern: Es gibt einige geometrische Messungen, die man auf der Erdoberfläche ausführen kann, die nur erklärbar sind, wenn die Fläche kugelig gekrümmt ist. Schon vor über 2000 Jahren lehrte Euklid, daß die Winkelsumme in einem Dreieck, das man auf ein flaches Stück Papier zeichnet, 180 Grad ist. Wenn ich ein Dreieck zeichne, in dem der eine Winkel 90 Grad ist, muß die Summe aus den beiden anderen Winkeln auch 90 Grad sein. Deshalb muß jeder einzelne der beiden kleiner als 90 Grad sein, wie es die beiden Zeichnungen zeigen:

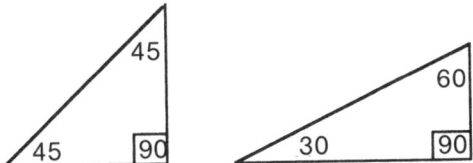

Das stimmt aber nur, wenn es sich wirklich um ein flaches Stück Papier handelt. Auf der Oberfläche einer Kugel kann ich ein Dreieck zeichnen, in dem sogar jeder Winkel 90 Grad ist! Zeichnen Sie dazu doch einfach eine Linie am Äquator entlang, dann von irgendeiner Stelle zum Nordpol, dann, unter einem Winkel von 90 Grad, wieder zurück zum Äquator:

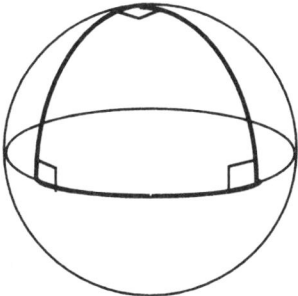

Ähnliches gilt auch für den Umfang von Kreisen. Sie wissen sicher noch von der Schule, daß der Umfang eines Kreises $2\pi r$ ist, wenn wir den Radius mit r bezeichnen. Wenn Sie nun auf der Erde von einem Punkt aus, etwa vom Nordpol, in alle möglichen

Richtungen bis zur Entfernung r Ausflüge machen, können Sie anschließend um den Nordpol einen Kreis schlagen, der diese Punkte verbindet. Aber der Umfang dieses Kreises ist kleiner als $2\pi r$. Das wird durch die folgende Zeichnung verständlich:

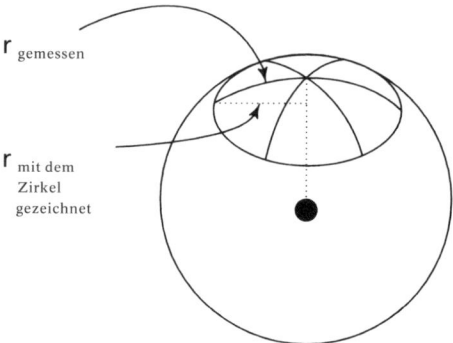

Würden wir auf der Erdoberfläche riesige Dreiecke oder Kreise zeichnen, könnten wir die Abweichungen von Euklids ebener Geometrie feststellen und daraus die Krümmung berechnen. Wir würden finden, daß sie überall gleich groß ist, daß wir also auf der Oberfläche einer Kugel leben. Um solche Abweichungen aber genau genug messen zu können, müßten die geometrischen Figuren riesig groß sein, so groß wie Kontinente (deswegen habe ich diese Aufgabe nicht der Wanze aus Ostfriesland untergeschoben). Ganz ähnlich könnten wir die Geometrie des dreidimensionalen Weltraums ausloten. Kreisumfänge sind gut zur Ausmessung von gekrümmten Flächen, für gekrümmte Räume bietet sich entsprechend – eine Dimension mehr – das Volumen von Kugeln als Prüfstein an. Betrachten wir eine sehr große Kugel im Raum. Ihr Radius soll r sein und in ihrem Mittelpunkt die Erde stehen. Falls unser Raum gekrümmt ist, sollte ihr Volumen von den Euklidischen Rechnungen abweichen.

Aber wie können wir überhaupt das Volumen einer so riesigen Kugel messen, sie soll ja schließlich gegenüber dem gesamten Weltall nicht verschwindend klein sein? Wir gehen von der Annahme aus, daß die Dichte der Galaxien im Universum überall einigermaßen konstant ist. Daraus schließen wir, daß das

Volumen eines bestimmten Ausschnitts der Welt direkt der Gesamtzahl der Galaxien darin proportional ist. So beschränkt sich unsere Aufgabe darauf, die Galaxien in verschiedenen Abständen von uns zu zählen. Falls der Raum gekrümmt ist, sollten wir eine Abweichung von Euklid feststellen. Das wurde tatsächlich auch versucht, und zwar 1986 von zwei jungen Astronomen in Princeton, E. Loh und E. Spillar. Ihr Ergebnis war ein erster Hinweis darauf, daß das Universum flach ist, wie wir Theoretiker es auch erwartet hatten. Doch schon kurz nach ihrer Veröffentlichung stellte sich heraus, daß das Ergebnis gewisse Unsicherheiten enthielt, hauptsächlich deswegen, weil Galaxien im Lauf der Zeit sich entwickeln und miteinander verschmelzen. So läßt sich mit diesen Daten vorläufig keine Aussage machen. Doch die Forschungen in dieser Richtung gehen weiter.

Eine andere Methode, die Geometrie des Universums zu erkunden, ist, den Winkel zu messen, unter dem ein bekanntes Objekt erscheint, ähnlich wie Sie ein Lineal verschieden lang sehen, je nachdem, wie weit es entfernt ist. In einer Ebene zum Beispiel ist klar, daß der Winkel mit größer werdendem Abstand immer kleiner wird:

Auf einer Kugeloberfläche jedoch muß das nicht so sein:

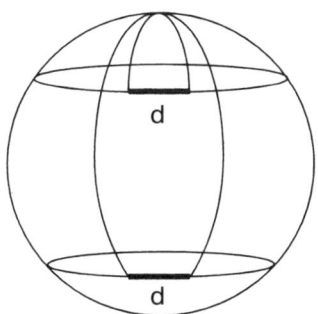

Kürzlich wurden die Winkeldurchmesser von kompakten Objekten im Zentrum von fernen Galaxien mit Radioteleskopen ausgemessen. Die Untersuchungen erstreckten sich bis fast zur Hälfte der Größe des sichtbaren Universums. Das Anwachsen dieses Winkels mit wachsender Distanz wäre wieder ein Indiz für ein flaches Universum. Mit einem Kollegen zusammen habe ich nachgewiesen, daß auch dieser Test wegen möglicher Entwicklungen der untersuchten Objekte zweifelhaft ist. Wir brauchen andere Methoden, um diese offene Frage zu klären.

Wie ungenau auch die gegenwärtigen Messungen für die Beschaffenheit des Raumes sein mögen, es ist doch bemerkenswert, wie weit sich unser Verständnis von Raum und Zeit entwickelt hat, seit Einstein zum erstenmal diese geheimnisvolle Verbindung zwischen den beiden aufdeckte. Nun wissen wir, daß wir in einem vierdimensionalen Universum leben, in dem jeder Beobachter sein eigenes „Jetzt" bestimmt und in dem er durch seine Beobachtung sein eigenes Teilstück der Raumzeit für sich definiert, das er als seinen Raum und seine Zeit empfindet. Wir haben auch gelernt, daß Raum und Zeit schicksalhaft mit der Materie verbunden sind und daß die Krümmung der Raumzeit in der Nähe schwerer Objekte bewirkt, daß wir eine Gravitationskraft spüren. Wir sind sogar kurz davor, die Krümmung des Universums zu messen, und dann werden wir wissen, was die Zukunft der Welt beschert.

Obwohl wir in einer Höhle leben, haben uns die Schatten an der Wand gelehrt, daß hinter den vordergründigen, von uns erkennbaren Erscheinungen erstaunliche Verknüpfungen liegen, die das riesige Universum für uns durchsichtig machen – und vorhersagbar.

Bevor ich mich aber in den unergründlichen Tiefen des Kosmos verliere, möchte ich am Ende dieses Kapitels zu den Alltagserscheinungen unserer Welt zurückkehren. Ich versprach Ihnen Beispiele, die jeder erleben kann, begann mit so einfachen Dingen wie Raum und Zeit und endete mit Überlegungen zum Schicksal des ganzen Universums. Aber die inneren Zusammenhänge, die das Bild des Universums durchschaubar machen, liegen ja nicht gerade an der einfach zugänglichen Oberfläche der kleinsten und größten Dinge des Kosmos.

Zur gleichen Zeit, als Raum, Zeit und Materie erkundet wurden, wie ich es in diesem Kapitel beschrieben habe, gab es in der Materialforschung aufsehenerregende Entdeckungen – ein Forschungsgebiet, in dem das Material so kompliziert aufgebaut sein kann wie etwa eine Haferflocke und sich so verschiedenartig präsentiert wie Wasser und Eisen. Im letzten Kapitel dieses Buches werde ich beschreiben, daß der Stoff dieser Entdeckungen zur Alltagsphysik gehört, während die Auswirkungen davon einen Richtungswechsel bei der Suche nach einer „endgültigen" Theorie bedeuteten.

Alltägliche Materialien entpuppen sich als extrem kompliziert aufgebaut. Das müssen sie auch sein, weil sie sich in ihren Eigenschaften so gewaltig unterscheiden. Die Verfahrenstechnik und die Materialforschung sind ein breites Feld. Die Industrie fördert wichtige Material-Entwicklungen, einzelne Stoffe können so maßgeschneidert produziert werden, daß sie fast alle Wünsche erfüllen. Manchmal werden neue Materialien auch durch Zufall entdeckt. Die Erforschung der Hochtemperatur-Supraleiter zum Beispiel, denen zur Zeit erhebliche Aufmerksamkeit gilt, begann fast wie ein alchimistisches Kochen von zwei Forschern, Georg Bednorz und Alex Müller, am IBM-Forschungslabor in Rüschlikon. Sie befaßten sich mit neuen Materialkombinationen, um einen neuen Supraleiter zu finden. Aber sie hatten zunächst keine theoretische Grundlage, auf der sie vorgingen. Kurz darauf bekamen sie den Nobelpreis für ihre neuen Supraleiter.

Sonst war es gewöhnlich so, daß neue Materialien aufgrund empirischer Erfahrungen und theoretischer Überlegungen gemeinsam gefunden wurden. Silizium zum Beispiel ist das wichtigste Material in Halbleiter-Bauteilen, die für das „Leben" unserer Computer verantwortlich sind (und damit wesentlich unser heutiges Leben bestimmen). Silizium hat einen Forschungseifer entfacht, um weitere Materialien zu finden, deren Eigenschaften für bestimmte Halbleiter-Anwendungen geeigneter sind. Eines dieser Materialien ist Gallium, das nun auf Vorrat hergestellt wird, denn vermutlich wird es in der nächsten Generation der Halbleiter eine Rolle spielen.

Auch die einfachsten und gewöhnlichsten Materialien können außergewöhnliche Eigenschaften haben. Ich erinnere mich an meinen Physiklehrer an der High School, der leicht ironisch bemerkte, daß es zwei Dinge in der Physik gebe, die die Existenz Gottes beweisen. Erstens das Wasser: Als fast einziger unter allen Stoffen dehnt es sich aus, wenn es gefriert. Wenn das Wasser diese außergewöhnliche Eigenheit nicht hätte, würden alle Gewässer von unten nach oben zufrieren und nicht zuerst an der Oberfläche. Fische könnten den Winter nicht überleben, und wahrscheinlich hätte sich kein irdisches Leben, so wie wir es heute kennen, entwickeln können. Als zweites nannte er, daß der Ausdehnungskoeffizient – der Betrag, um den sich ein Material bei Erwärmung ausdehnt – bei Beton und Stahl nahezu identisch ist. Wenn das nicht so wäre, dozierte unser Lehrer weiter, wären die modernen großen Gebäude nicht möglich, weil sie sich im Wechsel von Sommer und Winter verbiegen und zerbrechen würden.

Das erste Beispiel ist ja recht einleuchtend, das zweite dagegen finde ich wenig überzeugend, denn ich bin sicher, daß man andere geeignete Baumaterialien entwickelt hätte, wenn der Ausdehnungskoeffizient von Beton und Stahl sehr unterschiedlich wäre.

Verweilen wir bei dem ersten Beispiel. Wasser, vielleicht der gewöhnlichste Stoff auf der Erde, reagiert ganz ungewöhnlich, wenn man es abkühlt: Bereits ab vier Grad Celsius abwärts dehnt es sich aus. Deswegen ist Eis leichter als noch nicht gefrorenes Wasser und schwimmt an der Oberfläche. Wasser ist hier ein Musterbeispiel dafür, wie Materialien reagieren, wenn sich die äußeren Bedingungen ändern. Bei Temperaturen, die die Erde bietet, kann Wasser beides: gefrieren und kochen. Solche Übergänge in der Natur werden „Phasenübergänge" genannt, weil die Phase sich ändert: von fest über flüssig nach gasförmig. Wenn wir die Phasen und die Bedingungen verstehen, unter denen Phasenübergänge stattfinden, haben wir einen wesentlichen Teil der Physik verstanden.

Was ist so schwierig an diesen Phasenübergängen? Die Materie präsentiert sich hier so kompliziert, wie sie nur kann. Wenn Wasser kocht, sprudelt es in turbulenten Wirbeln, Blasen zerplatzen in kleinen Explosionen an der Oberfläche. In der Komplexität liegt aber oft auch der Keim von Ordnung. Eine Kuh etwa mag hoffnungslos kompliziert erscheinen, doch wir haben gesehen, wie einfache Skalierungen einige wichtige Eigenschaften erschlossen, weil wir auf viele Details einfach verzichten konnten. Hoffnungslos wäre es auch, in einem Topf mit kochendem Wasser jede einzelne Blase genau beschreiben oder gar voraussagen zu wollen. Doch wir können einige typische Eigenschaften prüfen, die immer auftreten, wenn Wasser bei bestimmter Temperatur und bestimmtem Druck kocht, und das Verhalten in bestimmten Skalen prüfen.

In kochendem Wasser unter Normaldruck können wir ein kleines Volumen zufällig auswählen und nun folgendes fragen: Liegt dieses kleine Volumen innerhalb einer Blase oder im Wasser oder in keinem von beiden? In sehr kleinen Skalen sind die Dinge oft noch komplizierter. Zum Beispiel macht es natürlich keinen Sinn, bei einem einzelnen Wassermolekül zu fragen, ob es gasförmig oder flüssig ist. Diese Eigenschaft beschreibt ja gerade den Zustand einer großen Zahl von Molekülen, und nur hier läßt sich, je nachdem wie eng sie im Mittel zusammenstehen, über gasförmig oder flüssig entscheiden. Auch bei einer kleinen Gruppe von Molekülen ist die Frage noch sinnlos, ob sie gasförmig oder flüssig ist. Die Moleküle stoßen ganz zufällig einmal zusammen oder fliegen weit auseinander. Es gibt immer wieder Zeiten, in denen sie weit genug voneinander entfernt sind, um sie für ein Gas zu halten. Kurz danach treten sie dicht gedrängt auf, und wir halten sie für eine Flüssigkeit. Erst wenn wir ein genügend großes Volumen mit sehr vielen Molekülen auswählen, ist es sinnvoll zu fragen, ob es ein Gas oder eine Flüssigkeit ist.

Wenn Wasser unter Normalbedingungen kocht, existieren in ihm wasserdampfgefüllte Blasen und Flüssigkeit nebeneinander. Man nennt das einen Übergang „erster Ordnung" am Siedepunkt 100 Grad Celsius in Meereshöhe. Eine kleine Probe kann sich zu einer bestimmten Zeit eindeutig entweder als flüssig oder als gasförmig erweisen, beides ist genau bei dieser Temperatur möglich. Bei etwas niedrigerer Temperatur wird diese Wasserprobe immer im flüssigen, bei etwas höherer immer im gasförmigen Zustand sein.

Trotz dieser verwirrenden Kompliziertheit der lokalen Übergänge, die sich abspielen, wenn Wasser am Siedepunkt vom flüssigen in den gasförmigen Zustand überwechselt, gibt es bei einem bestimmten Druck ein charakteristisches Volumen, bei dem die Frage nach dem Zustand des Wassers sinnvoll wird. Für alle kleineren Volumina laufen kleinräumige Fluktuationen in der Dichte so rasch ab, daß die Unterscheidung zwischen Flüssigkeit und Gas verschwimmt. Über ein größeres Volumen gemittelt werden die kleinräumigen Schwankungen klein genug, so daß diese große Wassermenge eindeutig als Gas oder als Flüssigkeit bezeichnet werden kann.

Es ist doch überraschend, daß solch ein komplexes System auch eine so hohe Einheitlichkeit hat. Das liegt daran, daß jeder Tropfen Wasser aus unglaublich vielen Molekülen besteht. Kleine Gruppen von Molekülen benehmen sich zwar unberechenbar, doch ein Tropfen enthält so viele davon, daß sich ein „mittleres Verhalten" herausschält, in dem ein paar Abweichler nicht auffallen.

Mir scheint, da gibt es eine gewisse Ähnlichkeit zu menschlichem Verhalten. Jeder von uns hat seine privaten Gründe, warum er zum Beispiel diesen Kandidaten wählt und nicht einen anderen. Er muß sich entscheiden, er kann keinen „Mittelwert" wählen. Doch durch Befragungen von Wählern lassen sich bestimmte Vorhersagen für die Wahlergebnisse der einzelnen Kandidaten aufstellen. Die Umfragen sind so repräsentativ, daß zum Beispiel Fernsehgesellschaften unmittelbar nach Schließung der Wahllokale sehr genaue Prognosen über das Wahlergebnis senden. Alle völlig unterschiedlichen Einzelentscheidungen bilden einen einheitlichen Mittelwert.

Wir haben nun diese verborgene Ordnung entdeckt, aber was können wir damit anfangen? Wir könnten fragen, ob die Größe, bei der die Unterscheidung zwischen Flüssigkeit und Dampf sinnvoll wird, sich ändert, wenn wir die Kombination von Druck und Temperatur für kochendes Wasser ändern. Wenn wir den Druck erhöhen und damit den Dichteunterschied zwischen Wasserdampf und flüssigem Wasser, steigt auch die Temperatur an, bei der das Wasser kocht. Wenn wir nun diese neue Temperatur erreicht haben, dann können Sie sich eigentlich schon selbst ausdenken, was jetzt passiert: Weil die Dichtedifferenz zwischen Flüssigkeit und Gas kleiner ist, sind die Bereiche größer, in denen die beiden Zustände hin- und herpendeln. Wir erhöhen den Druck weiter, und bei einer bestimmten Kombination aus Druck und Temperatur, „kritischer Punkt" genannt, versagt die Unterscheidung auch für große Wassermengen. In allen Größenordnungen kippt das System nun ständig in seiner Dichte hin und her, man kann nie genau sagen, welcher Zustand gerade herrscht. Nur eine Winzigkeit unterhalb des kritischen Punktes nimmt die Dichte sofort einheitlich zu: Wir haben eine Flüssigkeit vor uns. Und ein bißchen über dem kritischen Punkt deutet die Dichte eindeutig ein Gas an. Beim kritischen Punkt selbst ist das Wasser keines von beiden oder beides zugleich – ganz wie Sie wollen.

Dieser spezielle Zustand des Wassers am kritischen Punkt hat noch eine Besonderheit: Betrachtet man das System in beliebigen Skalen, so sieht es immer gleich aus, es ist „selbst-ähnlich". Wenn Sie einen kleinen Ausschnitt des Systems fotografieren und das Bild stark vergrößern, wobei Dichteunterschiede in Farben codiert sein sollen, damit man sie auch sieht, dann hätten Sie das gleiche Bild, wie wenn Sie von vornherein einen großen Bereich aufgenommen hätten. Die einzelnen Bereiche können also, sich selbst ähnlich, in allen Skalen auftreten. Am kritischen Punkt tritt im Wasser das Phänomen auf, das „kritische Opaleszenz" genannt wird. Wegen der Dichteunterschiede in allen Größenordnungen streuen die Fluktuationen das Licht bei allen Wellenlängen, und plötzlich ist das Wasser nicht mehr durchsichtig, sondern wird trüb.

Es gibt noch etwas Faszinierendes bei diesem Zustand des Wassers. Weil es in allen Skalen mehr oder weniger gleich aussieht, was in der Physik als „Skaleninvarianz" bezeichnet wird, spielt es keine Rolle mehr, wie die mikroskopische Struktur des Wassers beschaffen ist. Sie brauchen also gar nicht mehr zu berücksichtigen, daß Wasser aus Molekülen von zwei Wasserstoffatomen und einem Sauerstoffatom besteht. Was am kritischen Punkt allein zählt, ist die Dichte. Man könnte die Regionen mit etwas höherer Dichte mit der Zahl +1, die mit etwas geringerer Dichte mit –1 markieren. Dann sähe die schematische Darstellung von Wasser am kritischen Punkt in jeder Größenskala zum Beispiel so aus:

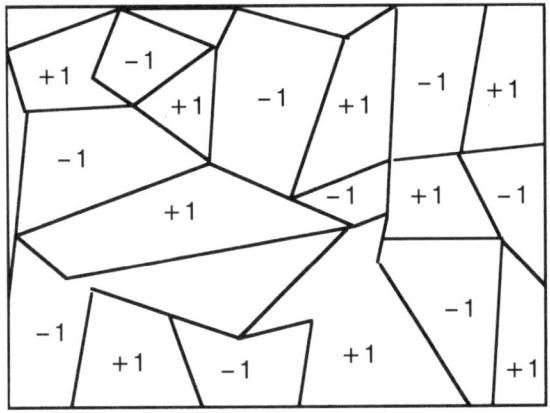

Das ist mehr als nur eine bildhafte Vereinfachung. Daß Wasser auf allen Skalen physikalisch nur durch diesen einen Freiheitsgrad beschrieben wird, der die beiden Werte +1 und –1 annehmen kann, bestimmt vollständig die Natur des Phasenübergangs am kritischen Punkt. Das bedeutet, daß der Phasenübergang flüssig–gasförmig für Wasser absolut identisch ist mit dem entsprechenden Phasenübergang in jedem anderen Material. Jedesmal kann der kritische Punkt durch ein Muster aus Bereichen von +1 und –1 beschrieben werden.

Betrachten wir zum Beispiel Eisen. Ich weiß, es ist ein komischer Sprung von einem Topf kochenden Wassers zu einem Stück Eisen. Aber trotzdem. Jeder von Ihnen hat sicher früher einmal mit Magneten gespielt und weiß deshalb, daß man ein Stück Eisen mit einem Magneten magnetisieren kann. Was passiert dabei im Eisen? Mikroskopisch gesehen ist jedes Eisen-atom ein kleiner Magnet mit eigenem Nord- und Südpol. Unter normalen Umständen, ohne daß ein Fremdmagnet in der Nähe ist, sind diese atomaren Eisenmagnete willkürlich ausgerichtet, ihre individuellen Magnetfelder heben sich im Großen gesehen alle gegenseitig auf, außen ist kein Magnetfeld zu spüren. Kommt jetzt allerdings ein fremder Magnet in die Nähe, richten sich alle atomaren Magnetchen im Eisen nach dem fremden Feld aus, und nun sind sie alle zusammen zu einem großen Magneten geworden. Wenn das äußere Magnetfeld nach oben zeigt, zeigen alle atomaren Magnete im Eisen auch nach oben, im umgekehrten Fall zeigen beide nach unten.

Betrachten wir nun ein idealisiertes Stück Eisen mit der Eigenschaft, daß die atomaren Magnete nur nach oben oder nach unten zeigen können, in keine andere Richtung. Wenn bei niedriger Temperatur ein äußeres Magnetfeld mit einer bestimmten Stärke nach oben zeigt, werden natürlich auch in diesem Fall alle atomaren Magnete in diese Richtung gedreht. Wenn das äußere Feld nun kleiner wird und verschwindet, unterliegen die atomaren Magnete nicht mehr der Fremdherrschaft. Für alle ist es immer energetisch günstig, wenn sie im Mittel in die gleiche Richtung zeigen. Welche Richtung sie dafür wählen, ist jedoch Zufall, sie haben die Wahl zwischen auf- und abwärts. Das bedeutet aber nichts anderes, als daß es in diesem Eisenmagneten einen Phasenübergang gibt. Wenn ein äußeres Magnetfeld gegen Null geht, können sich die atomaren Magnete, nun befreit vom äußeren Kommando, durch zufällige Temperaturfluktuationen in kleineren oder größeren Bereichen spontan zusammenschließen und gemeinsam nach oben oder unten zeigen.

Mathematisch gesehen sind wir mit dem Eisen jetzt ganz nah am Wasser. Ersetzen Sie doch „zeigt nach oben" durch „etwas höhere Dichte" und „zeigt nach unten" durch „etwas niedrigere Dichte". Genau wie beim Wasser findet man für den Magneten, daß es ohne äußeres Feld eine charakteristische Größe gibt: Ist ein Bereich im Magneten etwas kleiner, können thermische Fluktuationen die Richtung ständig ändern, in die das Magnetfeld zeigt. Man wird hier keine Gesamtorientierung feststellen können. Auf größerer Skala jedoch können thermische Fluktuationen die mittlere magnetische Orientierung nicht ändern, es bleibt so wie es ist. Wenn man nun aber die Temperatur erhöht – das äußere Magnetfeld bleibt Null –, gibt es für das Eisen einen kritischen Punkt. Hier bleiben die Richtungs-Fluktuationen bestehen, im ganzen Stück Eisen, in allen Skalen. Es wäre sinnlos, eine gemeinsame Orientierung zu suchen, gleichgültig, wie groß man die Probe wählt.

Ist es nicht erstaunlich, daß am kritischen Punkt sowohl für Wasser als auch für Eisen das gleiche gilt? Es spielt überhaupt keine Rolle, daß die mikroskopische Struktur der beiden so unterschiedlich ist. Am kritischen Punkt sind die Variationsmöglichkeiten im Material durch genau zwei Freiheitsgrade charakterisiert: auf und ab, oder – beim Wasser – dichter und weniger dicht. Das gilt für alle Skalen, nicht nur für den mikroskopischen Bereich. Die Physik ist hier losgelöst von den inneren Unterschieden der Stoffe. Wenn sich Wasser dem kritischen Punkt nähert, trägt sein Verhalten entweder das Etikett „Flüssigkeit" oder „Gas", und das ist völlig dasselbe beim Magneten, der auf seinem Etikett entweder „aufwärts" oder „abwärts" stehen hat. Jede Messung an dem einen System sieht genauso aus wie eine an dem anderen.

Skalenbeziehungen verschiedener Systeme, in unserem Fall die Skaleninvarianz am kritischen Punkt, helfen uns, Gleichförmigkeit und Ordnung zu finden, wo sich auf den ersten Blick nur unentwirrbare Komplexität zeigt. Diese Erkenntnis war einer der größten Erfolge des Forschungsgebietes, das wir Festkörperphysik nennen. Sie hat unser Verständnis von der Physik der festen Körper revolutioniert. Die ersten Arbeiten auf diesem Gebiet in den sechziger und siebziger Jahren stammen von Michael Fisher und Kenneth Wilson von der Cornell University und von Leo Kadanoff von der University of Chicago. Die Erkenntnisse aus dieser Forschung haben in der ganzen Physik Fuß gefaßt – überall dort, wo Komplexität und Größe eine Rolle spielen. Wilson bekam 1982 den Nobelpreis für die Erkenntnis, daß diese Art Verständnis vom Verhalten in der Materie nicht etwa nur Wasser und Eisen betrifft, sondern auch die Elementarteilchen, was ich im letzten Kapitel beschreiben will. Im Moment ist mir wichtig, wie diese den so unterschiedlichen Stoffen zugrundeliegenden Gemeinsamkeiten in die stoffliche Welt unseres Alltags hineinspielen. Verborgene Verknüpfungen vereinfachen nicht nur das submikroskopische Reich der Elementarteilchen oder die unendlichen Tiefen des Universums, sie liegen uns viel näher, als wir ahnen. Denken Sie nur an kalten Wintertagen an das Summen des heißen Teekessels oder an die glitzernden Eisblumen an Ihrem Fenster...

5   Auf der Suche nach Symmetrie

„Gibt es noch etwas, worauf ich meine
Aufmerksamkeit richten sollte?"
„Ja, auf das eigenartige Verhalten des Hundes
in jener Nacht."
„Aber der Hund rührte sich in der Nacht
doch gar nicht."
„Eben das war das eigenartige Verhalten",
bemerkte Sherlock Holmes.

Sir Arthur Conan Doyle

Wenn ein Künstler über Symmetrien nachdenkt, ist das für ihn eine Palette unendlicher Möglichkeiten – Schneeflocke, Diamanten, Reflexionen auf einem Teich . . . . Wenn ein Physiker an Symmetrien denkt, sind das für ihn unendlich viele Unmöglichkeiten. Was die Physik eigentlich vorwärtstreibt, ist nicht die Entdeckung von dem, was sich ereignen könnte, sondern die Entdeckung von dem, was nicht sein kann. Das Universum ist eine riesige Bühne, und die Erfahrung hat uns gelehrt, daß alles, was passieren kann, tatsächlich auch passiert. Ordnung schaffen unter diesen ungezählten Möglichkeiten können wir nur durch eine absolut präzise Vorhersage der Dinge, die sich niemals ereignen können. Daß zwei Sterne in einer Galaxie miteinander kollidieren, passiert vielleicht einmal in Millionen Jahren. Das scheint selten, summiert man jedoch über alle bekannten Galaxien, dann passiert es im sichtbaren Universum einige tausendmal pro Jahr. Daß ein Ball auf der Erdoberfläche nach oben fällt, werden Sie jedoch nie erleben, auch wenn Sie Zehnmillionen Jahre darauf warten. Das ist Ordnung. Symmetrie ist das wichtigste Werkzeug für eine Strategie in der modernen Physik, und zwar deshalb, weil sie alles ausschließt, was sich nicht ändert oder nicht ereignen kann.

Symmetrien in der Natur sind für die Physik als Leitfaden in zweierlei Hinsicht wichtig: Sie begrenzen die fast unzähligen

Möglichkeiten, und sie zeigen einen geeigneten Weg auf, wie man den Rest beschreiben kann. Was meinen wir eigentlich damit, wenn wir sagen, etwas habe eine bestimmte Symmetrie? Nehmen wir als Beispiel eine Schneeflocke, eine, die makellos gewachsen ist, ohne irgendeinen Baufehler an einem ihrer sechs Arme. Sie hat das, was ein Mathematiker eine sechszählige Symmetrie nennt: Sie können die Schneeflocke sechsmal um einen bestimmten Winkel drehen, und jedesmal sieht sie exakt gleich aus. *Nichts hat sich geändert.* Nun gehen wir zu einem extremeren, Ihnen aber bereits bestens bekannten Beispiel: Nehmen wir an, die Kuh ist eine Kugel! Warum eine Kugel? Weil sie das symmetrischste Ding ist, das es gibt. Wir können eine Kugel beliebig drehen, wir können ihr Spiegelbild betrachten, das unterste zuoberst kehren – immer sieht sie gleich aus. *Nichts hat sich geändert.*

Aber was bringt uns das? Weil keine Drehung und keine Spiegelung etwas an der Kugel ändert, reduziert sich die gesamte Beschreibung dieser geometrisch-schönen Form auf eine einzige Variable: ihren Radius. Deshalb können wir ihre Größe und Änderungen davon allein dadurch beschreiben, daß wir diese eine Variable entsprechend angeben oder ändern. Das gilt ganz allgemein: Je symmetrischer etwas ist, um so weniger Variable sind nötig, es vollständig zu beschreiben.

Ich kann gar nicht genug betonen, wie bedeutungsvoll das ist, doch ich will keine weiteren Loblieder darüber anstimmen. Im Moment ist mir wichtiger, wie Symmetrien Änderungen verhindern. Eines der auffälligsten Dinge in der Welt, wie Sherlock Holmes auch dem verdatterten Watson zu verstehen gab, ist, daß bestimmte Dinge sich nicht ereignen. Bälle hüpfen nicht von sich aus die Treppe hinauf, um sich oben auf das Geländer zu setzen und hinunterzurutschen. Wasser in einem Topf beginnt nicht plötzlich von selbst zu kochen, und ein Pendel wird bei seiner zweiten Schwingung niemals höher ausschlagen als bei der ersten. Daß dies alles nicht geschieht, ist eine Folge aus den Symmetrien der Natur.

Die klassischen mathematischen Physiker im 18. und 19. Jahrhundert wurden sich als erste dieser Besonderheit in der Natur bewußt. Es war vor allem Joseph Louis Lagrange in Frankreich und Sir William Roman Hamilton in England, die Newtons Mechanik auf eine breitere, mathematisch durchdachtere Grundlage stellten. Ihre Arbeiten erwiesen sich in der ersten Hälfte des 19. Jahrhunderts als sehr fruchtbar, und das war ein Verdienst der brillanten deutschen Mathematikerin Emmy Noether. Trotz ihrer scharfsinnigen Gedankengänge hatte sie es in der von Männern bestimmten Welt schwer. Ihre Stelle am berühmten mathematischen Institut an der Universität Göttingen entsprach bei weitem nicht ihren Fähigkeiten und war schlecht bezahlt. Durch die antisemitischen Gesetze 1933 mußte sie das Institut verlassen – trotz der Fürsprache des bedeutendsten Mathematikers jener Zeit, David Hilbert. Erfolglos hatte er der Fakultätsleitung in Göttingen erklärt, sie sei Angestellte in einer Universität und nicht in einer Badeanstalt. Und Gott sei Dank seien Universitäten noch nie eine Brutstätte für soziale Infektionskrankheiten gewesen.

In einem Theorem, das ihren Namen trägt, stellte Noether eine mathematische Beziehung auf, die für die Physik eine ganz besondere Bedeutung hat. Es besagt im wesentlichen folgendes: Wenn die Gleichungen, die die Dynamik eines physikalischen Systems beschreiben, sich bei einer Transformation des Systems nicht ändern, dann muß es für jede solcher Transformationen eine physikalische Größe geben, die selbst immer gleich bleibt, das heißt, sie ändert sich nicht mit der Zeit.

Diese einfache Erkenntnis kann eines der am meisten mißverstandenen Phänomene in der populären Physik erklären (sogar in Diplomarbeiten habe ich dieses Mißverständnis häufig gefunden), weil es aufzeigt, warum bestimmte Dinge unmöglich sind. Betrachten wir zum Beispiel Maschinen, die sich angeblich ewig bewegen sollen, das Lieblingsspielzeug von Möchtegern-Physikern. Wie ich schon in Kapitel 1 beschrieb, können solche Perpetuum-mobile-Maschinen ganz schön kompliziert und ausgeklügelt sein – oft ließen sich schon ansonsten recht vernünftige Leute dazu überreden, so etwas zu finanzieren.

Fast immer ist der Grund dafür, warum Maschinen dieses Typs nicht funktionieren können, der Satz von der Erhaltung der

Energie. Auch wenn die meisten Leute diesen Satz nicht genau kennen, haben sie doch ein recht gutes intuitives Gefühl dafür, was Energie ist, so daß man relativ leicht erklären kann, warum eine solche Maschine unmöglich ist.

Betrachten wir dazu noch einmal den Apparat, wie ich ihn auf Seite 22 gezeichnet habe. Wie dort schon beschrieben, hat jedes einzelne Teil der Maschine nach einem vollständig durchlaufenen Zyklus seine Ausgangsposition wieder erreicht; wenn es zu Beginn des Zyklus in Ruhe war, wird es nun auch wieder in Ruhe sein. Andernfalls hätte es am Ende des Zyklus mehr Energie als am Anfang. Energie hätte dazu irgendwo herkommen müssen. Wenn sich nichts an der Maschine geändert hat, wurde auch keine Energie produziert – es ist also nichts mit dem perpetuum mobile.

Ein hartnäckiger Erfinder würde mir jetzt vorhalten: „Aber wer sagt denn, daß Energie immer erhalten bleiben muß? Warum sollte dieses Gesetz nicht auch einmal durchbrochen werden können? Es mag ja sein, daß alle bisherigen Experimente diesen Satz bestätigten. Aber vielleicht gibt es doch etwas, das wir bisher noch nicht entdeckt haben. Schließlich hatte ja auch Einstein verrückte neue Ideen!"

An diesem Vorwurf ist natürlich was dran. Wir sollten nicht einfach auf Treu und Glauben alles hinnehmen. Die Lehrbücher sagen den Studenten, daß die Energie erhalten bleibt – im Englischen wird für den Satz *energy is conserved* sogar die Abkürzung EIC benutzt. Dieser Satz erhebt den Anspruch eines Naturgesetzes, gültig für Energien jeder Art. Das mag eine sehr nützliche und löbliche Eigenschaft der Natur sein, aber die Frage bleibt doch: Warum eigentlich?

Emmy Noether hat uns die Antwort gegeben, und es enttäuscht mich ein wenig, daß viele es nicht für nötig halten, das in ihren Arbeiten zu erwähnen. Wenn man nicht erklärt, warum die Natur diese wunderbare Eigenschaft besitzt, leistet das doch der Meinung Vorschub, die Physik stütze sich auf einige mystische Regeln, von hehren Wissenschaftlern erfunden, die gefälligst auswendig zu lernen sind und zu denen im Grunde nur die Eingeweihten Zutritt haben.

Bleibt denn nun wirklich die Energie erhalten? Nöthers Theorem lehrt uns, daß eine gewisse Symmetrie in der Natur dahintersteckt. Ich möchte Sie nochmals an die Schneeflocke erinnern: Wenn wir sie um 60 Grad drehen, bleibt der Anblick derselbe. Energie-Erhaltung hat nun tatsächlich etwas zu tun mit einer ganz wichtigen Symmetrie, die die Physik erst möglich macht: Wir sind überzeugt, daß die Gesetze der Natur morgen und nächstes Jahr dieselben sein werden wie heute. Wenn das nicht so wäre, müßten wir für jeden Tag des Jahres verschiedene Lehrbücher der Physik benutzen.

In diesem Sinne glauben wir – das ist bis zu einem gewissen Grad nur eine Annahme, aber, wie ich zeigen werde, eine überprüfbare –, daß *alle* Naturgesetze gegenüber der Zeit invariant sind, das heißt, sie bleiben unverändert, wenn man die Zeit ändert, das heißt mit dem Lauf der Zeit. Man kann es auch gefälliger ausdrücken: Sie bleiben dieselben, ganz gleich, wann man sie anwendet.

Wenn wir das für den Moment einmal so akzeptieren, dann können wir ganz streng (das heißt mathematisch) zeigen, daß es eine Größe geben muß, die zu jeder Zeit gleich ist – wir können sie Energie nennen. Werden also neue Naturgesetze entdeckt, brauchen wir uns überhaupt nicht darum zu kümmern, ob sie zu einer Verletzung des Satzes von der Energie- Erhaltung führen könnten. Wir müssen uns nur fest darauf verlassen, daß die grundlegenden physikalischen Prinzipien sich nicht mit der Zeit ändern.

Nun, können wir unsere Annahme auch überprüfen? Zunächst könnten wir ja durch Tests feststellen, daß die Energie tatsächlich erhalten bleibt. Das allein aber wird Ihnen nicht reichen und erst recht nicht den Erfindern von ewig laufenden Maschinen. Es gibt jedoch einen anderen Weg. Wir können die Gesetze selbst im Lauf der Zeit testen, um zu sehen, ob ihre Voraussagen sich mit der Zeit ändern. Das ist ausreichend, um die Energie-Erhaltung zu bestätigen. Mit der neuen Methode, wie wir die Energie-Erhaltung überprüfen können, haben wir etwas sehr Wichtiges gelernt: Wenn wir auf die Energie- Erhaltung verzichten, ist das gleichbedeutend mit einem weiteren Aufgeben:

Dann müssen wir auch hinnehmen, daß sich die Naturgesetze mit der Zeit ändern.

Es ist in der Tat gar nicht so abwegig zu fragen, ob wenigstens auf kosmischer Skala sich nicht doch einige Naturgesetze im Lauf der Zeit ändern. Schließlich ändert sich auch das Universum selbst: Es expandiert, und vielleicht ist die Formulierung einiger mikrophysikalischer Gesetze mit makroskopischen Gegebenheiten des Universums verknüpft. Tatsächlich wurde ein solcher Vorschlag Anfang der dreißiger Jahre von Paul Dirac gemacht.

Es gibt eine ganze Reihe von Größen, die das sichtbare Universum kennzeichnen. Einige davon sind sehr große Zahlen: sein Alter, seine Größe, die Anzahl der Elementarteilchen in ihm und so weiter. Es gibt auch einige bemerkenswert kleine Zahlen, zum Beispiel die Stärke der Gravitation. Dirac vermutete, daß vielleicht die Gravitationskraft sich mit der Expansion des Universums veränderte: Sie sollte im Lauf der Zeit schwächer werden! Er überlegte, daß das vielleicht eine natürliche Erklärung dafür wäre, daß die Gravitation heute, verglichen mit den anderen Kräften in der Natur, so unglaublich schwach ist. Das Universum ist schließlich schon sehr alt!

Seit dieser Vermutung Diracs gab es etliche direkte und indirekte Versuche zum Nachweis, ob nicht nur die Größe der Gravitation, sondern auch die anderer Naturkräfte sich mit der Zeit ändert. Bis heute hat man jedoch noch keinen eindeutigen Hinweis darauf gefunden. Für Variationen der fundamentalen Konstanten mit dem Lauf der Zeit hat man jedoch sehr enge Grenzen finden können. Man hat zum Beispiel die Häufigkeit der leichten Elemente, die noch vom Urknall stammen, gemessen und das Ergebnis mit theoretischen Rückrechnungen verglichen, die man auf die heute bekannten Naturkonstanten in den Rechnungen stützte. Die Ergebnisse sind ausreichend gut, um zum Beispiel zu schließen, daß die Stärke der Gravitation sich nicht um mehr als zwanzig Prozent geändert haben kann in den rund 15 Milliarden Jahren, seit das Universum eine Sekunde alt war. Soweit wir das also feststellen können, hat sich die Gravitation in der Zeit nicht geändert.

Aber trotzdem, selbst wenn das Geschehen auf mikropysikalischer Ebene tatsächlich irgendwie mit den makroskopischen Gegebenheiten des Universums verknüpft wäre, würden wir doch wenigstens erwarten, daß die grundlegenden physikalischen Prinzipien gleichbleiben, die die beiden miteinander verknüpfen. In diesem Fall wäre es immer möglich, unsere Definition von Energie zu verallgemeinern, so daß sie erhalten bleibt. Wir haben immer die Freiheit zu verallgemeinern, was Energie bedeutet, wenn physikalische Prinzipien auf immer größeren oder kleineren Skalen auftauchen. Aber dieses Etwas, das wir dann Energie nennen, bleibt erhalten, solange diese Prinzipien sich nicht mit der Zeit ändern.

Es gab sehr viele Möglichkeiten, unser Konzept von der Energie zu überprüfen. Das eklatanteste Beispiel waren Einsteins spezielle und allgemeine Relativitätstheorie. Sie besagen ja, daß verschiedene Beobachter unterschiedliche aber gleichermaßen gültige Messungen von fundamentalen Größen machen können. Diese Messungen müssen als relativ zu bestimmten Beobachtern gesehen werden und nicht als relativ zu irgendwelchen absoluten Marken im Raum.

Wenn wir nun das Universum als Ganzes verstehen oder wenigstens irgendein System, bei dem Gravitationseffekte sehr stark werden, müssen wir den Begriff Energie verallgemeinern, so daß er in die Krümmung der Raumzeit paßt. Wenn wir jedoch Bewegungen im Universum auf Skalen betrachten, die im Vergleich mit der Größe des sichtbaren Universums klein sind, werden die Wirkungen der Krümmung sehr klein. In diesem Fall reduziert sich die so angepaßte Definition von Energie auf die althergebrachte Form.

Das wiederum ist ein Beispiel dafür, wie wirkungsvoll die Erhaltung der Energie sein kann, sogar auf kosmischen Skalen. Es ist die Energie-Erhaltung, die das Schicksal des Universums bestimmt, wie ich jetzt näher erläutern will.

Unter Segelfliegern hört man oft den Satz: „Oben geblieben ist noch niemand." Die alte Weisheit, „alles, was aufsteigt, muß auch wieder herabsteigen", ist wie so manches Sprichwort nicht ganz richtig. Aus der Erfahrung mit der Raumfahrt wissen wir, daß es durchaus möglich ist, von der Erdoberfläche aus eine Rakete so schnell nach oben zu schießen, daß sie nicht wieder zurückkommt. Mit der sogenannten Fluchtgeschwindigkeit, einer für alle Objekte gleichen Geschwindigkeit, ist es möglich, der Gravitationskraft der Erde zu entkommen (gäbe es keine allgemeingültige Fluchtgeschwindigkeit, wäre es für die Apollo-Mannschaften viel schwieriger gewesen, den Mond zu erreichen. Bei der Planung des Raumfahrzeugs hätte zum Beispiel viel mehr berücksichtigt werden müssen, wie schwer jeder einzelne Astronaut ist).

Es ist die Energie-Erhaltung, die für die Existenz dieser allgemeingültigen Fluchtgeschwindigkeit verantwortlich ist. Die Energie eines Objekts im irdischen Gravitationsfeld setzt sich aus zwei Teilen zusammen. Der erste Teil hängt von der Geschwindigkeit des Objekts ab: Je schneller es sich bewegt, um so größer ist die Energie der Bewegung – nach dem griechischen Wort für Bewegung kinetische Energie genannt. Objekte in Ruhe haben die kinetische Energie Null.

Der zweite Teil der Energie, die ein Objekt in einem Gravitationsfeld haben kann, heißt potentielle Energie. Wenn ein großer Konzertflügel 15 Stockwerke hoch an einem kräftigen Seil aufgehängt ist, ahnen wir, was hier für eine Energie freiwerden könnte. Je höher der Flügel hängt, um so größer ist seine potentielle Energie, um so größer wären die Auswirkungen, falls er herabfallen sollte.

Der potentiellen Energie von weit voneinander entfernten Objekten gibt man ein negatives Vorzeichen. Das ist nur eine Konvention, die Logik dahinter ist folgende: Ein Objekt in Ruhe, das unendlich weit von der Erde oder anderen massiven Körpern entfernt ist, soll die Gesamtenergie Null haben. Wenn die kinetische Energie eines solchen Objekts Null ist, dann muß seine potentielle Energie ebenfalls Null sein. Da aber die potentielle Energie von Objekten abnimmt, wenn sie immer näher aneinanderrücken – hängt man den Konzertflügel näher über dem Boden auf, ist seine potentielle Energie ja kleiner –, muß diese Energie immer negativer werden, wenn sich die Objekte gegenseitig nähern.

Betrachten wir nun irgendein Objekt, das sich nahe der Erd-oberfläche bewegt. Die beiden Teile seiner Gesamtenergie haben entgegengesetzte Vorzeichen, die eine Energie, die kineti-sche, ist positiv, die andere, die potentielle, negativ. Wir können dann fragen, ob ihre Summe größer oder kleiner als Null ist – keine müßige Frage, denn hier hat wieder einmal die Energie-Erhaltung ihre Hand im Spiel. Wenn die Gesamtenergie erhal-ten bleibt, dann wird ein Objekt, bei dem diese Energie kleiner als Null, also negativ ist, es niemals schaffen, auf immer zu ver-schwinden. Wenn es schließlich in sehr weiter Ferne zum Still-stand kommt, wird es die Gesamtenergie Null haben, wie ich es oben beschrieben habe. Das ist natürlich größer als jede nega-tive Größe, und wenn die Gesamtenergie beim Start einen nega-tiven Wert hat, wird sie niemals positiv werden können, nicht einmal Null – außer man fügt eine Energie hinzu, zum Beispiel einen Raketenschub. Die Geschwindigkeit, bei der die anfäng-lich positive Energie genau in der Größe gleich ist wie die nega-tive potentielle Energie, so daß die Gesamtstartenergie Null ist, das ist die Fluchtgeschwindigkeit. Damit kann ein Objekt im Prinzip ohne Wiederkehr entfliehen. Da beide Energieformen in gleicher Weise von der Masse des Objekts abhängen, ist die Fluchtgeschwindigkeit von der Masse unabhängig. An der Ober-fläche der Erde zum Beispiel beträgt die Fluchtgeschwindigkeit etwa 11,2 km/s.

Wenn das Universum isotrop ist, das heißt überall gleichartig, dann ergibt sich folgender Zusammenhang: Im auf ewig expan-dierenden Universum bedeutet das, daß eine bestimmte Anzahl voneinander getrennter Galaxien auf immer sich voneinander entfernen werden. Im geschlossenen Universum gilt das Umge-kehrte. Das ist identisch mit der Frage, ob ein Ball, den man von der Erdoberfläche aus nach oben wirft, immer weiter wegfliegt oder zur Erde zurückkehrt. Wenn die relative Geschwindigkeit der Galaxien zueinander aufgrund der allgemeinen Expansion groß genug ist, um die negative potentielle Energie zu überwin-den, die durch ihre gegenseitige Anziehung zustande kommt, dann werden sie sich immer weiter voneinander entfernen. Wenn die kinetische Energie exakt der potentiellen Energie das

Gleichgewicht hält, ist die Gesamtenergie Null. Die Galaxien werden dann für immer voneinander fortstreben. Sie werden sich gegenseitig verlangsamen, aber niemals zum Halten bringen, bis sie – oder das, was noch von ihnen übrig ist – schließlich unendlich weit voneinander entfernt sind. Erinnern Sie sich bitte an meine Beschreibung eines flachen Universums, in dem wir zu leben scheinen. Dem entspricht das, was ich hier gerade schilderte.

Wenn also unser Universum, in dem wir leben, flach ist, dann ist seine Gesamtenergie Null. Dies ist unter den unendlich vielen möglichen Werten ein ganz besonderer, und das ist auch einer der Gründe dafür, warum ein flaches Universum für die Physiker so faszinierend ist.

Ob es mit einem gewaltigen Knall oder mit sanftem Aushauchen enden wird, ist durch die Energie festgelegt. Die Antwort auf eine der tiefsten Fragen der Menschheit – Wie sieht das Ende der Welt aus? – läßt sich einfach beantworten: Man mißt die Expansionsgeschwindigkeit vieler Galaxien sowie ihre Gesamtmasse und fügt beide Ergebnisse zusammen. Ist die Gesamtenergie dieser Systeme größer oder gleich Null, dann wird das Universum für immer expandieren. Das zukünftige Schicksal der Welt ist so zu einer Schreibtischarbeit geworden.

Eine weitere Symmetrie der Natur geht Hand in Hand mit der Invarianz gegenüber Zeit-Translationen. Wenn die Naturgesetze nicht davon abhängen, *wann* wir mit ihnen etwas messen, sollten sie auch nicht davon abhängen, *wo* wir mit ihnen etwas messen. Ich hatte meine Studenten einmal mit der Horrorvision erschreckt: Wenn das nicht so wäre, wenn also an jeder Stelle eine andere Physik gälte, dann brauchten wir nicht nur an jeder Universität eine Einführungsvorlesung für Physik, sondern auch in jedem Haushalt, in jedem Auto – überall!

Eine Konsequenz aus dieser Symmetrie der Natur ist die Existenz einer Erhaltungsgröße, die Impuls genannt wird. Vielleicht ist sie Ihnen geläufiger unter dem Namen „Trägheit" – denn sie ist nichts anderes als die Beobachtung, daß Gegenstände, die in Bewegung sind, diesen Bewegungszustand beibehalten, und daß Dinge, die in Ruhe sind, in Ruhe bleiben. Die

Erhaltung des Impulses ist das Prinzip, das Galileis Beobachtung zugrunde lag: Objekte bewegen sich mit konstanter Geschwindigkeit, solange sie nicht von einer äußeren Kraft daran gehindert werden. Descartes nannte den Impuls die „Größe der Bewegung" und vermutete, daß sie im Universum von Anfang an fixiert sei, „durch Gott gegeben"! Jetzt verstehen wir, daß die Behauptung, der Impuls müßte erhalten bleiben, exakt stimmt, weil die Gesetze der Physik nicht von Ort zu Ort wechseln.

Aber dieses Verständnis war nicht immer so klar. In den dreißiger Jahren zum Beispiel schien es so, als ob die Erhaltung des Impulses bei den Elementarteilchen aufgehoben sei. Ich erkläre Ihnen gleich, warum. Die Erhaltung des Impulses besagt, daß bei einem System, das zunächst in Ruhe ist und plötzlich in viele Einzelteile zerbricht – wenn es wie eine Bombe explodiert –, seine Einzelteile nicht in die gleiche Richtung wegfliegen können. Ganz intuitiv ist das einleuchtend, aber die Erhaltung des Impulses erklärt das auch ganz explizit: Wenn der anfängliche Impuls Null war, und das ist er ja für ein ruhendes System, dann muß er auch Null bleiben, solange keine äußere Kraft auf das System einwirkt. Dafür gibt es nur eine Möglichkeit: Für jedes Teil, das in einer bestimmten Richtung wegfliegt, muß es auch eines oder mehrere Teile geben, die in der entgegengesetzten Richtung fliegen. Denn der Impuls ist, im Gegensatz zur Energie, eine gerichtete Größe, und er ist in dieser Beziehung eng verwandt mit der Geschwindigkeit. So kann ein bestimmter Impuls eines Teilchens nur dadurch wettgemacht werden, daß ein anderes Teilchen mit einem bestimmten Impuls in die entgegengesetzte Richtung fliegt.

Eines der Elementarteilchen, die den Kern eines Atoms aufbauen, das Neutron, ist instabil, wenn es isoliert auftritt: Es zerfällt innerhalb von etwa 10 Minuten in ein Proton und ein Elektron, die man beide nachweisen kann. Die beiden tragen zwar die gleiche elektrische Ladung, aber mit entgegengesetztem Vorzeichen. Und so kann man folgendes Spurenbild von einem Neutron, das ursprünglich in Ruhe war, in einem Detektor beobachten:

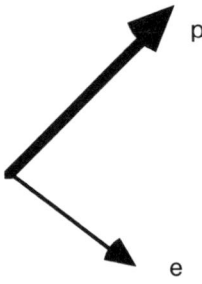

Die Erhaltung des Impulses sagt uns aber, daß – wie bei der Explosion einer Bombe die Splitter – das Proton und das Elektron nicht beide nach rechts wegfliegen können. Eines von ihnen sollte nach links fliegen. Statt dessen hat man mindestens in den Anfangszeiten die Teilchenspuren so beobachtet, wie sie hier gezeichnet sind. Da tauchte natürlich die Frage auf: Ist die Erhaltung des Impulses im Reich der Elementarteilchen etwa nicht gültig? Überhaupt hatte damals noch niemand recht verstanden, was das für eine Kraft war, die für den Neutronenzerfall hauptsächlich schuldig ist. Aber allein der Gedanke, dieses Erhaltungsgesetz (und ebenso die Erhaltung der Energie, die bei diesem Experiment ebenfalls verletzt schien) war für Wolfgang Pauli, einen der bedeutendsten theoretischen Physiker jener Zeit, so undenkbar, daß er nach einer anderen Möglichkeit suchte. Er äußerte die Vermutung, daß beim Neutronenzerfall außer dem Proton und dem Elektron vielleicht zusätzlich ein noch unbekanntes Teilchen erzeugt würde. Das könnte doch möglich sein, wenn dieses Teilchen elektrisch neutral wäre, so daß man es mit den üblichen Detektoren für geladene Teilchen nicht entdecken könnte. Außerdem sollte es sehr leicht sein, weil die Summe aus den Massen von Proton und Elektron allein schon fast so groß ist wie die Masse des zerfallenen Neutrons. Deshalb nannte Paulis italienischer Kollege Enrico Fermi dieses Teilchen Neutrino, das italienische Wort für „kleines Neutron".

Es ist genau das Teilchen, von dem ich früher schon in Verbindung mit den Kernreaktionen sprach, die die Energiequelle der Sonne bilden. Wenn das Neutrino beim Neutronenzerfall erzeugt wird, dann müßte seine Flugrichtung so sein, daß sein Impuls den der beiden anderen Teilchen gerade aufhebt:

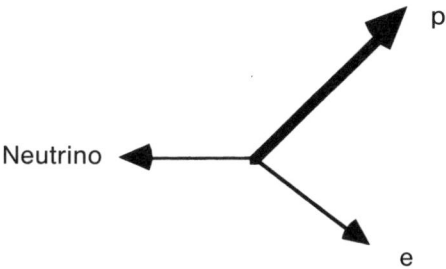

Ein bislang unbekanntes Teilchen zu entdecken, ist eine beachtliche Sache, und auch Pauli war ein beachtenswerter Physiker. Er hatte einige bedeutende Beiträge zur Physik geleistet, unter ihnen das berühmte „Paulische Ausschließungsprinzip", das das Verhalten der Elektronen in den Atomen regelt. Dieses Genie, ein gebürtiger Österreicher, war bekannt dafür, daß er zuweilen erregt aufsprang, wenn ihm als Zuhörer bei Vorträgen etwas mißfiel, und dem Redner die Kreide aus der Hand riß, wenn er der Meinung war, dieser schriebe Blödsinn an die Tafel. Kein Wunder, daß ihm die Vorstellung völlig absurd schien, die Erhaltung des Impulses und der Energie aufzugeben, die sich doch überall in der Physik so bewährt hatte. Im Sinne des kreativen Kopierens, das ich zuvor schon erörterte, schlug er etwas weit weniger Absurdes vor. Und so wurde das Neutrino als neues Teilchen in der Physik geboren – lange bevor es experimentell gefunden wurde, im Jahre 1956, und bevor es zu einem wichtigen Faktum in der Astrophysik wurde.

Auch heute noch wären wir sehr zurückhaltend damit, die Erhaltung des Impulses aufzugeben, auch auf diesen atomaren Skalen. Denn wir sind uns der Konsequenzen bewußt, die das auf eine wahrhaft fundamentale Symmetrie in der Natur haben würde. Solange wir keine neuartigen Bewegungsgesetze der Natur akzeptieren, die irgendwie vom Ort abhängig sind, können wir uns auf die Erhaltung des Impulses verlassen. Und sie wirkt ja nicht nur auf der Skala der subatomaren Teilchen, sie ist eine grundlegende Voraussetzung dafür, um alle Bewegungen um uns herum zu verstehen: Baseball, Schlittschuhfahren, Schwimmen und Bücherschreiben. Überall wo wir ein abgeschlossenes System finden, auf das keine äußeren Kräfte einwirken, bleibt der Impuls dieses Systems erhalten, er ist für alle Zeiten konstant.

Wo findet man denn nun solche abgeschlossenen, isolierten Systeme? Darauf gibt es eine einfache Antwort: Überall, wo man sie sucht. Ich habe einmal eine hübsche Zeichnung gesehen: Zwei Wissenschaftler stehen vor einer Tafel, die mit Gleichungen vollgeschrieben war. Einer sagte zum anderen: „Sehr schön, aber ich glaube nicht, daß es ausreicht, eine Linie außen herumzuzeichnen, um daraus eine einheitliche Theorie zu machen."

Das mag stimmen, aber es stimmt auch, daß es ausreicht, ein System dadurch zu definieren, daß man eine imaginäre Linie um es herumzieht. Das Problem ist nur, die richtige Stelle für die Linie zu finden.

Betrachten wir das folgende Beispiel: Sie sind mit Ihrem Auto gegen eine Ziegelsteinmauer gefahren. Zeichnen sie jetzt eine geschlossene Linie, einen Kasten, um sich und Ihr Auto herum und nennen sie das ein System. Vorher hatten Sie sich mit einer konstanten Geschwindigkeit bewegt; der Impuls des Autos war konstant. Plötzlich kommt Ihnen die Mauer entgegen und stoppt Ihr Auto. Da Ihr Impuls jetzt auf Null gefallen ist – Sie sind ja zum Stillstand gekommen –, muß die Mauer eine Kraft auf Sie ausgeübt haben. Sie hat eine bestimmte Kraft aufgewandt, um sie zu stoppen, abhängig von Ihrer ursprünglichen Geschwindigkeit.

Als nächstes zeichnen wir einen Kasten um das Auto einschließlich der Mauer. In diesem neuen System sind offenbar keine äußeren Kräfte am Werk. Offsichtlich war es ja nur die Mauer, die auf Sie einwirkte, und das einzige, was auf die Mauer einwirkte, waren Sie mit Ihrem Auto. Unter diesem Gesichtspunkt ist nun die Frage: Was passierte, als Sie gegen die Mauer prallten? Wenn keine äußeren Kräfte auf dieses System einwirkten, muß der Impuls erhalten geblieben sein, das heißt, er muß konstant geblieben sein. Vorher, als sie noch fuhren, hatten Sie einen bestimmten Impuls, die Wand dagegen war in Ruhe, hatte also den Impuls Null. Nach dem Zusammenprall sind offenbar sowohl Sie selbst als auch die Mauer in Ruhe. Was passierte denn nun mit dem Impuls, wo ist er geblieben? Die Tatsache, daß er scheinbar verschwunden ist, bedeutet lediglich ein Signal dafür, daß der Kasten nicht weit genug gezogen wurde: Das System, bestehend aus Ihnen und der Mauer, ist noch kein geschlossenes System. Die Wand ist fest mit dem Erdboden verbunden. Somit ist klar, daß der Impuls bei dieser Kollision dadurch erhalten bleiben kann, daß die Erde selbst den Impuls übernommen hat, der ursprünglich allein in Ihrem Auto steckte. Das wahre geschlossene System besteht also aus Ihnen, Ihrem Auto, der Mauer und der Erde. Da aber die Erde unvergleichlich schwerer ist als ihr Auto, braucht sie sich nur unmerklich zu bewegen, um den Impuls zu übernehmen, aber auf jeden Fall muß sich ihre Bewegung geändert haben! Wenn Ihnen also jemand erzählt, er habe die Erde in Bewegung versetzt, seien Sie versichert: Es stimmt.

Die Suche nach Symmetrien ist eine der Haupttriebfedern für die Physik. Tatsächlich haben alle die verborgenen Wirklichkeiten, die wir im letzten Kapitel diskutiert hatten, etwas mit der Aufdeckung neuer Symmetrien im Universum zu tun. Und was ich hier geschrieben habe über die Erhaltung von Impuls und Energie, nennt man Raumzeit-Symmetrien – aus einem naheliegenden Grund: Sie haben etwas mit den Symmetrien in der Natur zu tun, die mit Raum und Zeit verbunden sind. Außerdem will man sie dadurch von jenen unterscheiden, die damit nichts zu tun haben. So sind sie innig verbunden mit Einsteins spezieller Relativitätstheorie.

Da die Relativität die Zeit genauso behandelt wie den Raum, legt sie auch eine neue Symmetrie zwischen den beiden offen. Sie bindet sie zu einer neuen Einheit zusammen, zur Raumzeit, die wiederum mit einem neuen Satz von Symmetrien verbunden ist, die es nicht gäbe, wenn Raum und Zeit als zwei getrennte Dinge betrachtet würden. Tatsächlich ist die absolute Unabhängigkeit der Lichtgeschwindigkeit als Erhaltungsgröße ein Zeichen für eine Symmetrie in der Natur, die Raum und Zeit miteinander verbindet.

Wir haben gerade gesehen, wie bei einer Bewegung die Gesetze der Physik gewahrt bleiben, wobei sich eine neue Verbindung zwischen Raum und Zeit auftat. Eine bestimmte Länge in der vierdimensionalen Raumzeit bleibt invariant gegenüber einer gleichförmigen Bewegung, genauso wie eine normale dreidimensionale Raumlänge invariant bleibt gegenüber einer Rotation. Diese Symmetrie in der Natur ist nur möglich, wenn Raum und Zeit aneinandergebunden sind. Genauso müssen einfache Raum-Translationen und einfache Zeit-Translationen, die ihrerseits für Erhaltung von Impuls und Energie verantwortlich sind, aneinandergebunden sein. Es ist eine der Konsequenzen aus der speziellen Relativitätstheorie, daß die Erhaltung von Impuls und Energie keine voneinander getrennten Phänomene sind. Gemeinsam sind sie Teile einer einzigen Größe, die Energie-Impuls genannt wird. Die Erhaltung dieser vereinigten Größe – die nun auch eine neue Definition von beidem, von Energie und von Impuls, erfordert, wie sie ja traditionell im Zusammenhang mit den Newtonschen Gesetzen definiert sind – wird nun zu einer einzigen Folgerung aus der Invarianz in einer Welt, in der Raum und Zeit miteinander verbunden sind. In diesem Sinne offenbart uns die spezielle Relativitätstheorie etwas Neues: In der Raumzeit gibt es keine Energie-Erhaltung ohne Impuls-Erhaltung und umgekehrt.

Es gibt noch eine Raum-Zeit-Symmetrie, die in meinen bisherigen Betrachtungen nur versteckt auftauchte. Sie ist verwandt mit der Symmetrie, die hinausläuft auf die Erhaltung von Energie und Impuls in der speziellen Relativitätstheorie, aber man ist mit ihr viel vertrauter, weil man es bei ihr mit nur drei Dimensionen zu tun hat und nicht mit vieren. Sie betrifft die Symmetrie in der Natur bei Rotationen im Raum. Ich habe schon beschrieben, wie verschiedene Beobachter unterschiedliche Facetten eines Objektes beobachten, das sich dreht, aber wir wissen, daß grundlegende Größen, wie zum Beispiel die Gesamtlänge, bei einer solchen Rotation unverändert bleiben. Die Invarianz physikalischer Gesetze – wenn ich zum Beispiel mein Labor drehe, damit es in unterschiedliche Richtungen zeigt – ist eine entscheidende Symmetrie. Wir erwarten beispielsweise in der Natur, daß sie keine bestimmte Richtung im Raum allen anderen vorzieht. Alle Richtungen sollten gleichberechtigt sein, soweit es die grundlegenden Gesetze betrifft.

Wenn die physikalischen Gesetze invariant gegen Rotationen sind, dann muß es eine dazugehörige Größe geben, die erhalten bleibt. Der Impuls bezieht sich auf die Invarianz der Natur gegenüber Raumtranslationen. Diese neue Größe dagegen bezieht sich auf die Invarianz der Natur gegenüber Drehbewegungen. Deshalb wird sie auch Drehimpuls genannt. Wie beim bisher behandelten Impuls spielt auch die Erhaltung des Drehimpulses eine sehr wichtige Rolle von der atomaren Skala bis in unseren Alltag hinein. In einem abgeschlossenen System muß auch der Drehimpuls erhalten bleiben. Wir können nun für den Erhaltungssatz des Impulses die Ausdrücke ersetzen: Aus Entfernung wird Winkel, aus Geschwindigkeit wird Winkelgeschwindigkeit, und so findet man leicht Beispiele für die Erhaltung des Drehimpulses. Wir haben hier wieder einen hervorragenden Fall des „kreativen Kopierens".

Zuvor noch ein Beispiel mit meinem Auto: Wenn ich gegen ein anderes Auto pralle, das vorher in Ruhe war, aber ohne angezogene Bremsen, dann bewegen sich beide gemeinsam weiter. Die vereinigte Geschwindigkeit ist jedoch wesentlich geringer als die, die mein Auto zuvor allein hatte. Das ist eine klassische Konsequenz aus der Erhaltung des Impulses. Der Impuls des kombinierten Systems aus beiden Autos muß nach der Kollision der gleiche sein wie die Summe aus beiden vorher. Da die gemeinsame Masse des Systems nun größer ist als die Masse des zuvor bewegten Objektes, also meines Autos, muß sie sich aufgrund der Erhaltung des Impulses langsamer bewegen.

Betrachten wir nun eine Eiskunstläuferin, die wie ein Kreisel herumwirbelt. Bei der Pirouette hat sie ihre Arme fest an ihren Körper gepreßt. Wenn sie nun die Arme nach außen streckt, wird ihre Rotation plötzlich wie durch eine magische Kraft verlangsamt. Das ist eine Folge aus der Erhaltung des Drehimpulses, ebenso wie das vorhergehende Beispiel eine Folge aus der

Erhaltung des Impulses war. Was die Rotationen und die Winkelgeschwindigkeiten angeht, so verhält sich ein Objekt mit einem größeren Radius entsprechend einem Objekt mit größerer Masse. So bewirkt das Herausstrecken der Arme bei der Eiskunstläuferin eine Vergrößerung des Radius. Wie die zwei Autos gemeinsam sich langsamer vorwärtsbewegen als das eine auffahrende Auto – solange keine weiteren äußeren Kräfte auf beide einwirkten –, so wird die Eiskunstläuferin auch bei Vergrößerung ihres Radius langsamer rotieren als zuvor bei angezogenen Armen. Immer vorausgesetzt, daß keine Kraft von außen sie herumwirbelt oder bremst. Umgekehrt betrachtet: Eine Eiskunstläuferin, die ihre Pirouette mit abgestreckten Armen langsam beginnt, kann ihre Rotation erheblich steigern, wenn sie die Arme plötzlich an sich heranzieht. Mit diesem „Trick" hat schon manche eine olympische Medaille gewonnen.

Es gibt noch weitere Erhaltungsgrößen in der Natur, die aus den Symmetrien entspringen, außer denen der Raumzeit oder denen der elektrischen Ladung. Ich werde später darauf zurückkommen. Für den Augenblick möchte ich mit einer ganz eigenartigen Sichtweise der Erhaltung von Drehbewegungen in der Natur fortfahren, die es mir gestattet, eine allgemeine Sichtweise der Symmetrie einzuführen, die nicht immer offenkundig ist. Die grundlegenden Gesetze der Bewegung sind zwar rotationsunabhängig – das bedeutet, daß es keine bevorzugten Richtungen gibt, die sich aufgrund der Bewegungsgesetze ergeben – doch die Welt scheint eben nicht so zu sein. Und wenn sie es wäre, würden wir es unmöglich schaffen, die Richtung zum nächsten Gemüseladen anzugeben. Links scheint doch völlig verschieden von rechts, Nord das Gegenteil von Süd, und nach unten bedeutet etwas ganz anderes als nach oben.

Wir können es uns leichtmachen und dies als puren Zufall unserer besonderen Umstände betrachten, und das trifft tatsächlich auch die Wahrheit. Wären wir irgendwo anders, könnte die Entscheidung von rechts und links, Nord und Süd völlig anders ausfallen. Trotzdem ist ausgerechnet die Tatsache, daß der Zufall unserer besonderen äußeren Umstände eine grundlegende Symmetrie in der Welt verbergen kann, eine der wichtigsten Erkenntnisse, die unsere moderne Physik beherrschen. Um Fortschritte zu erzielen und um die Mächtigkeit solcher Symmetrien zu entdecken, müssen wir hinter die Dinge schauen.

Viele der klassischen Beispiele für die verborgene Realität, die ich im vorigen Kapitel beschrieben habe, hängen mit dieser Erkenntnis zusammen, daß sich dahinter eine Symmetrie versteckt. Diese Erkenntnis läuft unter dem harten Namen „spontane Symmetrie-Brechung", wir sind ihr bereits in unterschiedlicher Gestalt begegnet.

Ein gutes Beispiel ist das Verhalten der mikroskopischen Magnete in einem Eisenstück, wie ich es am Ende des vorigen Kapitels behandelt habe. Bei niedriger Temperatur und wenn kein äußeres magnetisches Feld auf diese Magnete einwirkt, ist es energetisch günstig, daß sich alle in der gleichen Richtung ausrichten. Welche Richtung sie aber dafür wählen, ist purer Zufall. Man findet in den physikalischen Grundlagen des Elektromagnetismus wirklich nichts, das eine Richtung vor einer anderen bevorzugen könnte. Es läßt sich einfach nicht vorhersagen, welche Richtung die Magnetchen schließlich wählen. Wenn sie sich aber entschieden haben, dann ist diese Richtung etwas ganz Besonderes. Ein Insekt, das für magnetische Felder empfindlich ist und im Inneren eines solchen Magneten lebte, würde mit der Überzeugung aufwachsen, daß die Richtungen in seiner Eisenwelt durchaus nicht gleichberechtigt sind, sondern daß diese eine Richtung, die es vielleicht „Nord" nennen würde, etwas ganz Besonderes sei. Wir dagegen wissen, daß diese Richtung beileibe nichts Besonderes, sondern nur zufällig die aller mikroskopischen Magnetchen ist.

Der Trick der Physiker besteht darin, sich über die zufällig herrschenden speziellen Umstände, die uns so dominierend erscheinen, zu erheben und zu versuchen, hinter die Dinge zu schauen. Soweit ich die Sache sehe, bedeutet dies jedesmal, nach den wahren Symmetrien in der Welt Ausschau zu halten. In dem Fall, den ich gerade beschrieb, bedeutet das, zu entdecken, daß die Gleichungen für die Magnete gegenüber Rotationen invariant sind, Norden könnte sich in Süden verwandeln – und die Physik würde die gleiche bleiben.

Das Paradebeispiel dafür ist die Vereinigung der schwachen mit der elektromagnetischen Wechselwirkung. Die diesem zugrundeliegende Physik macht keinen Unterschied zwischen dem masselosen Photon und dem sehr schweren Z-Teilchen. In der zugehörigen Dynamik kann man eine wunderbare Symmetrie entdecken: Das Z-Teilchen könnte sich in ein Photon verwandeln, und alles würde exakt das gleiche bleiben. In der Welt, in der wir leben, haben die Grundgesetze der Physik jedoch etwas herauskristallisieren lassen: Sie haben die Gleichungen so gelöst – Partikel sind auskondensiert anstatt einen leeren Raum zu erfüllen –, daß sich das Photon und das Z-Teilchen sehr unterschiedlich verhalten.

Mathematisch kann man diese Erkenntnisse auch so ausdrücken: Eine spezielle Lösung einer mathematischen Gleichung muß nicht unbedingt gegenüber einer bestimmten Gruppe von Transformationen invariant sein, gegenüber der die Grundgleichungen durchaus invariant sind. Jede spezielle Realisierung einer zugrundeliegenden mathematischen Ordnung, zum Beispiel die Realisierung, die wir sehen, wenn wir uns in unserem Raum umschauen, kann die zugehörige zugrundeliegende Symmetrie brechen. Schauen wir doch einmal auf ein Beispiel, das Abdus Salam schuf, einer der Physiker, die den Nobelpreis für ihre Arbeiten zur Vereinigung des Elektromagnetismus mit der schwachen Wechselwirkung gewannen: Stellen Sie sich vor, Sie nehmen an einem runden Eßtisch Platz. Er soll mit allem, was auf ihm steht, für Sie vollkommen symmetrisch sein. Das Weinglas zu Ihrer Rechten ist äquivalent mit dem Weinglas zu Ihrer Linken. Nur die gesellschaftlichen Regeln bestimmen, welches Ihr Glas ist. Wenn Sie nun als erster zu Ihrem Weinglas greifen – nehmen wir an, Sie entscheiden sich für das rechte –, dann ist die Wahl auch für jeden anderen am Tisch festgelegt. Jeder weiß nun, welches der beiden Weingläser seines ist. Es ist nun ein universales Lebensgesetz, daß wir in einer besonderen Realisation leben, für die es grundsätzlich unendlich viele Möglichkeiten gab. Rousseau meinte etwas Ähnliches, als er sagte: „Der Mensch wird frei geboren, doch überall liegt er in Ketten."

Was kümmern uns eigentlich die Symmetrien in der Natur, sogar die, von denen wir nicht viel wissen? Ist es einfach das besondere ästhetische Vergnügen, das die Physiker an solchen Überlegungen haben, also eine pure Selbstbefriedigung für sie? Teilweise vielleicht, aber es gibt noch einen anderen Grund. Symmetrien, und gerade diejenigen, die man nur vage kennt, können eine Schlüsselrolle bei physikalischen Größen in der Naturbeschreibung spielen und vor allem in den wechselseitigen Beziehungen zwischen ihnen. Auf eine einfache Formel gebracht: Symmetrien sind vielleicht das Wesentliche in der Physik. Man könnte auch sagen: Im Grunde genommen gibt es nichts außer ihnen.

Bedenken wir zum Beispiel, daß Energie und Impuls – zwei direkte Folgen aus zwei Raum-Zeit-Symmetrien – gemeinsam eine Beschreibung der Bewegung liefern, die vollkommen äquivalent mit allen Newtonschen Gesetzen ist, die die Bewegung von Objekten im Gravitationsfeld der Erde beschreiben. Alle Bewegungssätze, zum Beispiel, daß eine Kraft eine Beschleunigung bewirkt, folgen aus diesen zwei Prinzipien. Selbst die vier fundamentalen Kräfte der Natur werden durch Symmetrien definiert, wie ich gleich zeigen werde.

Die Symmetrien zeigen uns, welche Variablen wir benötigen, um die Welt zu beschreiben. Danach ist alles andere festgelegt. Greifen wir wieder zu meinem Lieblingsbeispiel: der Kugel. Als ich Ihnen eine Kuh als Kugel präsentierte, betonte ich, daß die Prozesse, mit denen wir uns nun beschäftigen wollten, einzig und allein vom Radius der Kuh-Kugel abhingen. Alles, was von der individuellen knochigen oder feisten Oberfläche der echten Kuh abhing, konnten wir getrost vergessen, weil das bei einer Repräsentation durch eine Kugel keine Rolle spielt. Die elegante Symmetrie der Kugel hat die unübersehbare Anzahl gesonderter Parameter der vielgestaltigen Kuhoberfläche auf einen einzigen Parameter reduziert: den Radius.

Wir können das auch umdrehen: Wenn wir herausfinden, welche Variablen für eine vernünftige Beschreibung eines physikalischen Prozesses wichtig sind, dann können wir mit etwas Geschick rückwärts schreitend auch herausfinden, welche Symmetrien dahinterstecken. Diese Symmetrien sind es vielleicht, die alle die Gesetze dieses Prozesses beherrschen. In gewissem Sinne sind wir hier wieder in Galileis Fußstapfen: Er hatte uns gezeigt, daß die Erkenntnis, wie Dinge sich bewegen, gleichbedeutend ist mit der, warum sie sich bewegen. Die Definitionen von Geschwindigkeit und Beschleunigung machten klar, was wichtig ist, um das Bewegungsverhalten von Körpern zu bestimmen. Es ist nur ein Schritt weiter, wenn wir annehmen, daß die Gesetze, die dieses Verhalten beschreiben, nicht bloß durch das Finden der wichtigen Variablen klargemacht sind. Nein, diese Variablen allein bestimmen alles andere.

Wir wollen zu Feynman zurückkehren, der die Natur als gigantisches Schachspiel beschrieb, das von Göttern gespielt wird und bei dem wir die Ehre haben zuzuschauen. Die Spielregeln sind das, was wir Grundlagenphysik nennen, und diese Regeln zu verstehen, ist unser Ziel. Wollen wir die Natur verstehen, dann gibt es dazu nach Feynman nur diese eine Chance: Wir müssen diese Regeln verstehen. Nun können wir es wagen, einen Schritt weiterzugehen. Wir nehmen an, daß diese Regeln allein dadurch vollständig bestimmt sind, daß wir die Gestaltung der Symmetrien auf dem Spielfeld und die Funktion der Spielsteine entschlüsseln, mit denen gespielt wird. So ist das Verständnis der Natur, das heißt das Verständnis der Spielregeln, äquivalent damit, ihre Symmetrien zu verstehen.

Das ist ein recht hoher Anspruch, zudem einer mit einer unglaublichen Allgemeingültigkeit. Ich vermute, daß Sie sowohl irritiert als auch skeptisch sind, und deswegen will ich versuchen, das an einigen Beispielen etwas klarer zu machen. Damit hoffe ich auch, Ihnen eine Vorstellung davon vermitteln zu können, wie die moderne Physik zu neuen Erkenntnissen kommt.

Lassen Sie mich diese Vorstellungen zunächst im Zusammenhang mit Feynmans Analogie beschreiben. Ein Schachbrett ist ein ziemlich symmetrisches Ding. Das Muster auf dem Spielfeld wiederholt sich feldweise in jeder Richtung. Die Felder sind mit zwei Farben voneinander unterschieden, und wenn wir sie austauschen würden, bliebe das Muster identisch. Darüber hinaus ermöglicht die Einteilung in acht mal acht Quadrate eine natürliche Trennung in zwei Hälften. Die beiden können wieder miteinander vertauscht werden, ohne die Erscheinung des Spielfeldes zu verändern.

Das allein reicht jedoch nicht aus, das Feld eindeutig als Schachspiel zu charakterisieren, weil man auf ihm auch etwas anderes, zum Beispiel Dame spielen könnte. Wenn ich jedoch hinzufüge, daß es 16 Spielsteine auf jeder der beiden Seiten des Schachbretts gibt, von denen acht miteinander identisch sind, und die anderen aus drei Paaren von jeweils zwei identischen Steinen bestehen, plus zwei Einzelfiguren, dann ist das schon eine wesentlich speziellere Beschreibung. So ist es zum Beispiel üblich, die Spiegelsymmetrie des Spielfeldes dazu zu benutzen, die drei Spielsteine mit den identischen Partnern in einer bestimmten Reihenfolge aufzustellen – den Turm, den Springer und den Läufer – ein spiegelbildliches Muster um das Zentrum des Spielfeldes herum. Die beiden Farben der Gegner entsprechen der Zweifarbigkeit des Brettes. Die Forderung, daß sich ein Stein nur über Felder der gleichen Farbe bewegt, begrenzt die Bewegungsrichtungen auf die Diagonalen, das gilt zum Beispiel für die Läufer. Die Forderung, daß ein Bauer einen gegnerischen Stein nur schlagen kann, wenn er sich in einem benachbarten Feld gleicher Farbe befindet, bedeutet, daß er ihn nur über die Diagonale schlagen kann, und so weiter. Ich will nun nicht etwa behaupten, das wäre ein Beweis dafür, daß das Schachspiel durch die Symmetrien des Spielfeldes und der Spielsteine vollständig festgelegt sei. Aber ich halte es doch für wichtig anzumerken, daß bis heute nur nach diesem einen bestimmten Satz von Spielregeln gespielt wurde. Man könnte sich noch viele andere Arten ausdenken, Schach zu spielen, die vermutlich auch ihren Reiz hätten.

Es wäre vielleicht ganz interessant für Sie, solche Fragen auch einmal zu Ihrem Lieblingssport zu stellen. Wäre Fußball zum Beispiel das gleiche Spiel, wenn es nicht auf diesem 105 Meter langen und 70 Meter breiten Feld gespielt würde, das in bestimmte einzelne Felder aufgeteilt ist? Wichtiger ist vielleicht noch die Frage, wie die Regeln von den Symmetrien der beiden Mannschaften abhängen. Wie steht es mit Tennis? Größe und

Aufteilung des Spielfeldes scheinen etwas ganz Wesentliches zu sein. Gäbe es statt der äußeren geraden Linien eine kreisförmige Begrenzung des Feldes, müßte es dann nicht auch ganz andere Regeln für den Aufschlag geben?

Aber warum reden wir nur von Sport? Es gibt noch viele andere Beispiele: Wie weit sind die Gesetze eines Landes durch die Zusammenstellung der Gesetzgeber beeinflußt? Viele Leute in den USA regten sich über die immensen Ausgaben für das Militär auf und fragten: Sind die Ausgaben vielleicht deshalb so exorbitant hoch, weil es vier verschiedene Streitkräfte gibt: Luftwaffe, Heer, Marine und Marine-Infanterie?

Um zur Physik zurückzukehren: Ich möchte beschreiben, warum Symmetrien, sogar solche, die wir noch gar nicht kennen, die Form der bekannten physikalischen Gesetze bestimmen können. Ich möchte mit einem Erhaltungsgesetz beginnen, das ich bisher noch nicht erwähnt habe, das aber eine ganz wesentliche Rolle in der Physik spielt: die Erhaltung der Ladung. Bei allen Prozessen in der Natur erscheint die Ladung erhalten zu bleiben – das heißt, wenn es zu Beginn eines Prozesses eine negative Ladung als Nettoladung gibt, dann kann passieren, was will, und wenn es noch so kompliziert ist, am Schluß bleibt wieder genau eine negative Nettoladung übrig. Dazwischen können viele Teilchen neu entstehen oder verschwinden, aber nur in Paaren von positiver und negativer Ladung, so daß die Gesamtladung zu jeder Zeit der zu Beginn und der am Ende des Prozesses gleich ist.

Wie erinnern uns, daß nach Noethers Theorem dieses universale Erhaltungsgesetz eine Folge aus der universalen Symmetrie ist: Wir können alle positiven Ladungen in der Welt in negative umwandeln oder umgekehrt – und nichts in der Welt würde sich ändern. Das ist tatsächlich äquivalent damit, daß wir sagen, es sei rein zufällig, welche Ladungen wir positiv und welche wir negativ nennen, daß es lediglich eine Vereinbarung ist, daß wir die Ladung eines Elektrons als negativ und die eines Protons als positiv benannt haben.

Die für die Erhaltung der Ladung verantwortliche Symmetrie ist tatsächlich sehr sinnverwandt mit einer Symmetrie der

Raumzeit, die ich in Verbindung mit der allgemeinen Relativitätstheorie diskutiert hatte. Wenn wir zum Beispiel gleichzeitig alle Maßstäbe im Universum änderten, so daß das, was wir vorher einen Zentimeter genannt haben, nun zwei Zentimeter sein sollen, dann würden die Gesetze der Physik genauso aussehen wie vorher. Verschiedene Naturkonstanten würden ihren Zahlenwert ändern, um die neue Skala der Länge auszugleichen, aber sonst würde sich nichts ändern. Nichts anderes bedeutet die Feststellung, daß wir ein Einheitensystem frei wählen können, wenn wir physikalische Prozesse beschreiben wollen. Wir können zum Beispiel in den Vereinigten Staaten Meilen oder Pound benutzen, andere Länder in der Welt haben Kilometer und Kilogramm. Es ist zwar sehr lästig, die verschiedenen Einheiten ineinander umzurechen, aber die Gesetze der Physik sind in den USA und den anderen Ländern der Welt trotz ihrer unterschiedlichen Einheiten die gleichen.

Was wäre aber, wenn wir die Länge eines Zollstocks von einer Marke zur andern zum Beispiel um einen jeweils wachsenden Betrag änderten? Einstein hat erklärt, daß es bei solch einer Prozedur nichts Besonderes gäbe. Sie würde nur bedeuten, daß die Gesetze, die die Bewegung der Teilchen in solch einer anderen Welt bestimmen, äquivalent wären zu denen, die durch die Anwesenheit eines Gravitationsfeldes bedingt seien.

Die allgemeine Relativitätstheorie erklärt uns: Wenn es eine allgemeine Symmetrie in der Natur gibt, die es erlaubt, die Definition der Länge von einem Punkt zum nächsten zu ändern, dann geht das nur, wenn man auch die Existenz einer Ursache dafür annimmt, zum Beispiel ein Gravitationsfeld. In diesem Fall können wir die lokalen Änderungen der Länge dadurch wieder wettmachen, daß wir ein Gravitationsfeld einführen. Umgekehrt können wir ganz allgemein die Welt mit konstanten Längen beschreiben, und dann brauchen wir kein Gravitationsfeld anzunehmen. Diese Symmetrie, die „general-coordinate-invariance", kennzeichnet vollständig die Theorie, die wir allgemeine Relativitätstheorie nennen. Das bedeutet, daß das Koordinatensystem, das wir zur Beschreibung von Raum und Zeit benutzen, selbst willkürlich ist – genauso wie die Einheiten willkürlich sind, mit denen wir Entfernungen kennzeichnen. Doch es gibt da einen Unterschied: Verschiedene Koordinatensysteme mögen äquivalent sein, aber wenn der Übergang von einem zum anderen lokal unterschiedlich ist, das heißt, die Einheitslängen ändern sich von Ort zu Ort, dann erfordert diese Umwandlung die Einführung eines Gravitationsfeldes für bestimmte Beobachter, damit die vorausgesagte Bewegung von Körpern die gleiche ist. Es geht um folgendes: In der merkwürdigen Welt, die ich wählte, um die Definition der Länge von Ort zu Ort zu verändern, erscheint die Bahn eines bewegten Objektes, wenn keine Kraft auf es einwirkt, gekrümmt und nicht geradeaus. Das habe ich früher schon einmal beschrieben am Beispiel eines Flugzeugs, das um die Welt fliegt und dessen Bahn in der Projektion auf einer ebenen Landkarte beobachtet wird. Ich kann das Beispiel hier nur wieder verwenden und mit Galileis Regeln in Einklang bleiben, wenn ich annehme, daß eine scheinbare Kraft in diesem neuen Rahmen wirkt. Diese Kraft ist die Gravitation. Die Form der Gravitation kann nun bemerkenswerterweise als eine Form der general-coordinate-invariance der Natur angesehen werden.

Das bedeutet aber keineswegs, daß die Gravitation pure Dichtung unserer Phantasie wäre. Die allgemeine Relativitätstheorie lehrt uns, daß Masse tatsächlich den Raum krümmt. Wir können uns beliebige Koordinatensysteme aussuchen – alle bestätigen diese Krümmung des Raumes. Für einen bestimmten Ort mag es möglich sein, ohne ein Gravitationsfeld auszukommen – wenn zum Beispiel ein Beobachter frei fällt, fühlt er keinerlei Kraft, die auf ihn einwirkt, genauso wie Astronauten, die frei um die Erde herumfallen, keine Gravitationskraft nach unten spüren. Und doch werden die Flugbahnen von verschiedenen frei fallenden Beobachtern relativ zueinander gekrümmt sein – ein Zeichen dafür, daß der Raum gekrümmt ist. Wir können irgendwelche beliebigen Bezugssysteme auswählen, es bleibt immer dasselbe. Da wir alle an die Erde gebunden sind, haben wir alle die Erfahrung gemacht, daß überall und immer die Gravitationskraft wirkt. Frei fallende Beobachter dagegen spüren davon nichts. Die Bewegung von Teilchen wird also in beiden Fällen die allgegenwärtige Krümmung des Raumes erweisen, die tatsächlich real ist und die durch die Anwesenheit der Materie bedingt ist.

Ein Gravitationsfeld mag lediglich in dem Sinne eine Fiktion sein, daß Sie ein Koordinatensystem günstig auswählen können, um sich von der Annahme eines Gravitationsfeldes zu befreien. Aber das ist nur möglich, wenn der Raum in diesem Fall vollkommen flach ist, das heißt, wenn es nirgends Materie gibt. Ein solcher Fall ist ein rotierendes Koordinatensystem, wie man es auf manchen Volksfesten findet: ein Karussell in Form eines rotierenden Zylinders. Die Leute stehen an der Innenwand und werden bei der Rotation nach außen gedrückt. Im Inneren dieses Raumes könnte man auf den Gedanken kommen, hier existiere ein Gravitationsfeld, das überall nach außen gerichtet ist. In Wahrheit gibt es aber nirgends eine Masse, die die Ursache eines solchen Feldes wäre, wie zum Beispiel die Erde die Ursache für das Gravitationsfeld an ihrer Oberfläche ist. Die Beobachter, die das von außen sehen, wissen genau: Was Sie ein Gravitationsfeld nennen mögen, ist lediglich eine Folge davon, welches Koordinatensystem man wählt. In Ihrem Fall haben Sie das gewählt, was im rotierenden Zylinder fixiert ist. Die Krümmung des Raumes ist real; ein Gravitationsfeld ist subjektiv.

Meine Absicht war, etwas über elektrische Ladungen zu erzählen. So begann ich auch, und nun bin ich ganz bei der Gravitation. Jetzt möchte ich mich doch auch ausführlich mit der elektrischen Ladung befassen, wie ich mich zuvor den Längen in der Raumzeit gewidmet hatte. Gibt es eine Symmetrie in der Natur, die mir für einen bestimmten Ort erlaubt, das Vorzeichen einer elektrischen Ladung frei zu wählen, und doch die Voraussagen der Gesetze der Physik in der gleichen Weise zu bewahren? Die Antwort lautet: Ja. Aber nur, wenn es ein weiteres Feld in der Natur gibt, das auf die Teilchen einwirkt und für meine örtliche Wahl der Ladung eine ähnliche „Kompensation" schafft, wie ein Gravitationsfeld meine zufällige Wahl eines Koordinatensystems kompensiert.

Das Feld, das aus solch einer Symmetrie der Natur folgt, ist nicht das elektromagnetische Feld selbst, wie Sie vielleicht denken könnten. Es spielt vielmehr eine ähnliche Rolle wie die

Raumzeitkrümmung bei der Gravitation. Es ist immer da, wenn eine elektrische Ladung in der Nähe ist, genauso wie die Krümmung des Raumes immer vorliegt, wenn irgendwo eine Masse ist. Das ist nicht der Willkür überlassen. Dieses Feld ist mit dem elektromagnetischen Feld ähnlich verschwistert wie die Raumkrümmung mit dem Gravitationsfeld. Dieses Feld nennt man das Vektorpotential im Elektromagnetismus.

Diese merkwürdige Symmetrie der Natur ermöglicht es, für einen bestimmten Ort die Definition der Ladung oder der Länge zu ändern, wenn ich entsprechend besondere Kräfte einführe. Man nennt diese Symmetrie Eichsymmetrie. Ich erwähnte sie schon kurz in einem früheren Kapitel. Hermann Weyl hatte diese Eichsymmetrie eingeführt, da sie in den verschiedenen Formen in der Relativitätstheorie und im Elektromagnetismus auftauchte, und er versuchte, die beiden zu vereinigen. Wie wir jedoch sehen werden, ist das ein viel allgemeineres Phänomen. Was ich betonen möchte ist, daß solch eine Symmetrie erstens die Existenz von verschiedenen Kräften in der Natur erfordert und daß sie uns zweitens vor Augen führt, welche Größen „physikalisch wahr" und welche nur künstliche Größen sind entsprechend unserem besonderen Bezugssystem. Genauso wie Winkelabstände auf einer Kugeloberfläche eine redundante Angabe sind, da alle Angaben vom Radius der Kugel abhängen, so lernen wir in gewissem Sinne von der Eichsymmetrie der Natur, daß elektromagnetische Felder und Raumzeitkrümmung physikalisch und daß Gravitationsfelder und Vektorpotentiale beobachterabhängig sind.

Die exotische Sprache der Eichsymmetrie wäre schiere mathematische Pedanterie, wenn man sie nur dazu benutzte, Dinge im nachhinein zu beschreiben. Den Elektromagnetismus und die Gravitation jedenfalls hatte man schon recht gut verstanden, bevor überhaupt eine Eichsymmetrie im physikalischen Gebäude aufgetreten war. Was die Eichsymmetrien so wichtig macht, sind ihre Einflüsse auf die heutige und zukünftige Physik. Wir haben in den letzten 25 Jahren entdeckt, daß alle bekannten Kräfte in der Natur aus Eichsymmetrien hervorgehen. Das wiederum hat uns einen Weg zu einem ganz neuen Verständnis der Dinge gewiesen, auch solcher, die wir vorher nicht verstanden. Die Suche nach einer Eichsymmetrie in Verbindung mit diesen Kräften ermöglichte es den Physikern, die relevanten physikalischen Größen zu erkennen, die diesen Kräften zugrunde liegen.

Es ist eine allgemeine Eigenschaft der Eichsymmetrie, daß ein Feld existieren muß, das über weite Entfernungen wirkt, verbunden mit der Freiheit, die Definition verschiedener Eigenschaften von Teilchen oder der Raumzeit von Ort zu Ort über riesige Distanzen zu variieren, ohne die zugrundeliegende Physik ändern zu müssen. Im Falle der allgemeinen Relativitätstheorie ist dies durch das Gravitationsfeld gegeben. Beim Elektromagnetismus ist es gegeben durch elektrische und magnetische Felder, die selbst auf den Vektorpotentialen beruhen. Die schwache Wechselwirkung zwischen den Teilchen im Atomkern wirkt nur über sehr kurze Entfernungen. Wie kann sie sich auf eine zugrundeliegende Eichsymmetrie in der Natur gründen?

Die Antwort ist, daß diese Symmetrie „spontan gebrochen" wurde. Die gleiche Hintergrunddichte von Teilchen im leeren Raum, die dem Z-Teilchen seine scheinbare Masse gibt, während ein Photon, das den Elektromagnetismus trägt, masselos bleibt, liefert auch den Hintergrund zu dem, was physikalisch der schwachen Ladung eines Objektes entspricht. Aus diesem Grunde ist man nicht mehr frei, lokal zu verändern, was man unter positiver und negativer schwacher Ladung versteht. Und deshalb ist die Eichsymmetrie, die man sonst überall findet, hier nicht mehr gegeben. Es sieht fast so aus, als ob da ein elektrisches Hintergrundfeld im Universum wirkte. In diesem Fall gäbe es einen gewaltigen Unterschied zwischen positiver und negativer Ladung: Die eine Art Ladung würde durch dieses Feld angezogen, die andere von ihm abgestoßen. So wäre die Unterscheidung zwischen positiver und negativer Ladung nicht mehr zufällig. In dem Fall bliebe die zugrundeliegende Symmetrie der Natur verborgen.

Bemerkenswert ist nun, daß der spontane Bruch der Eichsymmetrien nicht vollständig verborgen ist. Wie ich beschrieben habe, läßt das Hintergrundkondensat von Teilchen im leeren

Raum die W- und Z-Teilchen schwer erscheinen, während das Photon masselos bleibt. Ein Anzeichen für die gebrochene Eichsymmetrie ist demnach die Existenz von schweren Teilchen, die Kräfte übertragen, die nur über kurze Distanzen wirken – sogenannte Kräfte kurzer Reichweite. Das Geheimnis, wie man eine solche zugrundeliegende gebrochene Symmetrie entdeckt, ist, nach Kräften kurzer Reichweite Ausschau zu halten und Ähnlichkeiten mit Kräften großer Reichweite zu entdecken – Kräfte, die über große Distanzen wirken wie die Gravitation und der Elektromagnetismus. Mindestens im heuristischen Sinn deutet das exakt darauf, wie man die schwache Wechselwirkung eventuell „verstehen" kann: als eine nahe Verwandte der Quantenelektrodynamik, der Quantentheorie des Elektromagnetismus.

Feynman und Murray Gell-Mann entwickelten eine phänomenologische Theorie, in der die schwache Wechselwirkung in die gleiche Form gegossen wurde wie der Elektromagnetismus, um die Folgerungen daraus zu studieren. Innerhalb eines Jahrzehnts entwickelten sie eine Theorie, die den Elektromagnetismus und die schwache Wechselwirkung als Eichtheorien vereinigte. Eine der zentralen Voraussagen aus dieser neuen Vereinigung war, daß es einen Teil der schwachen Kraft geben müsse, den man vorher noch nie beobachtet hatte. Dabei sollte es keine Wechselwirkungen geben, die die Ladung von Teilchen miteinander vermischen könnte, wie es etwa im neutralen Neutron der Fall ist, das sich beim Zerfall in ein positives Proton und ein negatives Elektron aufspalten kann. Statt dessen sollte es Wechselwirkungen geben, bei denen die Teilchenladungen erhalten blieben, gerade so wie elektrische Kräfte zwischen Elektronen wirken, ohne deren Ladung zu ändern. Diese „neutrale Wechselwirkung" war eine fundamentale Voraussage der Theorie, die schließlich zweifelsfrei in den siebziger Jahren beobachtet wurde. Das war vielleicht das erste Mal, daß eine Symmetrie entdeckt wurde, die die Existenz einer neuen Kraft voraussagte, statt daß man – wie sonst üblich – etwas benannte, nachdem man es gefunden hatte.

Daß die schwache Wechselwirkung schwach ist, beruht auf der Tatsache, daß die zugehörige Eichsymmetrie spontan gebrochen wurde. Über Entfernungen, die größer sind als der mittlere Abstand der Teilchen im Hintergrundkondensat, das die Eigenschaften der W- und Z-Teilchen bestimmt, erscheinen die Teilchen deshalb so schwer, und die Wechselwirkungen zwischen ihnen werden unterdrückt. Falls andere neue Eichsymmetrien in der Natur existieren, die spontan gebrochen wurden und über kürzere Entfernungen wirken, dann könnten die damit verbundenen Kräfte vielleicht so schwach sein, daß man sie noch nicht entdeckt hat. Vielleicht gibt es sogar unendlich viele von ihnen, vielleicht aber auch keine.

Somit wird die Frage wichtig, ob alle Kräfte in der Natur von Eichsymmetrien herrühren müssen, selbst wenn sie spontan gebrochen wurden. Gibt es nicht einen anderen Grund dafür, daß eine Kraft existiert? Dieses Problem verstehen wir bisher nur recht unvollkommen, aber wir vermuten, daß die Antwort auf diese Frage die ist, daß es wahrscheinlich eben keinen anderen Grund gibt. Sie sehen, alle Theorien, die nicht solche Symmetrien enthalten, sind mathematisch unzureichend, sie sind nicht in sich stimmig. Wenn man quantenmechanische Effekte richtig erklären will, dann scheint es, daß eine unendliche Zahl von physikalischen Parametern in diese Theorien eingeführt werden müßte, um sie richtig zu beschreiben. Jede Theorie mit einer unendlichen Anzahl von Parametern ist aber überhaupt keine Theorie. Eine Eichsymmetrie ist aber gerade dazu da, die Zahl der Variablen, die gebraucht werden, um die Physik zu beschreiben, einzuschränken – in gleicher Weise, wie eine sphärische Symmetrie dazu da ist, die Anzahl der Variablen zu begrenzen, die man zum Beispiel braucht, um eine Kuh zu beschreiben. Was also nötig zu sein scheint, um die verschiedenen Kräfte mathematisch und physikalisch in Ordnung zu halten, ist genau die Symmetrie, die für deren Existenz in erster Linie verantwortlich ist.

Aus diesem Grunde sind die Teilchenphysiker wie besessen von der Symmetrie. Auf einem ganz tiefgreifenden Fundament beschreiben die Symmetrien nicht nur das Universum; sie legen fest, was möglich ist, das heißt, was Physik ist. Die Richtung für die spontanen Symmetriebrüche ist praktisch immer die gleiche geblieben. Symmetriebrüche auf makroskopischen Skalen können sich in kleineren Skalen offenbaren. Jedesmal wenn wir immer kleinere Dimensionen erschlossen haben, hat sich das Universum als immer symmetrischer erwiesen. Will man die menschlichen Vorstellungen von Einfachheit und Schönheit auf die Natur übertragen, dann ist man hier am Ziel: Ordnung ist Symmetrie.

Wieder einmal bin ich abgeschweift. Ich habe mich hinreißen lassen von den faszinierenden Phänomenen der Hochenergieforscher. Es gibt jedoch auch eine ganze Menge Beispiele über die Symmetrien, wie sie das dynamische Verhalten in unserer Alltagswelt regieren, doch diese haben nichts zu tun mit der Existenz neuer Kräfte in der Natur. Zu denen wollen wir jedoch jetzt zurückkehren.

Bis ungefähr 1950 hatte die Symmetrie in der Physik im wesentlichen nur etwas mit den Eigenschaften von Materialien zu tun. Das schönste Beispiel dafür sind die Kristalle. Wie Feynmans Schachbrett beherbergen auch Kristalle ein symmetrisches Muster von Atomen, die in einem starren Kristallgitter angeordnet sind. Es ist dieses symmetrische Atom-Muster, das sich in den wunderschönen Formen der verschiedenen Kristalle widerspiegelt, etwa denen von Diamanten und anderen kostbaren Steinen. Wichtiger für die Physik ist aber, daß die Bewegungen von elektrischen Ladungen im Innern eines Kristallgitters – ganz ähnlich wie die Bauern auf einem Schachbrett – vollständig durch die Symmetrien des Gitters bestimmt sind. Typisch für eine Gitterstruktur ist ja, daß sie sich selbst mit einer bestimmten Periodizität im Raum wiederholt. Das legt zum Beispiel den möglichen Bereich der Impulse von Elektronen fest, wie sie sich innerhalb des Gitters bewegen können. Die Periodizität des Materials im Gitter ist auch der Grund dafür, daß man eine Translation nur bis zu einer bestimmten Maximalverschiebung machen kann, bis alles wieder genauso aussieht wie vorher. Das heißt, der Zustand ist derselbe, als wenn man gar keine Translation gemacht hätte. Ich weiß, das klingt ein bißchen so wie eine Geschichte aus „Alice im Wunderland", aber es ist doch eine folgenreiche Angelegenheit. Da der Impuls von der Symmetrie der physikalischen Gesetze bei Translationen im Raum abhängig ist, ist die effektive Größe des Raumes durch diesen Typ der Periodizität begrenzt und das schränkt wiederum den Bereich der möglichen Impulse ein, die die Teilchen haben können.

Im Grunde genommen ist dies allein verantwortlich für alle Vorgänge in der Mikroelektronik. Wenn ich Elektronen in eine Kristallstruktur hineinbringe, dann können sie sich innerhalb eines gewissen Bereichs von Impulsen frei bewegen. Das ist dasselbe, als wenn ich sage, sie haben einen bestimmten Spielraum für ihre Energie. Es hängt nun von der Chemie der Atome und Moleküle im Kristallgitter ab, ob die Elektronen mit dieser Energie an bestimmte einzelne Atome gebunden sind, so daß sie sich überhaupt nicht frei bewegen können. Nur in dem Fall, daß dieses „Band" von möglichen Impulsen und Energien dem Energiebereich entspricht, in dem die Elektronen in ihrer Bewegung frei sind, hat das Material eine elektrische Leitfähigkeit. In moderne Halbleiter, zum Beispiel Silizium, kann man eine bestimmte Dichte von Verunreinigungen einbringen, die bestimmen, in welchem Energiebereich die Elektronen am Atom gebunden sind. So kann man es erreichen, daß sich sehr feine Änderungen in der Leitfähigkeit des Materials in einer Änderung der äußeren Bedingungen zeigen.

Solche Überlegungen können sich als sehr nützlich erweisen bei dem größten Mysterium in der modernen Festkörperphysik. Zwischen 1911, als Heike Kammerlingh Onnes die Supraleitung im Quecksilber entdeckte, und 1986 hatte man kein Material finden können, das bei Temperaturen oberhalb 20 Grad über dem absoluten Nullpunkt supraleitend wurde. Ein solches Material zu finden, galt immer als der heilige Gral dieser Forschungsrichtung. Wenn man eines finden könnte, das sogar bei Raumtemperatur supraleitend ist, dann würde dies eine Revolution in der Technolgie bedeuten. Wenn der elektrische Widerstand vollständig ausgeschaltet werden könnte, ohne dazu aufwendige Kühleinrichtungen verwenden zu müssen, wäre ein völlig neues Gebiet von elektrischen Schaltungen, Einrichtungen und Anlagen möglich. 1986 entdeckten die beiden Wissenschaftler Georg Bednorz und Alex Müller im IBM-Forschungslabor in Rüschlikon ganz zufällig ein Material, das bei 35 Grad über dem absoluten Nullpunkt supraleitend wurde. Andere ähnliche Materialien wurden bald entdeckt. Bis heute hat man schon Materialien entwickelt, die oberhalb von 100 Grad über absolut Null supraleitend werden. Das ist immer noch sehr weit entfernt von einer Supraleitfähigkeit bei Raumtemperatur, aber es liegt oberhalb des Siedepunkts von flüssigem Stickstoff, der relativ billig ist und in großen Mengen als Kühlmittel hergestellt werden kann. Wenn diese neue Generation von Hochtemperatur-Supraleitern weiterentwickelt wird und wenn daraus eines Tages auch Drähte hergestellt werden können, stehen wir vielleicht an der Schwelle einer ganz neuen Technologie.

Das Überraschende an diesen neuen Supraleitern ist, daß sie den bis dahin existierenden supraleitenden Materialien überhaupt nicht ähneln, sie sind völlig anderer Natur. Bei diesen Materialien war es sogar nötig, bewußt Verunreinigungen in das Material hineinzubringen, damit es supraleitend wurde. Einige von diesen Materialien sind in ihrem normalen Zustand sogar gute Isolatoren, das heißt, sie leiten die Elektrizität überhaupt nicht.

Trotz der intensiven Anstrengungen von Tausenden von Physikern gibt es bisher noch kein klares Verständnis der Hochtemperatur-Supraleitung. Das erste, worauf sie sich stürzten, war eine Symmetrie im Kristallgitter dieser Materialien, hier schien eine wohldefinierte Ordnung zu herrschen. Man findet getrennte Schichten aus Atomen, die voneinander unabhängig sind. Ein Strom kann an diesen zweidimensionalen Ebenen entlangfließen, aber niemals in der dazu senkrechten Richtung. Es ist noch nicht ganz klar, ob diese besondere Symmetrie in den Hochtemperatur-Supraleitern für diese bestimmte Form der Wechselwirkungen verantwortlich ist, die makroskopisch den supraleitenden Zustand der Elektronen hervorrufen. Aber wenn es irgend etwas aus der Geschichte zu lernen gibt, dann möchte ich wetten, daß es so ist.

Ob nun solche Gittersymmetrien die elektrische Technologie revolutionierten oder nicht, sie haben immerhin schon eine gewichtige Rolle gespielt, als sie die Biologie revolutionierten.

1905 gewannen William Bragg und sein Sohn, Sir Lawrence Bragg, den Nobelpreis für eine bemerkenswerte Entdeckung: Wenn Röntgenstrahlen, deren Wellenlänge mit dem Abstand der Atome in einem geordneten Kristallgitter vergleichbar ist, auf solch ein Material fallen, dann bilden die gestreuten Röntgenstrahlen auf einem Auffangschirm dahinter ein regelmäßiges Muster. Wie dieses Muster aussieht, hat direkt etwas zu tun mit der Symmetrie im Gitter. So wurde die Röntgen-Kristallographie, wie wir sie heute nennen, eine ganz wichtige Methode, um die räumliche Anordnung der Atome in Materialien zu erforschen und damit auch die Struktur von großen molekularen Systemen, die Zehntausende von regelmäßig angeordneten Atomen enthalten. Die bekannteste Anwendung dieser Technik ist vielleicht die Röntgen-Kristallographie in ihrer Interpretation von James Watson, Francis Crick und ihren Kollegen, die zur Entdeckung des Doppelhelix-Musters in der DNA führte.

Die Physik der Materialien führt aber nicht nur zu neuen technologischen Entwicklungen. Wir haben daraus zum Beispiel auch die hochinteressante Beziehung zwischen Symmetrie und Dynamik kennengelernt, und das hängt zusammen mit einem modernen Verständnis von Phasenübergängen. Ich habe schon beschrieben, was es damit auf sich hat: In der Nähe eines bestimmten kritischen Wertes einiger Parameter, wie Temperatur und magnetisches Feld, können ganz verschiedene Materialien sich völlig gleich verhalten. Das liegt daran, daß beim kritischen Punkt die vielen mikrophysikalischen Unterschiede irrelevant werden und die Symmetrie vorherrscht.

Wasser verhält sich am kritischen Punkt ganz genau so wie ein Eisenmagnet, und zwar aus zwei Gründen: Erstens treten beim kritischen Punkt kleine Fluktuationen auf allen Skalen auf, so daß es zum Beispiel unmöglich ist zu sagen, ob man gerade Wasser oder Wasserdampf vorliegen hat. Da das Material auf allen Skalen völlig gleich aussieht, müssen lokale mikrophysikalische Eigenschaften, wie die besondere Atomstruktur eines Wassermoleküls, irrelevant werden. Der zweite Grund folgt daraus: Um die Konfiguration von Wasser zu charakterisieren, brauchen wir nur eine Größe – die Dichte. Liegt sie oberhalb oder unterhalb der Dichte am kritischen Punkt? Wasser kann so durch die beiden Ziffern 1 oder –1 vollkommen charakterisiert werden, und mit diesen beiden Ziffern können wir auch die Konfiguration der mikroskopischen Magnete im Inneren von Eisen kennzeichnen.

Diese beiden wichtigen Eigenschaften sind ganz eng verknüpft mit den Vorstellungen von Symmetrie. Sowohl Wasser wie auch die Eisenmagnete werden an ihrem kritischen Punkt so etwas Ähnliches wie unser Schachbrett. Es gibt jeweils zwei Freiheitsgrade, die man gegenseitig ineinander überführen kann: schwarz in weiß, überdicht in unterdicht, auf in ab. Das müßte eigentlich nicht unbedingt so sein. Die grundlegenden Parameter, die die möglichen Zustände eines Systems in der Nähe seines kritischen Punktes beschreiben, könnten zum Beispiel viel mehr Möglichkeiten haben, sie könnten sich wie auf einem Kreis verteilen. Mikroskopische Magnete in einem Material müssen ja nicht unbedingt nur nach oben oder unten zeigen, sondern in x- beliebige Richtungen. Solch ein Material könnte an seinem kritischen Punkt zum Beispiel so aussehen wie in dieser Zeichnung:

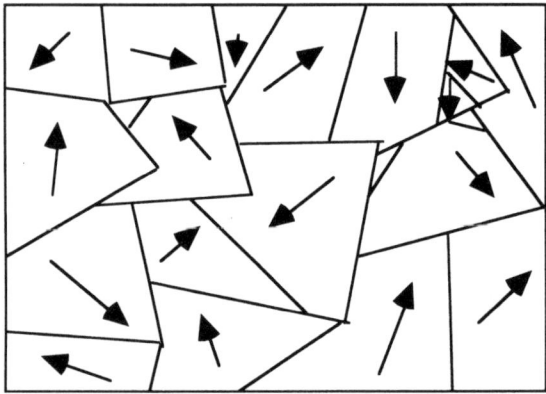

Sie können sich vorstellen, daß die grundlegende Charakteristik eines solchen Materials, wenn es seinen kritischen Punkt erreicht, eine ganz andere wäre als die von Wasser oder von den idealisierten Eisenmagneten, die wir mit Wasser verglichen hatten – und damit hätten Sie völlig recht. Aber was ist denn nun der grundlegende Unterschied zwischen diesem Bild und dem auf Seite 174, das Wasser beim kritischen Punkt darstellt? Es sind die möglichen Größen des Parameters, die den Übergang beschreiben – Dichte, magnetische Feldrichtung und so weiter. Was charakterisiert diesen Vorrat an möglichen Größen? Die zugrundeliegende Symmetrie dieses „Ordnungsparameters", der die Veränderung in der „Ordnung" des Materials beschreibt? Kann er eine beliebige Größe auf einem Kreis, einem Quadrat, einer Linie oder einer Kugeloberfläche annehmen?

Wieder einmal bestimmt die Symmetrie die Dynamik: Die Natur eines Phasenübergangs am kritischen Punkt ist vollständig durch die Natur des Ordnungsparameters bestimmt. Aber dieser Ordnungsparameter hat seine Grenzen durch seine Symmetrien. Alle Materialien mit einem Ordnungsparameter, die den gleichen Vorrat an Symmetrien haben, verhalten sich völlig identisch, wenn sie am kritischen Punkt einen Phasenübergang haben. Und schon wieder bestimmen Symmetrien vollständig die Physik.

Dieses Verständnis von Symmetrien eröffnet vor uns eine überraschende Verbindung zwischen der Festkörper- und der Elementarteilchen-Physik. Das Bild, das ich gerade hier gezeichnet habe, ist nämlich ein Beispiel für einen spontanen Symmetriebruch. Der Ordnungsparameter, der die Richtung von lokalen magnetischen Feldern beschreibt, kann in dem vorhergehenden Bild jede Richtung auf dem Kreis annehmen, das Bild besitzt eine innere Kreis-Symmetrie. Greift man irgendeinen Wert in irgendeiner Umgebung heraus, dann bricht das die Symmetrie, denn es wird eine ganz bestimmte Richtung unter allen möglichen ausgewählt. In dem Beispiel oben, beim kritischen Punkt, ändert sich dieser Wert ständig, gleichgültig, auf welcher Skala man sich gerade bewegt. Weit entfernt vom kritischen Punkt jedoch kommt das System bei einer der möglichen Konfigurationen zur Ruhe, wenn man die Skala groß genug wählt. Das heißt beispielsweise: Nun haben wir flüssiges Wasser, alle Magnete zeigen nach oben, alle Magnete zeigen nach rechts und so weiter. In der Elementarteilchenphysik beschreiben wir die Konfigurationen im Grundzustand des Universums, das „Vakuum", durch die Charakteristik irgendeiner kohärenten Konfiguration von elementaren Feldern, die in diesem Zustand irgendwelche bestimmten Größen haben. Die Ordnungsparameter sind in diesem Fall die elementaren Felder selbst. Wenn sie bei einem Wert zur Ruhe kommen, der im ansonsten leeren Raum von Null verschieden ist, dann werden sich die Teilchen, die in diesen Feldern wechselwirken, anders verhalten als Teilchen, die das nicht tun. Die vorherige Symmetrie, die zwischen einigen verschiedenen Elementarteilchen existierte, ist nun gebrochen.

Demzufolge erwarten wir, daß der spontane Symmetriebruch, der für die Natur charakteristisch ist und den wir täglich beobachten, auf genügend kleinen Skalen verschwindet, wo der Ordnungsparameter, das heißt das Hintergrundfeld, sehr stark fluktuiert, ebenso wie er seine Eigenschaften der Teilchenbewegung auf so kleinen Skalen nicht verändern kann. Die Physiker nehmen an, daß der spontane Symmetriebruch bereits in einem sehr frühen Zeitpunkt nach der Urknall-Explosion verschwand. Zu jener Zeit war das Universum sehr heiß. Die gleiche Art von Phasenübergang, die die Verflüssigung von Wasser bei Temperaturen in der Nähe des kritischen Punktes charakterisiert, kann tatsächlich im Grundzustand des Universums auftreten. Bei genügend hohen Temperaturen können die Symmetrien in Erscheinung treten, weil die Ordnungsparameter, die grundlegenden Felder in der Natur, bei ihren tiefen Temperaturwerten nicht zur Ruhe kommen. Und so wie Symmetrien das Wasser durch seinen Phasenübergang führen, genau so können die Symmetrien der Natur das Universum durch Übergänge leiten. Wir glauben, daß es für jede Symmetrie, die heute spontan auf grundlegenden Skalen gebrochen wird, zu einer sehr frühen Zeit einen „kosmischen" Phasenübergang gab, der mit einem Symmetriebruch verbunden war. Eine ganze Menge der heutigen Kosmologie dreht sich darum, die Folgerungen solcher Übergänge zu erklären, wieder geleitet durch Symmetrie.

Kehren wir zur Erde zurück. Symmetrien spielen eine noch gewichtigere Rolle bei Phasenübergängen, die das Verhalten in der ganz normalen Materie regieren. Wir haben gesehen, daß die

Symmetrie des Ordnungsparameters von Wasser, von Magneten oder von Haferflocken – egal was wir wählen – das Verhalten an ihrem kritischen Punkt vollkommen bestimmen kann. Aber es gibt eine vielleicht noch viel wichtigere Symmetrie in der Natur, und die hat etwas zu tun mit unserer Möglichkeit, diese Übergänge zu beschreiben. Diese Symmetrie, die von Anfang an in diesem Buch immer im Hintergrund mitschwang, ist die Skaleninvarianz.

Wenn wir Materialien, die so verschieden sind wie Magnete und Wasser, bei ihrem kritischen Punkt miteinander vergleichen können, hat das einen fundamentalen Grund: Fluktuationen am kritischen Punkt finden in allen Größenskalen statt. Das Material wird skaleninvariant: Auf allen Skalen sieht es gleich aus. Das ist eine ganz spezielle Eigenschaft, so speziell, daß sie nicht etwa auf kugelige Kühe zutrifft. Erinnern wir uns, wie ich mich ausführlich mit der Natur biologischer Objekte befaßte, als ich zum Beispiel fragte: Was passiert, wenn man die Größe von Kühen verändert, die als Kugeln dargestellt werden? Wenn alles Wichtige in der Physik skaleninvariant ist, dann sollte es auch Kühe beliebiger Größe geben. Aber die gibt es nicht, weil das Material, aus dem Kühe bestehen, nicht seine Dichte ändert, wenn man die Größe der Kuh variiert. Das ist sehr wichtig für physikalische Größen wie zum Beispiel die Festigkeit der Bauchdecke der Kuh, damit sie dem Druck standhält, oder für die Kraft vom Kuhnacken, daß er auch den schwerer gewordenen Kopf hochhalten kann. Beides müßte entsprechend der Größe mitwachsen.

Materialien am kritischen Punkt eines Phasenübergangs sind aber tatsächlich skaleninvariant. Die schematischen Diagramme von Wasser und Magneten, so wie ich sie gezeichnet habe, charakterisieren das System vollständig auf allen Skalen. Besäße ich ein Mikroskop mit wesentlich höherer Auflösung, als optisch möglich ist, dann würde ich die gleichartige Verteilung von Fluktuationen sehen. Daran liegt es, daß nur eine sehr spezielle Art von Modell solch ein System in der Nähe seines kritischen Punktes angemessen beschreiben kann. Die zugehörige Mathematik solcher Modelle war in den letzten Jahren das bevorzugte Ziel von sehr vielen Mathematikern wie auch Physikern. Wenn man zum Beispiel alle möglichen Modelle aufzählen könnte, die eine Skaleninvarianz besitzen, dann könnte man ebenso alle möglichen kritischen Phänomene in der Natur aufzählen. Dies ist eine der kompliziertesten Erscheinungen in der Natur, mindestens auf mikroskopischer Ebene, und wir konnten sie vollständig voraussagen und damit auch mindestens aus physikalischer Perspektive verstehen. Viele der Physiker, die sich mit der Skaleninvarianz beschäftigen, sind – oder waren zumindest – Elementarteilchen-Physiker. Das hat seinen Grund darin, daß wir glauben, eine zukünftige „Theorie über alles" wird auf der Skaleninvarianz beruhen. Ich möchte das im nächsten Kapitel ausführlicher erklären.

Mit einigen Bemerkungen dazu, was wir im alltäglichen Leben eigentlich mit Symmetrien zu tun haben, möchte ich dieses Kapitel beenden. Es ist in der Tat eine von den wenigen Gelegenheiten, einen Blick hinter die Kulissen zu tun, wo die Ursprünge des wissenschaftlichen Fortschritts liegen, wo Paradigmen gewechselt werden und sich neue Wirklichkeiten auftun. An dieser Stelle kann ich auch einmal über Phänomene reden, die wir durchaus noch nicht im Griff haben. Die Fragestellungen der Physiker an die Natur sind sehr oft von Symmetrien geleitet, und wir verstehen sie noch nicht ganz. Lassen Sie mich ein paar Beispiele dafür geben.

In diesem ganzen Kapitel habe ich gewisse stillschweigende Annahmen über die Natur gemacht, die unanfechtbar scheinen. Daß die Natur sich vermutlich nicht darum kümmert, wann und wo wir sie zu beschreiben versuchen, ist Grund für die zwei wichtigsten Zwänge in der physikalischen Welt: die Erhaltung von Energie und Impuls. Dazu kommt, daß jeder von uns normalerweise sehr wohl zu unterscheiden weiß, was seine linke und was seine rechte Hand ist, die Natur jedoch kümmert sich überhaupt nicht darum, was links und rechts ist. Würde die Physik einer Welt, die wir im Spiegel sehen, dieselbe sein? Eine vernünftige Antwort wäre: allem Anschein nach nicht. Unsere Vorstellung davon, was vernünftig ist, änderte sich jedoch dramatisch im Jahre 1956. Um ein verwirrendes Phänomen zu erklären, das etwas mit dem Kernzerfall zu tun hat, schlugen zwei junge chinesisch-amerikanische theoretische Physiker das Unmögliche vor: Vielleicht kann die Natur doch links und rechts unterscheiden. Diese Möglichkeit wurde recht schnell überprüft: Im Inneren eines Kobaltkerns mit seinem lokalen magnetischen Feld, das in eine bestimmte Richtung weist, wurde der Zerfall eines Neutrons beobachtet, der ein Elektron und ein Neutrino produzierte. Wenn die Links-rechts-Invarianz erhalten blieb, dann sollten im Mittel genau so viele Elektronen nach rechts ausgeschleudert werden wie nach links. Statt dessen fand man eine asymmetrische Verteilung. Die Parität, die Links-rechts-Symmetrie, war offenbar nicht eine Eigenschaft der schwachen Wechselwirkung, die diesen Zerfall beherrscht.

Es war wie ein Schock für die Physiker in aller Welt. Die beiden Theoretiker, Chen Ning Yang und Tsung Dao Lee, bekamen den Nobelpreis innerhalb eines Jahres nach ihrer Voraussage. Die Verletzung der Parität, wie man dieses Phänomen nannte, wurde ein wichtiger Bestandteil der Theorie der schwachen Wechselwirkung. Das ist der Grund dafür, daß das Neutrino – das einzige unter den Elementarteilchen der Natur, das nur diese Wechselwirkung spürt (so weit wir bisher wissen) – eine sehr spezielle Eigenschaft hat. Teilchen wie das Neutrino und auch das Elektron, das Proton und das Neutron, verhalten sich so, als ob sie um eine Achse rotieren, „spinnen", das heißt, daß ihre Wechselwirkungen Eigenschaften zeigen, als ob sie kleine Kreisel wären. Im Falle der Elektronen und der Protonen, die beide elektrisch geladen sind, bedeutet dieses „Spinnen", daß sie wie kleine Magnete wirken: mit einem Nord- und einem Südpol. Für ein Elektron nun, das sich ganz allein irgendwo bewegt, ist die Richtung dieses inneren magnetischen Feldes im wesentlichen willkürlich. Ein Neutrino, ohne elektrische Ladung, hat vermutlich kein inneres magnetisches Feld, aber sein Spin zeigt trotzdem in eine bestimmte Richtung. Es ist jedoch eine Eigenschaft der Paritätsverletzung der schwachen Wechselwirkung, daß nur die Neutrinos, deren Spin in die gleiche Richtung weist wie ihre Bewegung, emittiert oder während bestimmter Prozesse absorbiert werden, die bei dieser Wechselwirkung ablaufen. Wir nennen solche Neutrinos linkshändig – kein besonders guter Einfall, außer daß diese Eigenschaft deutlich auf die „Händigkeit" hinweist, die in der Verteilung der beim Kernzerfall entstehenden Teilchen beobachtet wurde.

Wir haben keine Ahnung, ob in der Natur auch „rechtshändige" Neutrinos existieren. Falls sie existieren sollten, müssen sie sich nicht über die schwache Wechselwirkung bemerkbar machen, und deshalb wissen wir auch nichts von ihnen. Das bedeutet aber nicht, daß sie nicht existieren. Man kann tatsächlich zeigen: Falls Neutrinos nicht exakt masselos wie die Photonen sind, gibt es eine hohe Wahrscheinlichkeit, daß rechtshändige Neutrinos existieren. Falls man jedoch tatsächlich ein Neutrino finden sollte, das eine von Null verschiedene Masse hat, dann wäre das ein direkter Hinweis darauf, daß wir eine neue Physik brauchten, eine, die über das Standardmodell hinausgeht. Das ist der Grund dafür, warum die Experimente so wichtig sind, die jetzt überall laufen, um die Neutrinos aus dem Herzen der Sonne zu entdecken. Wenn das beobachtete Defizit, das die Neutrinos noch zeigen, real ist, dann wäre die wahrscheinlichste Erklärung dafür die Existenz einer Neutrinomasse, die verschieden von Null ist. Falls das zutreffen sollte, hätten wir ein neues Fenster zur Erkenntnis der Welt aufgestoßen. Die Paritätsverletzung, die die physikalische Welt aufrüttelte, aber zu einem zentralen Teil unseres Modells von der Welt wurde, hat uns vermutlich in die richtige Richtung gewiesen, um viel bedeutendere Grundgesetze der Natur aufzudecken.

Kurz nach der Entdeckung der Paritätsverletzung fand man, daß eine weitere, wahrscheinliche Symmetrie noch fehlte. Das ist die Symmetrie zwischen Teilchen und ihren Antiteilchen. Antiteilchen sind in jeder Hinsicht mit ihren Teilchenpartnern identisch, außer etwa der elektrischen Ladung. Deshalb dachte man früher, die Welt bliebe mit sich selbst identisch, wenn wir alle Teilchen durch ihre Antiteilchen ersetzten. So einfach scheint die Sache aber nicht zu sein. Weil einige Teilchen und ihre zugehörigen Antiteilchen elektrisch neutral sind, können sie nur voneinander unterschieden werden, wenn man beobachtet, wie sie zerfallen. 1964 wurde entdeckt, daß eines dieser

Teilchen, neutrales Kaon genannt, in einer Weise zerfällt, die mit der Teilchen-Antiteilchen-Symmetrie unvereinbar ist. Und wieder schien die schwache Wechselwirkung der Schuldige zu sein. Die starke Wechselwirkung zwischen den Quarks, bei denen die Kaons entstehen, wurde abhängig und mit hoher Präzision gemessen, um die Symmetrien der Parität und des Teilchen-Antiteilchen-Austauschs zu berücksichtigen.

1976 jedoch zeigte Gerard t'Hooft als eine von seinen zahlreichen grundlegenden theoretischen Entdeckungen, daß das, was als Theorie der starken Wechselwirkung allgemein anerkannt wurde, die Quantenchromodynamik, tatsächlich beides verletzen sollte, die Parität und die Teilchen-Antiteilchen- Symmetrie. Es wurden verschiedene raffinierte theoretische Vorschläge gemacht, um die offenbar beobachtete Erhaltung der Teilchen-Antiteilchen-Paarung bei der starken Wechselwirkung mit t'Hoofts Resultat zu vereinbaren. Heute haben wir immer noch keine Ahnung, was von beiden richtig ist.

Der aufregendste Vorschlag ist vielleicht die mögliche Existenz von neuen Elementarteilchen, Axione genannt. Falls sie existieren, wäre es vielleicht möglich, daß sie die dunkle Materie darstellen, die den Hauptteil der Masse im Universum ausmacht. Sollten sie entdeckt werden, dann bedeutete das zwei grundlegende Entdeckungen zugleich. Wir haben dann Wichtiges gelernt über einige fundamentale Dinge aus der Physik des Kleinsten und ebenso über die weitere Entwicklung des ganzen Universums. Falls wir diese Entdeckung machen sollten, wäre sie vom Lichte der Überlegungen zur Symmetrie geleitet worden.

Es gibt vermutlich noch weitere Symmetrien in der Natur – vielleicht aber auch nicht. Warum es sie eventuell gibt oder auch nicht gibt, ist ein noch unverstandenes Problem. Es bildet die Nahrung für die moderne theoretische Forschung. Solche Probleme sind auch der Ansporn für die wichtigste, noch ausstehende Frage der Elementarteilchen-Physiker: Warum gibt es noch zwei andere Sätze oder „Familien" von Elementarteilchen, ähnlich der Familie der Teilchen, die unsere normale Materie aufbauen, außer daß diese anderen Teilchen viel schwerer sind?

Warum sind die Massen innerhalb jeder Familie so unterschiedlich? Warum sind die „Skalen" der schwachen Wechselwirkung und der Gravitation so sehr verschieden? Die Fragen sind in der Sprache von Symmetrien formuliert. Wir erwarten nach aller bisherigen Erfahrung, daß die Antworten auch in dieser Sprache gegeben werden.

Das Bild, das wir uns von einer Sache machen, ist nicht das wahre Original, sondern ihm nur ähnlich.

Victor Hugo

In einem Woody-Allen-Film gibt es eine Szene, die ich besonders liebe: Ein Mann, den die Frage nach dem Sinn von Leben und Tod umtreibt, besucht seine Eltern. Er klagt ihnen seine innere Zerrissenheit und wünscht verzweifelt eine Antwort von ihnen, Lebenshilfe. Sein Vater schaut ihn an und sagt: „Frag mich nicht nach dem Sinn des Lebens. Ich verstehe noch nicht einmal, wie der Toaster funktioniert!"

In diesem Buch habe ich mich bemüht, vielleicht nicht so eindringlich wie der verzweifelte Mann in dem Film, auf die enge Verbindung zwischen den manchmal esoterisch anmutenden Fragestellungen der Theoretiker und der Physik alltäglicher Erscheinungen hinzuweisen. Und so scheint es mir angebracht, mich in diesem letzten Kapitel darauf zu konzentrieren, welche Entdeckungen diese enge Verbindung uns im 21. Jahrhundert bescheren wird.

Die Vorstellungen, die ich hier diskutierte – angefangen von jenen, die aus der kleinen Zusammenkunft in Shelter Island vor ungefähr 50 Jahren entsprangen – haben die Beziehung zwischen allen möglichen zukünftigen Entdeckungen und den altehrwürdigen Theorien revolutioniert. Die Ergebnisse waren vielleicht die tiefgreifendsten und, unbesungen, die richtungweisendsten in unserer Weltsicht, die jemals in der modernen Zeit stattgefunden haben. Ob man nun daran glaubt oder nicht, daß es so etwas wie eine letzte Antwort gibt, es bleibt im wesentlichen eine persönliche Sache der Beurteilung. Die moderne Physik hat uns jedoch zu einem neuen Verständnis dieser Frage geführt: Es spielt überhaupt keine Rolle, mindestens keine

225

unmittelbare, ob es eine letzte Antwort darauf gibt, wie die Welt erklärt und begriffen werden kann.

Die zentrale Frage, die ich hier stellen möchte, ist folgende: Was leitet unser Denken über die Zukunft der Physik, und warum? Den Großteil dieses Buches habe ich dafür verwandt zu beschreiben, wie die Physiker ihre Werkzeuge geschliffen haben, um unser heutiges Verständnis-Gebäude der Welt zu bauen. Nicht zuletzt sind es genau diese Werkzeuge, die uns auch den Zugang zu den Dingen bahnen werden, die wir noch nicht verstanden haben. Aus diesem Grund führt mich die Diskussion, die ich nun beginnen will, wie auf einem großen Kreis zum Anfang zurück, zurück zu Näherungen und Größenskalen. Wir werden also da enden, wo wir begannen.

Physik hat nur bis zu dem Ausmaß eine Zukunft, wie die vorhandenen Theorien noch unvollständig sind. Um das näher zu verstehen, ist die Frage nützlich, was wohl die Eigenschaften einer vollständigen physikalischen Theorie wären, so wir denn eine hätten. Die einfachste Antwort ist fast eine Tautologie: Eine Theorie ist komplett, wenn alle die Phänomene, zu deren Voraussage sie entwickelt wurde, exakt vorausgesagt sind. Aber ist eine solche Theorie notwendigerweise auch „wahr", und – was noch viel wichtiger ist – ist eine wahre Theorie notwendigerweise vollständig? Ist zum Beispiel Newtons Gravitationsgesetz wahr? Es sagt zwar mit bemerkenswerter Genauigkeit die Bewegung der Planeten um die Sonne und des Mondes um die Erde voraus. Es kann benutzt werden, um die Sonne zu wiegen, und zwar bis auf ein Millionstel genau. Noch mehr: Newtons Gesetz ist alles, was man braucht, um die Bewegung von Satelliten in niedrigen Höhen über der Erde mit einer Genauigkeit von besser als 1 : 100 000 000 zu berechnen. Wir wissen jedoch auch, daß die Beugung eines Lichtstrahls, der nahe an der Erde vorbeistreift, doppelt so groß ist, als man nach Newtons Gesetz erwarten sollte. Die korrekte Vorhersage dafür liefert die allgemeine Relativitätstheorie, die Newtons Gesetz verallgemeinert und seine Gültigkeit auf solche Fälle begrenzt, in welchen das Gravitationsfeld schwach ist. Insofern ist Newtons allgemeines Gesetz der Gravitation unvollständig. Aber ist es deshalb falsch?

Nach der vorhergehenden Diskussion scheint die Antwort klar, denn schließlich kann man die Abweichungen von Newtons Gesetz messen. Andererseits können Sie alle möglichen Beobachtungen machen, direkt in Ihrer Umgebung im Alltag, und immer finden Sie, daß alles mit den Voraussagen aus Newtons Gesetz übereinstimmt. Wie Sie die Experimente auch drehen und wenden: Newtons Theorie ist wahr. Um diesem Problem näherzukommen, nehmen wir einmal an, daß man wissenschaftliche Wahrheit definitionsgemäß nur solchen Aussagen zugesteht, die mit allem, was wir von der Welt wissen, vollständig in Einklang sind. Newtons Gesetz entspricht offenbar nicht diesem Kriterium. Bis zum Ende des 19. Jahrhunderts jedoch tat es das. Was heißt denn nun „wahr"? Ist wissenschaftliche Wahrheit etwa zeitabhängig?

Sie mögen sagen, besonders wenn Sie ein Jurist sind, daß speziell meine letzte Definition eine Sache der Rahmenbedingungen sei. Ich sollte den Ausdruck „alles, was wir von der Welt wissen" vielleicht ersetzen durch „alles, was es in der Welt gibt". Dann wäre die Erklärung hieb- und stichfest. Aber sie wäre auch unnütz! Es wäre eine rein philosophische Angelegenheit, sie wäre nicht überprüfbar. Wir werden nie wissen, ob wir alles wissen, was es gibt. Alles, was wir jemals wissen können, ist das, was wir tatsächlich wissen werden! Das Problem ist natürlich unlösbar, aber es hat eine ganz wichtige Konsequenz, die oft nicht beachtet wird. Es gibt einen fundamentalen Satz in der Wissenschaft, daß wir *nie prüfen können, ob etwas wahr ist: Wir können nur prüfen, ob etwas falsch ist*. Das ist eine ganz wichtige Erkenntnis, sie ist eine der grundlegenden Voraussetzungen allen wissenschaftlichen Fortschritts. Wenn wir irgendwann ein Beispiel finden sollten, daß eine Theorie, die vielleicht Tausende von Jahren funktioniert hat, mit einer einzigen Beobachtung nicht vereinbar ist, dann geraten wir in Zugzwang: Entweder brauchen wir ein neues Experiment oder eine neue Theorie. Da führt kein Weg dran vorbei.

Es liegt hier jedoch eine tiefere und wie ich hoffe weniger spitzfindige Erscheinung begraben, und das ist es, worauf ich mich nun konzentrieren will. Was heißt das eigentlich, wenn man sagt, eine Theorie sei die richtige Theorie? Betrachten wir die Quantenelektrodynamik (QED), die Theorie, die als Ergebnis des Shelton-Island-Meetings 1947 vollendet wurde. Etwa zwanzig Jahre später schrieb der junge Dirac seine Gleichung für die quantenmechanische Bewegung eines Elektrons nieder. Diese Gleichung, die alles bis dahin Bekannte über das Elektron erklärte, warf Probleme auf, zu deren Lösung das Shelter-Island-Meeting veranstaltet worden war, wie ich es beschrieben habe. Immer wieder tauchten unangenehme mathematische Unstimmigkeiten auf. Die Arbeiten von Feynman, Schwinger und Tomonaga präsentierten schließlich eine in sich stimmige Methode, diese Probleme zu bewältigen und sinnvolle Voraussagen zu machen, die mit allen Beobachtungsdaten vollständig übereinstimmten. In den Jahrzehnten seit dem Shelter-Island-Meeting erwies sich jede Messung, die über Wechselwirkungen von Elektronen mit Licht gemacht wurden, als in vollständiger Übereinstimmung mit den Voraussagen dieser Theorie. Tatsächlich handelt es sich hier um die bewährteste Theorie der Welt. Theoretische Berechnungen wurden verglichen mit hochfeinen experimentellen Messungen, und die Übereinstimmung ist jetzt besser als neun Stellen hinter dem Komma! Es gibt wohl keine genauere Theorie als diese.

Ist denn nun die QED die einzig wahre Theorie über Wechselwirkungen zwischen Elektronen und Photonen? Sicherlich nicht. Wir wissen zum Beispiel, daß bei Prozessen mit genügend hohen Energien, in denen schwere W- und Z-Teilchen beteiligt sind, die QED ein Teil einer umfassenderen Theorie wird, der „elektroschwachen" Theorie. In diesem Sinne ist die QED für sich genommen nicht vollständig.

Das ist nicht weiter verwunderlich. Selbst wenn es das W- und das Z-Teilchen nicht gäbe und der Elektromagnetismus die einzige Kraft wäre, die wir neben der Gravitation in der Natur kennen würden, könnten wir nicht sagen, daß die QED die einzig wahre Theorie der Elektronen und Photonen wäre. Aus dem, was wir in den Jahren nach dem Shelter-Island-Meeting gelernt haben, macht diese Behauptung ohne weitere nähere Bedingungen keinen physikalischen Sinn. Die Vereinigung von Relativitätstheorie und Quantenmechanik, wovon die QED das erste erfolgreiche Beispiel war, hat uns gelehrt, daß jede Theorie wie die QED nur in dem Ausmaß sinnvoll ist, wie wir zu jeder Voraussage die Größenskala angeben. So ist es zum Beispiel sinnvoll, wenn wir sagen, daß die QED die „wahre" Theorie der Elektronen- und Photonenwechselwirkungen ist, die in einer Distanz von, sagen wir, 10^{-10} Zentimetern stattfinden. In dieser Größenordnung haben die W- und Z-Teilchen keine direkte Wirkung. Diese Unterscheidung mag Ihnen im Moment wie Haarspalterei erscheinen, aber glauben Sie mir: Sie ist es wirklich nicht.

Im Kapitel 1 habe ich betont, wie notwendig es ist, bei physikalischen Messungen immer die Dimensionen und den Maßstab zu berücksichtigen. Wie wichtig es ist, den Maßstab zum Beispiel für die Länge oder die Energie anzugeben, wenn es um physikalische Theorien geht, wurde erstmals so recht bewußt, als Hans Bethe die Lambsche Verschiebung berechnete. Das war fünf Tage nach dem Shelter-Island-Meeting. Ich erinnere Sie daran, daß Bethe eine unlösbare Berechnung in eine verläßliche Voraussage verwandelte, indem er aus physikalischen Überlegungen heraus Effekte ignorierte, die er nicht verstand.

Erinnern wir uns, was Bethe sich vorgenommen hatte. Relativitätstheorie und Quantenmechanik machen es möglich, daß Teilchen spontan aus dem leeren Raum herausspringen können, nur um sofort wieder im Nichts zu verschwinden. Das geht so schnell, daß keine Zeit bleibt, um sie direkt zu messen. Und dennoch, der wichtigste Punkt bei der Berechnung der Lambschen Verschiebung war zu zeigen, daß diese Teilchen tatsächlich die Eigenschaften normaler Teilchen meßbar beeinflussen können, zum Beispiel die eines Elektrons in einem Wasserstoffatom. Das Problem jedoch war, daß die Wirkungen aller möglichen virtuellen Teilchen mit ihren willkürlich verteilten hohen Energien es unlösbar erscheinen ließen, die Eigenschaften des Elektrons mathematisch zu berechnen. Bethe behauptete nun: Wenn die Theorie vernünftig ist, dann müßte die Wirkung der virtuellen Teilchen mit ihren willkürlichen hohen Energien, die nur über eine sehr kurze Zeit wirken, vernachlässigbar sein. Er wußte damals noch nicht, wie er die komplette Theorie anwenden könnte. Deshalb kümmerte er sich einfach nicht um die Wirkungen dieser hochenergetischen virtuellen Teilchen und hoffte auf ein gutes Ergebnis. Und genau das erhielt er auch.

Als Feynman, Schwinger und Tomonaga entdeckten, wie man die vollständige Theorie anwenden mußte, fanden sie auch, daß die Wirkungen der hochenergetischen virtuellen Teilchen tatsächlich vernachlässigbar war. Die Theorie gab vernünftige Antworten – wie es sich für jede vernünftige Theorie gehört. Und überhaupt: Wären die Wirkungen in extrem kleinen Zeit- und Entfernungsskalen, vergleichbar mit atomaren Größenordnungen, ausschlaggebend, dann wäre es aussichtslos, Physik treiben zu wollen. Genauso unsinnig wäre es zu behaupteten, wir müßten zunächst im Detail alle einwirkenden Kräfte auf der molekularen Ebene während jeder millionstel Sekunde der Bewegung eines Fußballs kennen, um seine Flugbahn beim Elfmeter zu verstehen.

Es wurde zu einer der grundlegenden Stützen der Physik seit Galilei, daß man sich nicht um irrelevante Informationen kümmern muß – eine Tatsache, die ich auch schon im Kapitel 1 behandelt habe. Dies gilt sogar auch bei sehr genauen Berechnungen. Betrachten wir dazu einen Baseball. Wenn wir seine Bewegung auch nur für den ersten Millimeter seiner Bahn berechnen wollen, gehen wir doch von der Annahme aus, daß wir ihn insgesamt als ein einheitliches Ding, eben als den Baseball behandeln können. Tatsächlich aber besteht er aus einer Ansammlung von 10^{24} Atomen, und jedes von ihnen führt komplizierte Schwingungen und Rotationen aus, während der Ball fliegt. Es ist eine ganz grundlegende Aussage von Newtons Gesetzen, daß wir die Bewegung von jedem beliebigen auch noch so komplizierten Objekt in zwei Komponenten aufteilen können: erstens in die Bewegung des Massenzentrums, das dadurch bestimmt ist, daß man über die Position all der individuellen Massen mittelt, die an der Bewegung beteiligt sind, und zweitens in die Bewegung aller individuellen Objekte um das Massenzentrum. Beachten Sie dabei, daß das Massenzentrum nicht unbedingt da liegen muß, wo tatsächlich auch Masse ist. Wenn zum Beispiel das Massenzentrum des Baseballs, dieser hohlen Nuß, etwas rechts seitlich vom geometrischen Zentrum liegt und wir werfen die Nuß nun durch die Luft, dann eiert sie an der Bahn entlang. Dabei dreht sie sich auch noch um sich selbst. Aber die Bewegung des Massenzentrums folgt einer einfachen parabolischen Bahn, wie sie zum erstenmal Galilei beschrieben hat.

Wenn wir also die Bewegung von Bällen oder von Nüssen mit Hilfe von Bewegungsgesetzen studieren, dann wenden wir tatsächlich etwas an, was wir nun eine „effektive Theorie" nennen wollen. Eine vollständige Theorie müßte eine Theorie von Quarks und Elektronen sein, oder mindestens von Atomen. Aber wir können alle diese irrelevanten Freiheitsgrade in einen Topf werfen, und heraus kommt etwas, das wir einen Ball nennen – genauer: das Massenzentrum des Balles, ein Punkt. Die Bewegungsgesetze aller makroskopischen Objekte verschmelzen so zu einer effektiven Theorie der Bewegung des Massenzentrums. Die effektive Theorie der Bewegung dieses Punktes ist alles, was wir zur Beschreibung der Ballbewegung brauchen, und wir können damit so viel anfangen, daß wir in Versuchung geraten, sie als fundamental anzusehen. Worauf ich nun hinauswill: Alle Theorien der Natur, mindestens die, die gewöhnlich in der Physik angewandt werden, sind notwendigerweise effektive Theorien. Immer wenn Sie irgendeine niederschreiben, werfen Sie damit einiges an Ballast ab.

Wie nützlich effektive Theorien sind, wurde schon recht früh in der Quantenmechanik erkannt. Eine atomare Analogie zu der Massenzentrumsbewegung eines Balles, wie ich sie gerade beschrieb, ist zum Beispiel eine der klassischen Methoden, das Verhalten von Molekülen in der Quantenmechanik zu verstehen: Man unterteilt sie – das geht mindestens bis auf die zwanziger Jahre zurück – in Moleküle mit „schnellen" und „langsamen" Freiheitsgraden. Da die Atomkerne in den Molekülen sehr schwer sind, ist ihre Reaktion auf die molekularen Kräfte eine kleinere und langsamere Reaktion als zum Beispiel die der Elektronen, die sehr rasch um den Kern kreisen. Nach einer ganz ähnlichen Methode wollen wir vorgehen, um ihre Eigenschaften vorauszusagen. Zunächst nehmen wir an, daß die Atomkerne fest und unbeweglich sind, und dann berechnen wir die Bewegung der Elektronen um diese feststehenden Objekte. Als nächstes sollen sich die Kerne recht langsam bewegen dürfen, und wir erwarten nun, daß diese Bewegung nicht wesentlich die Elektronenkonfiguration beeinflußt. Der gesamte Satz aller Elektronen wird sehr gemächlich der Bewegung der Kerne folgen, die wiederum nun durch die mittlere Elektronenkonfiguration beeinflußt wird. Die Wirkung der individuellen Elektronen ist so von der Bewegung der Kerne „abgekoppelt". Man kann dann eine effektive Theorie der Bewegung der Kerne aufstellen, indem man sich nur auf die Freiheitsgrade der Kerne beschränkt und alle die individuellen Elektronen durch eine einzige Größe berücksichtigt, die die mittlere Ladungsverteilung repräsentiert. Diese klassische Näherung in der Quantenmechanik nennt man die Born-Oppenheimer-Theorie, genannt nach den beiden bekannten Physikern, die sie zuerst vorschlugen, Max Born und Robert Oppenheimer. Das ist eigentlich genau dasselbe, als wenn man die Bewegung eines Balles beschreibt, indem man allein die Bewegung des Massenzentrums des Balles berücksichtigt, zusätzlich vielleicht die gemeinsame Bewegung aller Atome um das Massenzentrum, also die Drehung des Balles, die man auch seinen Spin nennen könnte.

Nehmen wir ein anderes, jüngeres Beispiel: die Supraleitung. Ich habe schon beschrieben, wie sich in einem Supraleiter Elektronen zu einer zusammenhängenden Konfiguration zusammenschließen. In solch einem Zustand braucht man keine Materialbeschreibung, in der alle einzelnen Elektronen berücksichtigt sind. Weil es eine so große Energie erfordert, ein einzelnes Elektron aus dem kollektiven Muster herauszubrechen, kann man alle individuellen Teilchen tatsächlich vernachlässigen. Statt dessen kommt man zu einer effektiven Theorie, indem man eine einzige Größe benutzt, die die kohärente Konfiguration beschreibt.

Diese Theorie, die durch London in den dreißiger Jahren vorgeschlagen und 1950 durch die sowjetischen Physiker Landau und Ginsberg entwickelt wurde, beinhaltet korrekt alle wichtigen makroskopischen Erscheinungen eines supraleitenden Materials, einschließlich des besonders wichtigen Meißner-

Effekts, der die Photonen dazu bringt, sich wie massetragende Objekte innerhalb des Supraleiters zu verhalten.

Ich habe schon darauf hingewiesen, daß die Aufteilung eines Problems in relevante und irrelevante Variablen selbst keine neue Technik ist. Die Verschmelzung von Quantenmechanik und Relativitätstheorie erfordert sogar, irrelevante Variable über Bord zu werfen. Um die Ergebnisse irgendeines mikroskopisch-physikalischen Prozesses zu berechnen, müssen wir nicht nur einige wenige, sondern eine unbegrenzte Anzahl von Größen wegwerfen. Dieses Vorgehen haben uns Feynman und andere zum erstenmal vorgeführt, und ihnen verdanken wir es auch, daß wir das ungestraft tun können.

Lassen Sie mich diesen ganz wichtigen Punkt in einem konkreteren Zusammenhang beschreiben: Betrachten wir die Kollision zweier Elektronen. Der klassische Elektromagnetismus sagt uns, daß sich die Elektronen – aufgrund ihrer gleichnamigen elektrischen Ladungen – gegenseitig abstoßen. Wenn sich die Elektronen anfangs sehr langsam bewegen, kommen sie niemals nah zusammen. Die klassischen Überlegungen reichen aus, um korrekt zu beschreiben, was hier passiert. Bewegen sich die Elektronen anfangs jedoch schnell genug, um nahe zusammenzukommen, bis in atomare Entfernungen, dann werden quantenmechanische Überlegungen wichtig.

Was „sieht" ein Elektron, wenn es in den Einflußbereich des elektrischen Feldes eines anderen Elektrons kommt? Wegen der Existenz von virtuellen Paaren von Teilchen und Antiteilchen, die aus dem Vakuum herausspringen, trägt jedes Elektron eine Menge Ballast mit sich herum. Die positiven Teilchen, die momentan aus dem Vakuum herausspringen, werden von dem Elektron angezogen, während die negativen Partner zurückgestoßen werden. Gewissermaßen trägt so ein Elektron eine „Wolke" aus virtuellen Teilchen mit sich herum. Da die meisten dieser Teilchen nur für eine extrem kurze Zeit aus dem Vakuum herauskommen und nur eine extrem kleine Strecke zurücklegen, ist diese Wolke meistens winzig klein. Aus größerer Entfernung können wir die Gesamtwirkung dieser virtuellen Teilchen bestimmen, indem wir einfach die Ladung des Elektrons messen.

Durch diese Methode fassen wir die möglicherweise kompliziert aufgebaute Gestalt des elektrischen Feldes, das sich ja aus vielen virtuellen Teilchen in der Umgebung des Elektrons zusammensetzt, in einer einzigen Zahl zusammen. Diese Zahl „bestimmt" die Ladung, die ein Elektron trägt, wie wir sie in den Physikbüchern lesen können. Das ist die effektive Ladung, die wir aus großer Entfernung messen, etwa mit unseren Laborgeräten, oder wenn wir die Bewegung eines Elektrons verfolgen, zum Beispiel in einem Fernsehgerät, wenn also ein äußeres elektrischen Feld angelegt wird.

Insofern ist die Ladung, die ein Elektron trägt, nur so weit eine fundamentale Größe, wie die Messung auf einer bestimmten Größenskala erfolgt! Wenn wir ein weiteres Elektron bis nah an das erste heranschießen, kann es sich eine Zeitlang innerhalb dieser Wolke von virtuellen Teilchen aufhalten, und an dieser Stelle spürt es effektiv eine andere Ladung. Im Prinzip ist dies ein ganz ähnlicher Effekt wie die Lambsche Verschiebung. Virtuelle Teilchen können die gemessene Eigenschaft reeller Teilchen beeinflussen. Hier ist wichtig, daß sie Eigenschaften bewirken, wie zum Beispiel die Ladung des Elektrons, die von der Skala abhängen, auf der wir beobachten und messen.

Stellen wir mit Experimenten Fragen auf einer bestimmten Längenskala, wobei Elektronen sich mit Energien bewegen, die kleiner sind als eine bestimmte Größe, dann können wir eine vollständige effektive Theorie darüber aufstellen, die jedes Meßergebnis zuverlässig vorhersagt. Diese Theorie ist die Quantenelektrodynamik mit den zugehörigen freien Parametern, zum Beispiel der Ladung des Elektrons, und die Parameter sind festgelegt durch die Größenordnung des Experiments. Das bestimmt auch die Ergebnisse des Experiments. Alle solche Rechnungen vernachlässigen jedoch eine unendliche Menge an Information – das heißt die Information über virtuelle Prozesse auf Skalen, die zu klein sind, als daß unsere Messung sie erfassen könnte.

Es mag wie ein Wunder aussehen, daß wir es uns erlauben können, eine so große Menge an Information einfach wegzuwerfen, und eine Zeitlang waren sogar die Phsiker, die diese

Methode eingeführt hatten, dieser Meinung. Aber wenn man genau überlegt, ob ohne dieses rigorose Vorgehen eine Physik überhaupt möglich wäre, bleibt einem gar nichts anderes übrig. Außerdem könnte es ja auch sein, daß die Information, auf die wir verzichten, falsch ist. Jede Messung in der Welt bezieht sich auf eine Skala der Länge und der Energie. Auch unsere Theorien sind durch die Skalen der physikalischen Phänomene bestimmt, die wir erfassen wollen. Diese Theorien mögen einen unendlichen Schatz an Dingen auf Skalen voraussagen, die für immer außerhalb unserer Reichweite liegen, aber warum sollten wir an irgend etwas davon glauben, bevor wir es gemessen haben? Es wäre doch bemerkenswert, wenn eine Theorie, die aufgestellt wurde, um die Wechselwirkungen der Elektronen mit Licht zu beschreiben, in allen ihren Vorhersagen absolut korrekt wäre, bis hinab in viele Größenordnungen kleiner als all das, was wir zur Zeit kennen.

Das mag in diesem speziellen Fall sogar tatsächlich zutreffend sein, aber sollten wir deshalb erwarten, daß die Korrektheit einer Theorie in den Größenordnungen, die uns jetzt zugänglich sind, für die eventuelle Möglichkeit bürgt, alles auf noch kleineren Skalen erklären zu können? Sicherlich nicht. Aber in diesem Fall wäre es besser, wenn alle die exotischen Prozesse, die nach den Voraussagen der Theorie in heute noch unmeßbar kleinen Skalen auftauchen sollten, für ihre Voraussagen im Vergleich mit den heute möglichen Experimenten belanglos wären. Eben gerade deshalb, weil wir allen Grund haben anzunehmen, daß diese exotischen Prozesse möglicherweise nur Phantomgebilde sind. Sie erschienen, weil wir eine Theorie über den Bereich ihrer Gültigkeit ausgedehnt haben. Wenn eine Theorie auf allen Skalen korrekt sein soll, um Fragen darüber zu beantworten, was auf irgendeiner bestimmten Skala passiert, dann müßten wir die „Theorie über alles" kennen, bevor wir überhaupt eine „Theorie über irgend etwas" entwickeln.

Können wir angesichts dieser Situation wissen, ob eine Theorie „fundamental" ist, das heißt, gibt es eine Hoffnung, daß sie auf allen Skalen wahr ist? Nun, das können wir nicht. Alle physikalischen Theorien, die wir kennen, müssen exakt als effektive

Theorien angesehen werden, weil wir die Wirkungen von möglicherweise neuen Quantenphänomenen, die vielleicht auf sehr kleinen Skalen auftauchen, noch außer acht lassen müssen. Wir müssen uns damit begnügen, mit Rechnungen herauszufinden, was die Theorie auf Skalen hervorbringt, die uns heute schon zugänglich sind.

Wie aber auch sonst oft im Leben, ist dieses scheinbare Unvermögen in Wirklichkeit ein Segen. Ganz am Anfang dieses Buches konnten wir voraussagen, welche Eigenschaften einer Superkuh sich ergeben, wenn wir die Eigenschaften der normalen Kuh einfach vergrößern. Da zeigte sich, daß unsere physikalischen Gesetze skalenabhängig sind, und daraus können wir schließen, daß wir beim Eindringen in immer kleinere Skalen der Natur die Gesetze ebenfalls weiterentwickeln können. So kann die Physik von heute eine klare Prognose für die Physik von morgen geben. Wir können tatsächlich vorausschauend sagen, wann eine neue Entdeckung erforderlich wird.

Immer wenn eine physikalische Theorie entweder Unsinniges vorhersagt oder auch nur, wenn sie mathematisch unbeherrschbar wird – da die Auswirkungen von Prozessen auf immer kleineren Skalen in der Quantenmechanik berücksichtigt werden müssen –, dann glauben wir, daß in dieser neuen Größenskala einige neue physikalische Prozesse auftauchen müssen, um die Misere zu beseitigen. Die Entwicklung der modernen Theorie von der schwachen Wechselwirkung war genau solch ein Fall. Enrico Fermi schuf 1934 eine Theorie, die den Betazerfall des Neutrons in ein Proton, ein Elektron und ein Neutrino beschrieb – den Prototyp des schwachen Zerfalls. Fermis Theorie gründete sich auf das Experiment, und sie stimmte mit allen bekannten Beobachtungen überein. Die „effektive" Wechselwirkung jedoch, die aufgestellt wurde, um den Zerfall des Neutrons zu erklären, war andererseits zu diesem Zweck entstanden. So gesehen gründete sie sich nicht auf irgendein tieferliegendes physikalisches Prinzip, außer daß es mit dem Experiment in Einklang war.

Nachdem man die Quantenelektrodynamik verstanden hatte, wurde sehr schnell klar, daß Fermis schwache Wechselwirkung etwas grundlegend anderes war als die QED. Ging man über den einfachen Betazerfall hinaus, um zu erforschen, was die Theorie zu Erscheinungen auf kleineren Skalen voraussagte, bekam man Probleme. Virtuelle Prozesse, die bei Skalen eintreten, die hundertmal kleiner sind als ein Neutron, würden die Voraussagen dieser Theorie äußerst schwierig werden lassen, wenn man versuchte, die Ergebnisse möglicher Experimente in solch winzigen Größenordnungen vorauszusagen.

Das war jedoch kein drängendes Problem, denn über fünfzig Jahre lang, nachdem Fermi dieses Modell aufgestellt hatte, war kein Experiment direkt verfügbar, um solche Skalen zu erforschen. Doch schon vorher begannen die Theoretiker ihre Suche nach möglichen Wegen, um Fermis Modell auszuweiten und damit auch seine Kinderkrankheiten zu heilen. Der erste Schritt, mit diesem Problem fertig zu werden, war naheliegend: Man konnte die Größenskala berechnen, bei der die Probleme der Vorhersagen aus der Theorie ernst zu werden begannen. Sie entspricht ungefähr einem Hundertstel der Größe eines Neutrons – ein viel geringerer Wert, als er den damaligen Maschinen zugänglich war.

Der einfachste Weg, mit dem Problem fertig zu werden, gründete sich auf die Hoffnung, daß neue physikalische Prozesse auftauchen würden, die allein im Zusammenhang mit Fermis Theorie noch nicht vorausgesagt werden konnten. Sie sollten schon bei dieser Größe (und nicht erst bei etwas Größerem) auftauchen, und sie könnten irgendwie das schlechte Bild der virtuellen Prozesse in Fermis Theorie verbessern.

Die direkteste Möglichkeit war, neue virtuelle Teilchen mit Massen einzuführen, die ungefähr hundertmal größer waren als die Masse des Neutrons. Sie sollten der Theorie etwas „Anstand beibringen". Weil diese Teilchen eine so große Masse hätten, könnten sie als virtuelle Teilchen nur für sehr kurze Zeiten produziert werden und könnten sich deshalb auch nur über ganz winzige Distanzen bewegen. Diese neue Theorie sollte die gleichen Ergebnisse wie Fermis Theorie bringen, solange die Experimente auf Skalen durchgeführt wurden, die die Struktur der Wechselwirkung nicht beeinflußten, das heißt bei Skalen wesentlich größer als die Entfernung, die von den schweren Teilchen zurückgelegt wurde.

Wir hatten schon gesehen, daß Positronen, deren Existenz als der eine Teil von virtuellen Teilchenpaaren in der QED vorausgesagt wurde, auch als real meßbare Teilchen existieren, sofern man genügend Energie bereitstellt, um sie zu erschaffen. Das gleiche gilt für die neuen superschweren Teilchen, deren Existenz vorausgesagt wurde, um Fermis Theorie aufzupäppeln. Und das sind die extrem schweren W- und Z-Teilchen, die schließlich direkt als reale Objekte in dem Hochenergie-Teilchenbeschleuniger entdeckt wurden, der 1984 in Genf gebaut wurde, ungefähr 25 Jahre, nachdem sie zum erstenmal auf theoretischer Grundlage postuliert worden waren.

Die W- und Z-Teilchen, das wissen wir bereits, sind ein Bestandteil von dem, was wir als Standardmodell der Teilchenphysik kennen, das die drei nicht-gravitativen Kräfte in der Natur beschreibt: die starke, die schwache und die elektromagnetische Kraft. Dieses Standardmodell ist ein Kandidat für eine „fundamentale" Theorie, in der nichts über die möglichen virtuellen Prozesse bei den äußerst kleinen Längenskalen hinaus gefordert wird, deren Dasein theoretisch vorausgesagt wird. Man braucht also keine neuen Prozesse außer denen, die in der Theorie bei diesen Skalen vorausgesagt werden. Auch wenn es unglaublich klingt: Diese Theorie könnte in diesem Sinne vollständig sein.

Überdies schließt nichts die Existenz einer neuen Physik aus, die in sehr kleinen Längen funktioniert, und tatsächlich gibt es einige sehr starke theoretische Argumente für eine solche neue Physik, wie ich im folgenden beschreiben werde.

Während solche Theorien wie die von Fermi, die noch „kränkeln", klar zeigen, daß wir eine neue Physik brauchen, funktionieren gesunde Theorien wie das Standardmodell so einfach, weil ihre Formulierung skalenabhängig ist – sie hängen ja innerlich davon ab, auf welcher Skala wir die Experimente anstellen, mit denen wir die fundamentalen Parameter messen. Wenn auch Prozesse mit virtuellen Teilchen, die auf viel kleineren Skalen agieren, eingeschlossen sind, um sie mit den Ergebnissen von

238

immer feineren Experimenten vergleichen zu können, kann man voraussagen, daß die Größe dieser Parameter sich ändert, und zwar in vorhersagbarer Weise.

Aus diesem Grund sind die Eigenschaften eines Elektrons, das in einen Prozeß auf atomarer Größenordnung verwickelt ist, nicht genau die gleichen wie die eines Elektrons, das mit dem Kern des Atoms oder auf noch kleineren Skalen wechselwirkt. Aber das wichtigste dabei ist: Der Unterschied zwischen den beiden Fällen ist berechenbar.

Das ist ein bemerkenswertes Ergebnis. Wir müssen zwar die liebgewordene Überzeugung aufgeben, daß das Standardmodell die einzige, unantastbare Theorie ist, die auf allen Skalen Gültigkeit hat, aber dafür gewinnen wir effektive Theorien, von denen jede auf einer anderen Skala gilt, und die alle berechenbar miteinander verbunden sind. Für eine wohlbewährte Theorie, wie das Standardmodell, können wir dann im einzelnen entscheiden, wie die Gesetze der Physik sich mit einem Skalenwechsel ändern.

Diese bemerkenswerte Einsicht über die Skalenabhängigkeit der Physik, wie ich sie hier beschrieben habe, ist im wesentlichen das Werk von Ken Wilson, der sie in den sechziger Jahren erarbeitete und dafür den Nobelpreis bekam. Sie entsprang gleichermaßen aus dem Studium der Festkörperforschung wie aus der Teilchenphysik.

Erinnern Sie sich, daß das Verhalten eines Materials in den verschiedenen Skalen der springende Punkt ist, mit dem wir seine Eigenschaften in der Nähe eines Phasenübergangs bestimmen können. Meine Ausführungen zum Beispiel darüber, was in kochendem Wasser passiert, stützten sich auf eine Beschreibung darüber, wie ein Material sich ändert, wenn man die Beobachtungsskala variiert. Liegt Wasser in flüssiger Form vor, können wir bei der Beobachtung auf sehr kleiner Skala Fluktuationen entdecken: in kleinen Bereichen ist die Dichte äquivalent der im Gaszustand. Mittelt man jedoch über sehr große Skalen, entpuppt sich die Dichte als typischer Wert für eine Flüssigkeit, sobald wir eine bestimmte charakteristische Skala erreichen. Und was tun wir eigentlich, wenn wir über große Skalen mitteln?

Bei der Mittelung verschwinden Effekte der kleinen Skalen, und diese Details können wir auch ignorieren, wenn wir an den makroskopischen Eigenschaften von flüssigem Wasser interessiert sind. Haben wir jedoch eine fundamentale Theorie von Wasser – eine, die auch das Verhalten in kleinen Skalen umfaßt –, dann können wir versuchen, exakt zu berechnen, wie unsere Beobachtungen sich ändern mit der Skala. Dann erfassen wir auch Effekte von Fluktuationen auf kleinen Skalen. Und auf diese Weise kann man alle Eigenschaften eines Materials in der Nähe seines kritischen Punktes berechnen. Wenden wir diese gleiche Technik auf normale Materialien an, dann führt das zu einer Beschreibung der Grundkräfte in der Natur. Theorien wie die QED enthalten den Keim für ihre eigene Skalenabhängigkeit.

Überlegungen zu den Skalen öffnen uns eine ganz neue Welt der Physik, wie wir es schon einmal erlebt hatten, als wir uns mit der kugeligen Kuh ganz am Anfang des Buches befaßten. An diesem Beispiel können wir tatsächlich sehen, wie das im einzelnen funktioniert. Zunächst bestimme ich durch ein Experiment die Dichte der Kuh und die Festigkeit einer normalen Kuhhaut. Wenn ich das weiß, kann ich leicht die Dichte einer Superkuh berechnen, die doppelt so groß ist. Darüber hinaus kann ich die Ergebnisse einer jeden weiteren Messung voraussagen, die ich an einer Superkuh vornehmen würde.

Ist denn nun die Theorie der kugeligen Kühe eine endgültige Kuhtheorie? A priori können wir das nie überprüfen, aber es gibt drei verschiedene Wege, um herauszufinden, ob das stimmt oder nicht. Erstens: Auf einer ganz bestimmten Skala sagt die Theorie Unsinniges voraus. Zweitens: Die Theorie zeigt die Möglichkeit auf, daß es etwas viel Einfacheres gibt als eine Kugel, und das dasselbe leistet. Drittens: Wir können ein Experiment auf einer Skala anstellen, das andere Ergebnisse bringt, als sie von der Theorie vorhergesagt wurden. Hier ist solch ein Experiment: Nehmen wir an, ich werfe ein Stück Salz gegen eine kugelige Kuh. Die Voraussage ist: Das Stück Salz prallt von der Kuh zurück, wie in der Zeichnung dargestellt:

240

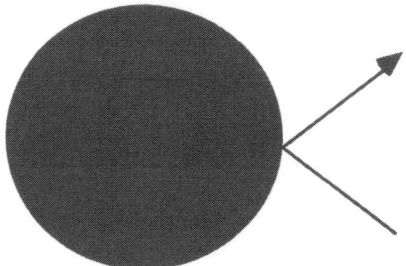

Werfe ich tatsächlich ein Stück Salz in Richtung auf die Kuh, muß es nicht unbedingt zurückprallen. Ich könnte auch etwas beobachten, was in dieser Theorie überhaupt nicht vorgesehen ist: An der Stelle, wo das Salz die Kuh trifft, ist ein Loch, in dem das Salz verschwindet – das Maul der Kuh.

Dies ist nur ein Beispiel dafür, wie das Forschen nach der Skalenabhängigkeit der Naturgesetze entscheidende – und überraschende – Erkenntnisse liefern kann, wenn man auf der Suche nach neuen Grundlagen für die Physik ist. Meine kurze Geschichte der schwachen Wechselwirkung war ein klassisches Beispiel. Ich will nun einige weitere, modernere beschreiben.

Die Skalierungsgesetze der Grundlagenphysik können entweder einem Tasten von oben nach unten folgen oder einem Aufschwung von unten nach oben. Ganz anders als in der Wirtschaft ist beides in der Physik erfolgreich. Wir können diese Theorien, die wir in zugänglichen Längenbereichen verstehen, erkunden und dann sehen, wie sie sich weiterentwickeln, wenn wir die Skala verändern, um neue Einsichten dabei zu gewinnen. Oder wir können auch Theorien einführen, die vielleicht in viel kleineren Bereichen relevant sind, als wir im Labor testen können, und sie dann ausweiten, sie systematisch über kleinere Skalenprozesse mitteln und schauen, was sie über physikalische Prozesse auf Skalen aussagen, die wir dann wieder überprüfen können.

Diese beiden Vorgehensweisen stecken die Reichweite der modernen Forschung heute ab. In Kapitel 2 hatte ich beschrieben, wie die Theorie der starken Wechselwirkung entdeckt

wurde, die die Quarks innerhalb der Protonen und der Neutronen zusammenbindet. Die Vorstellung von der asymptotischen
Freiheit spielte da eine wichtige Rolle. Die Quantenchromodynamik (QCD), die Theorie der starken Wechselwirkung, unterscheidet sich von der Quantenelektrodynamik (QED) in einem
ganz grundlegenden Punkt: Die Wirkung der virtuellen Teilchen
in kleinen Skalen auf die Entwicklung der Parameter der Theorie ist unterschiedlich. In der QED wirkt die Wolke aus virtuellen
Teilchen, die das Elektron umgibt, wie ein Schutzschild, der bis
zu einem gewissen Grad die elektrische Ladung für den entfernten Beobachter abschirmt. Messen wir sehr nah an einem Elektron, werden wir feststellen, daß sich die Ladung tatsächlich vergrößert im Vergleich zu dem Wert, den wir finden, wenn wir die
Ladung vom anderen Ende unseres Laborraumes aus messen
würden. Auf der anderen Seite – das war die überraschende Entdeckung von Gross, Wilczek und Politzer – kann sich die QCD
(und nur eine Theorie wie die QCD) auch gerade umgekehrt verhalten. Überprüft man die Wechselwirkungen zwischen Quarks,
die immer näher und näher zusammenrücken, dann wird die
effektive starke Ladung, die sie fühlen, schwächer. Jede ihrer
Wolken aus virtuellen Teilchen verstärkt effektiv ihre Wechselwirkung mit entfernten Beobachtern. Wenn Sie weiter innerhalb
der Wolke messen, wird die Größe der starken Wechselwirkung
zwischen den Quarks kleiner.

Ausgerüstet mit der Theorie, die korrekt die Wechselwirkungen der Quarks auf kleinen Distanzen beschreibt, können wir
nun versuchen herauszufinden, wie sich die Dinge verändern,
wenn wir die Skala vergrößern. In dem Moment, wo Sie die
Größe eines Protons und eines Neutrons bei Ihren Messungen
erreichen, sollte man die Hoffnung haben, einen Mittelwert über
alle individuellen Quarks zu bekommen und so eine effektive
Theorie von Protonen und Neutronen zu erhalten. Aber gerade
auf dieser Skala sind die Wechselwirkungen der Quarks so stark,
daß es noch niemand geschafft hat, das genau auszurechnen,
obwohl große Computer für diese Aufgabe eingesetzt wurden.

Der große Erfolg des Arbeitens mit Skalierungsgesetzen, als
man sie in den frühen siebziger Jahren auf die starke Wechsel-

wirkung anwandte, ermutigte die Physiker, das auch in anderen Bereichen zu probieren, zum Beispiel auf viel kleineren Skalen als denen, die mit den damals verfügbaren Maschinen in den Beschleunigerlabors erreichbar waren. In diesem Sinne folgten sie dem Vorbild von Lev Landau, dem sowjetischen Feynman. In den fünfziger Jahren hatte dieser brillante Physiker schon auf die Tatsache aufmerksam gemacht, daß die elektrische Ladung von Elektronen tatsächlich größer wird, wenn man die Entfernung reduziert, aus der man das Elektron untersucht. Und tatsächlich zeigte er, daß auf unvorstellbar kleiner Skala die effektive elektrische Ladung, die ein Elektron trägt, extrem groß wird – wenn die Prozesse weiterhin so gültig bleiben, wie die QED voraussagt. Es war vielleicht das erste Signal – man hatte es zur damaligen Zeit jedoch noch nicht recht erkannt –, daß die QED als eine isolierte Theorie einer Änderung bedürfte, wenn man sie bei so kleinen Skalen anwenden wollte.

Die QED wird einflußreicher, wenn die Energiebereiche anwachsen, und die QCD wird schwächer. Die Größe der schwachen Wechselwirkung liegt gerade in der Mitte davon. Etwa um 1975 machten Howard Georgi, Helen Quinn und Steven Weinberg eine Berechnung, die unsere Vorstellung von der Hochenergiegrenze veränderte. Sie erkundeten das Skalenverhalten der starken, schwachen und elektromagnetischen Wechselwirkungen unter verschiedenen Annahmen darüber, welche neuen physikalischen Erscheinungen auftreten würden, wenn man den Energiebereich anwachsen läßt. Sie fanden ein bemerkenswertes Ergebnis: Bei einer Größe, die 15 Größenordnungen kleiner ist als die Entfernung, die man jemals in einem Laboratorium bewältigt hatte, würden wahrscheinlich die Kräfte aller drei fundamentalen Wechselwirkungen identisch werden. Das ist genau das, was man erwartet, wenn man ab einer bestimmten Skala eine neue Symmetrie die Herrschaft übernimmt und die früher getrennten Wechselwirkungen miteinander verbindet. Daß das Universum immer symmetrischer wird, wenn wir zu immer kleineren Skalen vordringen, paßt perfekt mit dieser Entdeckung zusammen. Die Ära der großen Vereinigungstheorien (nach dem englischen „Grand Unified Theories" mit GUT abgekürzt), in der alle Wechselwirkungen der Natur außer der Gravitation aus einer einzigen Wechselwirkung auf genügend kleiner Skala entspringt, hatte begonnen.

Inzwischen sind rund zwanzig Jahre vergangen, wir haben immer noch keinen direkten Beweis dafür, daß diese unglaubliche Skalenextrapolation richtig ist. Jüngste Präzisionsmessungen in unseren Laborbeschleunigern über die Größe aller Kräfte haben jedoch die Möglichkeit bestätigt, daß bei einer bestimmten Skala alle diese Kräfte miteinander identisch werden. Ob nun diese Vorstellung richtig ist oder nicht – sie richtete mehr als alles andere in der Nachkriegszeit die Gedanken der theoretischen und experimentellen Physiker darauf, die Möglichkeiten einer neuen Physik auf Skalen zu erforschen, die weit entfernt waren von dem, was man in den Laborexperimenten direkt untersuchen konnte. Die Konsequenzen daraus sind unterschiedlich. Die frühere enge Verbindung zwischen Theorie und Experiment, die immer den Fortschritt der Teilchenphysik und überhaupt der Physik beherrscht hat, ist geschwunden. Auf der anderen Seite wurden die Ziele immer höher gesteckt. Einige Physiker sprechen schon von der „Theorie über alles".

Es gibt in der Physik eine Skala mit astronomisch hoher Energie, die uns gegen Ende dieses Jahrhunderts besonders fasziniert hat. Fermis Theorie von der schwachen Wechselwirkung ist nicht die einzige fundamentale Theorie, die offenbar unvollständig ist bei hohen Energien und geringen Distanzen, auch die allgemeine Relativitätstheorie krankt daran. Versucht man, die Quantenmechanik und die Gravitation miteinander zu vereinigen, entstehen eine Menge Probleme. Eines der größten davon ist die Tatsache, daß auf einer ungefähr 19 Größenordnungen kleineren Skala als ein Proton die Wirkungen der virtuellen Teilchen bei den Gravitationswechselwirkungen nicht mehr berechenbar werden. Ebenso wie Fermis Theorie ist auch die Gravitation eine Theorie, die so, wie sie jetzt ist, nicht mehr als fundamental angesehen werden kann. Etwas Neues in der Physik muß kommen, um das Verhalten der Theorie auf diesen kleinen Skalen anzupassen.

Eine von den bemerkenswerten Möglichkeiten, die heute vorgeschlagen werden, enthält die kühne Vermutung, daß vielleicht eines Tages eine völlig neue Grundlagenphysik geboren werden könnte – viele wetten sogar darauf. Auf der Skala, bei der die „Quantengravitation" – wie die Verschmelzung von allgemeiner Relativitätstheorie und Quantenmechanik genannt wird – versagt, taucht vielleicht eine brandneue Art von physikalischer Theorie auf, gestützt auf ganz neue mathematische Entwicklungen, die die Grenzen unserer heutigen Kenntnisse sprengen. Da könnten – so wird heute argumentiert – auch ganz neue Symmetrien auftauchen, die die Skalenabhängigkeit physikalischer Theorien beenden. Sollte das so sein, dann kann diese neue Theorie wahrlich „vollständig" genannt werden. Man brauchte die Parameter nicht mehr verändern, wenn man zu immer kleineren Skalen vordringt. Im Prinzip könnte dann jedes Ergebnis beliebiger Experimente, die man sich ausdenkt, auf jeder Skala durch diese einzige Theorie vorhergesagt werden. Auf großen Skalen sollte es für jede solche Theorie möglich sein zu zeigen, daß sie sich auf die effektiven Theorien reduziert, die wir nun das Standardmodell nennen, plus der Gravitation. Auf kleinen Skalen würde sie sich als wahr erweisen, und zwar in unveränderter Form. Sie könnte sogar Klarheit bei so tiefsinnigen Gedanken schaffen, die offenbar Einstein sehr bewegten: Hatte Gott irgendeine Wahl, als er das Universum schuf?

Das ist ein bemerkenswerter Traum, aber bisher ist es auch nichts weiter. Die Forschung hierüber wird vorläufig kaum mehr als reine Mathematik sein. Diese Art von Theorien, die man braucht, um die physikalische Welt in sehr kleinen Skalen zu beschreiben – Theorien, die von Skalen unabhängig werden –, werden auch in Verbindung mit anderen Bereichen der Physik diskutiert, – in Bereichen, in denen wir Experimente im einfachen Waschküchenlabor machen können. Wie dem auch sei, ich beschrieb, wie normale Stoffe, zum Beispiel kochendes Wasser, sich am kritischen Punkt in ganz besonderer Weise verhalten: Ihre Eigenschaften werden unabhängig von der Skala, unter der man die Sache betrachtet. Theoretiker, die Wasser und andere Stoffe an ihrem kritischen Punkt beschreiben, haben mitgeholfen, das dazu nötige mathematische Rüstzeug zu entwickeln, das solche „skaleninvariante" Physik beschreibt. Damit wird man eines Tages nicht mehr nur das Verhalten von Wasser erklären können, sondern auch eine Theorie von allem, was es unter der Sonne gibt, hervorbringen.

Spekulationen über eine „Theorie über alles" sind sehr interessant, aber ich möchte dieses Buch nicht damit beenden. Vielmehr möchte ich zu der wahrscheinlichen Möglichkeit zurückkehren, daß der Wunsch nach universeller Wahrheit sehr leicht mißverstanden werden könnte. Vielleicht sind noch unendlich viele physikalischen Gesetze zu entdecken, wenn wir weiterhin an den extremen Enden der Skalen forschen. Jedenfalls haben wir gelernt, daß wir mindestens zur Zeit Physik in einer Welt der effektiven Theorien treiben können, die die Phänomene, die wir verstehen, von denen scheiden, die wir noch entdecken müssen. Wissenschaftliche Wahrheit erfordert nicht länger mehr die Erwartung, daß die Theorien, mit denen wir arbeiten, wirklich fundamental sein müssen. In diesem Sinne ist die Physik immer noch durch die gleichen Prinzipien bestimmt, die Galilei 400 Jahre zuvor eingeführt hat – es sind genau die gleichen Prinzipien, die ich zu Beginn dieses Buches und in seinem ganzen Verlauf behandelt habe. Unsere heutigen „fundamentalen" Theorien enthalten alle wichtigen Näherungsannahmen, die man nicht einfach beiseite schieben kann. Wir können sie ungestraft benutzen. Wir verlassen uns darauf, daß wir Irrelevantes einfach ignorieren können. Was irrelevant ist, ist für immer durch die dimensionale Natur der physikalischen Größen gegeben. Diese bestimmen die Skala der Probleme, mit denen wir uns beschäftigen, und derjenigen, die wir mit Sicherheit außer acht lassen können. Und bei alledem wenden wir ständig ganz kreativ alte Ideen auf neue Situationen an. Das hat uns immer wieder ermutigt, unsere normale menschliche, begrenzte Sichtweise zu überschreiten, um zu erspähen, was dahinter ist – gewöhnlich viel Einfacheres und Symmetrischeres, als wir dachten. Überall, wo immer wir auch hinschauen, sehen wir Kühe als Kugeln.

Dank

Dieses Buch wäre sicher nicht erschienen, mindestens nicht so, wie es jetzt vor Ihnen liegt, gäbe es da nicht einige freundliche Menschen, denen ich das Gelingen des Werkes verdanke.

Als ersten möchte ich Martin Kessler nennen, den Chef des Verlags BasicBooks. Es war vor etwa zehn Jahren, als wir uns bei einem gemeinsamen Frühstück darüber unterhielten, wie Physiker über Physik denken. Er fragte mich, ob ich nicht Lust hätte, über dieses interessante Thema ein Buch zu schreiben. Wir schlossen einen Vertrag; zuvor schrieb ich aber noch ein anderes Buch. Dessen Herausgeber, Richard Liebmann-Smith, wurde mir ein guter Freund; er gab mir in vielen Gesprächen Schwung für das Buch, das Sie hier in Händen halten.

Auch die Lektorin für Wissenschaft bei BasicBooks, Susan Rabiner, setzte sich für mein Buchprojekt ein, ihr Engagement war für mich ein ständiger Ansporn. Ich danke beiden für ihr Vertrauen und die gute Zusammenarbeit.

„Fear of Physics" (so der englische Originaltitel) gestaltete sich im Lauf der Arbeit ein bißchen anders, als ich ursprünglich geplant hatte. Meine Frau Kate hatte wesentlichen Einfluß auf die Arbeit, sie versorgte mich ständig mit Ideen und wurde meine Testperson für viele noch unreife Gedanken und fertige Passagen. Kein Kapitel ging an den Verlag, bevor es für sie nicht verständlich und interessant genug war.

Während des Schreibens hatte ich Gelegenheit, über die verschiedenen Ideen, die ich hier entwickelt habe, mit zahlreichen Leuten zu diskutieren. Ich möchte auch den vielen Studenten danken, die in den letzten Jahren meine Vorlesungen für „Nichtphysiker" besuchten. Sie halfen mir, meine Gedanken zu klären, wenn einige Passagen nicht ins Schwarze trafen. Möglicherweise habe ich dabei mehr gelernt als sie. Durch meine schon länger zurückliegende Arbeit am Ontario Science Centre hatte ich auch die Möglichkeit, eine klare Vorstellung davon zu bekommen, was Nichtphysiker für verständlich halten, und davon, was sie gern verstehen möchten – zwei Dinge, die meist nicht viel miteinander zu tun haben. Schließlich haben meine Lehrer, und später meine Kollegen und Mitarbeiter, diese Arbeit sowohl direkt als auch indirekt beeinflußt. Es sind zu viele, ich kann nicht all ihre Namen auflisten – sie wissen schon, wen ich meine, und ich danke jedem einzelnen.

Ferner spielte – jeder Leser dieses Buches wird das schnell bemerken – Richard Feynman eine wichtige Rolle, als er mich bei meinen gedanklichen Wanderungen durch viele Gefilde der Physik lenkend begleitete, und ich bin sicher, auch viele andere Physiker werden ihm für solche Begleitung dankbar sein. Subir Sachdev möchte ich danken für viele nützliche Diskussionen, die mir halfen, die Betrachtungen über Phasenübergänge in der Materie klarer darzustellen, und Martin White und Jules Coleman dafür, daß sie das Manuskript lasen und mir weitere Anregungen gaben.

Last but not least möchte ich meiner Tochter Lilli dafür danken, daß sie mir jedesmal ihren Computer überließ, wenn meiner streikte. Es ist wirklich so: Ohne ihre Hilfe wäre das Buch jetzt noch nicht da. Beiden, Lilli und Kate, stahl ich durch mein Arbeiten an dem Buch viel von der kostbaren Zeit, die wir auch hätten gemeinsam verbringen können. Ich hoffe, ich kann das irgendwann wieder gutmachen.

Register

250

Rudolf Kippenhahn

ATOM
Forschung zwischen Faszination und Schrecken
352 Seiten mit 88 Abbildungen

„Ein Buch, das sofort begeistert. Leicht und verständlich beschreibt der Autor in chronologischer Reihenfolge die Entwicklung in der Atomphysik . . . Dieses Buch ist für jeden eine Bereicherung, der sich über die Atomforschung informieren möchte, und ein unbedingtes Muß für diejenigen, die über die friedliche Nutzung der Atomenergie mitreden wollen."
Nachrichten der Olbers-Gesellschaft e.V.

Der Stern, von dem wir leben
Den Geheimnissen der Sonne auf der Spur
320 Seiten mit 114 teils farbigen Abbildungen

„Populärwissenschaftliche Bücher werden auch von Fachleuten gelesen: Um Kippenhahns neuestes Werk zu besprechen, habe ich es ein paarmal durchgeblättert. Danach habe ich es Zeile für Zeile gelesen – aus Angst, mir etwas entgehen zu lassen."
Naturwissenschaften

Abenteuer Weltall
240 Seiten
mit 27 farbigen und 38 schwarz-weißen Abbildungen

„Die Synthese von Überblick, Einführung und auch geschichtlichen Raritäten und sehr aktuellen Forschungsergebnissen ist Kippenhahn geglückt."
Naturwissenschaftliche Rundschau

 DVA